图解
微行为

张卉妍　编著

北京工艺美术出版社

图书在版编目（CIP）数据

图解微行为/张卉妍编著. — 北京：北京工艺美术出版社，2017.6（2021.6重印）

（第一阅读系列）

ISBN 978-7-5140-1101-2

Ⅰ.①图… Ⅱ.①张… Ⅲ.①心理学-通俗读物 Ⅳ.①B84-49

中国版本图书馆CIP数据核字（2017）第051349号

出 版 人：陈高潮　　装帧设计：青蓝工作室
责任编辑：张怀林　　责任印制：高　岩

法律顾问：北京恒理律师事务所　丁　玲　张馨瑜

图解微行为

张卉妍　编著

出　　版　北京工艺美术出版社
发　　行　北京美联京工图书有限公司
地　　址　北京市朝阳区焦化路甲18号
　　　　　中国北京出版创意产业基地先导区
邮　　编　100124
电　　话　(010) 84255105（总编室）
　　　　　(010) 64283627（编辑室）
　　　　　(010) 64280045（发　行）
传　　真　(010) 64280045/84255105
网　　址　www.gmcbs.cn
经　　销　全国新华书店
印　　刷　金世嘉元（唐山）印务有限公司
开　　本　720毫米×1020毫米　1/16
印　　张　20
版　　次　2017年6月第1版
印　　次　2021年6月第2次印刷
印　　数　5001～55000
书　　号　ISBN 978-7-5140-1101-2
定　　价　59.00元

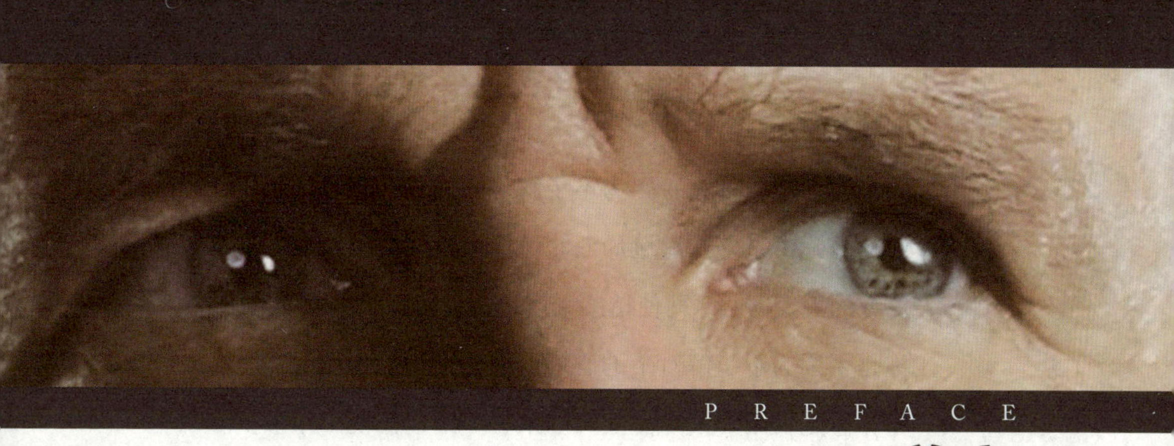

PREFACE

前言

俗语说："人心难测。"看破人心这样的事情之所以不容易，是因为有人善于隐藏迹象，以假象去迷乱他人的眼睛，并使他人形成错误的印象。

微行为，是内心的流露与掩饰，是心理学的重要内容，它是人类经过长期进化而产生的一种本能反应，其中能折射出一个人内心的真实意图。微行为作为人类的一种本能，不受思想意识的控制，不以人的意志为转移。在生活中，每个人大多数时间都在表现着微行为，如果我们错误地理解微行为的含义，就会对交流对象形成错误的判断。

人生如同一场博弈，在你来我往的较量中，读懂身体的微动作，等于为成功增添决定性的砝码。本书从身体小动作、个人小习惯等方面入手，选取了日常生活中较为常见，也是比较容易被忽视的微小动作，大到感情层面释放的爱的微动作，小到眉毛、眼睛、嘴巴、脖子等身体语言，以科学的语言和精准的插图进行剖析，全面而细致，让你能够从一闪而过的表情信号里发现有价值的信息，一眼看透微行为背后的秘密。

生活中，你是否因为不了解他人的真实想法，而让自己的人际关系陷入尴尬局面？情场上，你是否因为不了解对方的真实内心，而使情感无声地遭受折磨？生意谈判中，你是否因为不了解对手的心理，而使谈判陷入僵局？职场中，你是否因为读不懂上司的策略心声，而使工作举步维艰？……其实，改变困境，只需要掌握微行为的实质，看透他人微动作背后的真相，你就能成为人生、职场和交际中的强者。

知己知彼方能百战不殆，本书让你在看清他人微行为的同时了解自己的行为习惯，隐藏自己的微动作和微表情，轻轻松松做到知人知面又知心，掌握人际交往的主控权，少走弯路，迈向成功和幸福。

C O N T E N T S

目录

第四章 CHAPTER 4 >>> 谁在挑衅：冲突与防御

第十章
CHAPTER 10

>>> 谁会处在受支配的地位：强势与软弱

第十一章
CHAPTER 11

>>> 到底是谁激怒了谁：愤怒与好斗

第十三章
CHAPTER 13

>>> 三十六计走为上：逃避与逃离

第十四章
CHAPTER 14

>>> 说不出却藏不住的痛：悲伤与痛苦

第十九章 CHAPTER 19

>>> 地面无声的言语：走姿信号

第一章

你可以一眼洞穿人心：性格辨别

只有男性会出现“管状视野”

管状视野是一个医学上的名词，是眼部出现青光眼等疾病时的一种症状，主要是视神经慢慢萎缩，视野慢慢缩小。在心理学中，有学者用管状视野来形容某人看对方时，视野十分狭窄，只在某些部位上下扫视。

在一些较为轻松的社交场合，如聚会、酒宴等，当男性与女性近距离接触时，男性有可能出现管状视野，即用眼睛上下扫视对方的身体，目光在对方身上来回移动，动作十分明显。而这时，对方多数是女性，这就十分容易引起误会，被扫视的女性或是周围的人都会觉得这位先生心怀不轨，举止轻浮。然而实际上，用较为科学的理论解释，这只能说明这位先生对这位女士略有好感，希望同她结识，并不能因此判定这位先生的品行和素质，更不能误解他的意图和心意。

需要解释的是，从生理学角度来讲，男性在近距离与人接触时，视野要小于女性，这与医学上说的管状视野十分接近，而女性的视野则相对更为宽阔，几乎不会出现管状

视野，因此女性与男性近距离接触时，很少频繁出现女性在男性身上，尤其是下巴以下的身体部位上下扫视的情况。

男性的管状视野常常为自己带来困扰，与女性距离较近从而出现管状视野的男性常常被误会甚至被责骂，而男性随之表现出来的无辜原本出自内心，却会增加对方的气愤，导致二者无法继续交流。然而男性的管状视野是由其不同于女性的生理机能和结构决定的，并不能强行改变，只能通过意识有效控制。

在社交场合中，当男性与女性近距离接触时，男性最好将视线移向远处，或是尽量拉开与女性的身体距离，避免管状视野带来的困扰和麻烦。

注视背后的秘密

目光的凝视常常会包含很多内容，对某一具体事物或人物的注视可以证明对他们感到好奇或感兴趣，也可以表示对他们的关注。当然，这种关注既包括积极的，也包括消极的，例如，一个人直视另一个人时，我们可以把这种注视理解为一方对另一方的威胁与管制，甚至是憎恨。相爱的人之间也常常会彼此注视，这种注视通常是表现一种亲昵的关系，亲人之间也会这样，例如在母亲与孩子之间。

有另一种可能性，当人们在谈话时，一方将视线移开并向远方注视时，说明他在独立思考另一些事情，而此时，他不希望受到对方的干扰和影响。但是，从另一方的角度来讲，这样的行为又有些不够礼貌，对方会觉得受到了漠视和拒绝。

其实，在交谈过程中，一方将视线移向别处，仅仅是将思路集中，争取语言流畅表达的潜意识动作，并非真正的不尊重对方。这时，移开视线、注视远方的那一方，边缘大脑没有意识到来自对方的任何消极信号，从而不会在意对方的这种感受。

因此，如果我们在与人交谈的过程中

遇到这样的情况，大可不必在意，因为仅凭他注视远方这一点，并不能断定他是在漠视你的观点。

而在人们交谈的过程中，占据支配地位的人能够更自由地注视任何地方。因为，从常理出发，支配者常常不会在意被支配者的情感和想法，而受支配的人又常常不敢肆意移动目光，以避免造成不必要的麻烦。换句话说，地位较高或拥有一定权力的人可以漠视一切，因此注视的目光可以不受限制。

处于被动地位的人也可以通过不断注视的目光唤起他人的注意，从而在取得关注的情况下获得表现自我的优势和机会。

在课堂上，学生想要回答问题或表达想法，但又没有足够的勇气举手示意，就会不断地注视老师，以引起老师的注意。相反的，如果学生不愿回答问题，则会将头深深地低下不敢去看扫视全班同学的老师的目光。

眉毛是心情的指针

眉毛的各种不同动作可以起到丰富我们面部表情的作用，同时还能充分地展现出一个人内心的情感变化。

压低眉毛是一种防卫性质的动作，当人们受到侵犯时会出现这样的表情，以保护眼睛免受伤害。眉毛半放低表示困惑不解，而完全下降则说明这个人将要大发雷霆。而皱眉头的情况是很复杂的，主要分为自卫和侵略两种类型。自卫型的皱眉主要是保护眼睛受到伤害，例如外界的攻击、强光等。而侵略型的皱眉实质也是出于防御的目的，担心会遭到对方的反击。

皱眉表现出最常见的心境是：厌恶、反感、不同意等。而深皱眉头表现出的则是忧郁的心情，这种人想要改变现在的境遇但是又未能达成所愿。如果一个人笑的同时眉头微皱，说明他笑的对象给他带来了困扰和焦虑。斜挑眉毛表示这个人激动同时带有恐惧，心里充满担心和疑惑，表示不理解。

轻抬眉毛一般是在向远处的人打招呼，这是看到熟人时一种下意识的动作，表现对这个人的认同和好感。而对陌生人和自己讨厌的人一般不会做出这个动作。

双眉上扬表现出的是对谈话对象的欣赏或者非常惊讶，眉毛半抬高说明大吃一惊，而眉毛完全抬高则表示出一种完全难以置信的意思。

眉头紧锁的人内心充满了忧虑之情或因为无法解决一件事而陷入深深的困惑，而眉梢上扬则说明有好事发生，所谓“喜上眉梢”。眉头舒展的人一般心情坦荡，处于怡然自得、舒心愉快的状态。

吐出舌尖代表侥幸成功

当人们做错事或者发现自己正在做一件本不应该做的事情的时候，常常会下意识地将舌尖微微吐出。小孩子犯了错误被责备或者意识到自己的错误时，常常会吐出舌尖，走街串巷的小商贩、牌桌上或者警察局的审讯室里这种表情也经常出现。这个动作属于一种沟通行为，是社交活动完成后下意识流露的表情，通常表达露馅了、侥幸得逞或暗自庆幸等情感和心态。这一动作的潜台词有很多种，根据情境不同而改变，例如，“哎呀，这下完蛋了”“哎呀，被抓住了”“我做了件蠢事”“没想到竟然成功了”“咦，竟然被我逃脱了”等。

比如，在体育课上时常能见到这种情况，轮到你投球了，可是你很担心：“篮筐那么高，我一点基础都没有，技术那么差，能投进去吗？”你胡乱投了出去，结果篮球却乖乖地落进了篮筐。这个时候你往往会一伸脖子吐出舌尖：“我只是瞎投的，没想到真的投进了，真是太侥幸了！”

值得注意的是，在社交场合或商务活动中，双方的谈话结束时，如果其中一方觉得刚刚在谈判中自己侥幸做成了一件事，而另外一方又没有发现或者追究，侥幸成功的那一方就有可能做出露出舌尖的动作。如果看到这种表情，一定要仔细回想一下刚才会谈的过程，是不是发生了什么事情，判断一下自己有没有被对方愚弄和欺骗，又或者是否有人在这段时间内做错了事情。这一点非常重要，可以依此判断自己是不是被对方暗算了。

有时，吐出舌尖也是一种顽皮的表现，小孩子或是年纪较轻的晚辈在同长辈交谈时，

有时也会吐出舌尖，表现出一种可爱、天真的性格，有时也是撒娇的象征，通常在关系较为亲昵的亲人、恋人或朋友之间较为常见。

同样的咂嘴，不同的含义

在日常交往中，同样的肢体语言和同样的态势语在不同的语境中可以表现完全相反的含义。咂嘴这个动作在日常生活中就十分常见，它可以根据不同的语言环境表达多种含义和感情。

最常见的咂嘴应该是在品尝到美味的时候，这是舌头上的味蕾受到某种味道的刺激而出现的，这时咂嘴多半是对食物味道的肯定和赞叹，证明刚入口的东西给自己的身心带来了享受。

有一个细节可以说明这一点，饮酒的人，尤其是喝到了高品质的酒时，常常会先咂嘴，然后对酒大加赞叹："好酒！好酒！"当我们看见某件精美的、珍稀的或是令人愉悦的物品时，也会咂咂嘴巴，以示感叹和惊讶，这就是人们常说的"啧啧称奇"。

然而，咂嘴有时可以表现完全相反的含义，例如厌倦、烦躁、不满意等。在生活中，当有人在你面前口若悬河地讲个不停，既影响思路，又耽误大家的时间，这让你忍无可忍时，你会向那个人投以不耐烦的目光，同时咂嘴，这样，他就会明白你的意思是要他立即停止。当你面对一项很复杂的任务，不知该如何下手时，也会不自觉地咂一下嘴巴，这时，咂嘴是在表示烦躁不安。

当你将辛苦多日或是熬夜完成的策划递到老板面前时，经过一段可怕的沉默，你可能听不见任何话语，而只能听见老板咂嘴的声音，这时你就需要通过老板的眼神、表情等判断他是否满意。如果是边咂嘴边点头，眼睛睁得很大，那么恭喜你，你的方案一定能通过；如果老板在咂嘴时皱了眉头，眼神中有困惑，你就要想好应对措施了，老板对你的策划可能不够满意。

天真的托腮

在电视屏幕或是平面广告上，我们经常看到这样的图片或画面，一个小女孩，双手托腮，面带笑容，眼神灵动，像是在思考着什么，又像是在冲着面前的人撒娇，样子充满童趣，十分可爱。托腮的动作并不仅仅只有小女孩才会做，成年人在陷入沉思的时候，也会用双手撑住头部，做出托腮的动作。

成人在专注地思考某件事情时，尤其是毫无边界地幻想时，眼神常常是呆呆地盯着一个具体的点，目光空洞,面部表情凝固,双手或单手的手腕放在下巴处，撑住头部的重量。这时，这个人思考的事情有可能是天南海北不着边际的，这就是所谓的幻想。托腮的姿势仿佛是他为自己不切实际的幻想找了一个现实的着陆点，从而显得不那么缥缈。当然，这只是一种象征的行为，并非所有托腮的姿势都表示漫无目的的思考，有时，双手或单手托腮是沉浸在悲伤或沮丧中。

在现实生活中，我们常常被心事或烦扰所累，整个人都会变得无精打采，托腮仿佛是在为自己寻找一个可以依靠的支点，以此来填补内心世界的空虚和无助。

有时，我们在聆听别人说话的时候，也会做出托腮的姿势，这也有两种情况:其一，对方所讲的内容具有很强的吸引力，十分引人入胜；其二，恰恰相反，我们所听到的内容对我们来说枯燥无味，根本无法引起我们的兴趣，甚至对此有些反感，我们也会用手托腮，这时，说话者的声音已经难以进入我们的耳朵，我们开始陷入自己的思考，这就仿佛在对讲话者说："停止你的讲述吧，我已经走神了。"

性感的下巴

下巴对脸部轮廓的塑造非常重要，女性的下巴常常可以显示性感和美貌，男性的下巴可以显示男性的俊朗与阳刚。下巴虽然没有表情达意的功能，不能像眼神一样表达感情，但是我们一样可以从下巴的变化判断说话者的性格和心理。

通常看来，说话时将下巴抬高，并且随着话语的内容和语气的变化不断调整高度的人大多较为开朗，为人直率，不会隐藏小心思，待人坦诚，并且表情比较丰富，很喜欢在公众面前讲话，喜欢成为焦点，也喜欢和大家交流，还愿意尝试新鲜事物，敢于冒险，有较强的进取心和斗志。但是

这样的人不擅长阿谀奉承，有属于自己的骄傲，不会因为对方态度强硬或地位显赫就随便低头。

有的人说话的时候会把下巴压得很低并尽量靠内，这种人常常有些自闭或自卑，对外界有着较强的戒备心理，控制局面的能力很差，也十分害怕被别人瞧不起，否则就会变得十分急躁，很容易愤怒。但这样的人自我意识很强，为人处世有自己的原则和标准，不会轻易改变自己的计划。

相对比较折中的人在说话时，会根据对方的语气变化和动作语言适当调整自己下巴的位置，通常情况下是使自己的下巴根据说话者的头部位置的变化而做出调整。这样的人一般来说都比较随和，能够做到尊重别人，也十分注意对方的感受，能有效地控制自己的情绪，不会随意发脾气，处事有条有理、不紧不慢。但有时会过于随波逐流，对自己的坚持没有足够的信心，不能独立控制局面，总想依赖他人，在困难或自己难以驾驭的事情面前往往会选择逃避。

女人微笑的次数比男人多很多

美国波士顿大学的心理学教授做过一个调查，在社交场合中，女性微笑的频率要远高于男性。不苟言笑的、严肃的男性在很多时候都更像个决策者或政治家，而经常微笑的女性则常常给人以柔美、温和的印象，不会让人想起冷酷的政治和权力，因此男性的社会地位通常要高于女性。

同时，笑容也会在无形中为女性的容貌加分，增添女性的魅力。加州大学的一位社会心理学教授做过一个实验，她要求两百多名参与者看 15 张不同表情的女性照片，并对这 15 个表情分别做出不同程度的魅力评判，这些表情均是表现人们日常生活中遇到的最常见的情景时的反映，如欢乐、悲伤、忧愁、哭泣、严肃、面无表情等。

实验结果显示，只有微笑的表情被认为是最具有魅力的，愁苦和哭泣都会使看照片的人产生不愉快的感觉，因此他们会迅速转移开视线。相反，实验的参与者会将视线停留在带有笑容的照片上，并很可能无意识地随着他所看到的

照片中的笑容一起露出笑容。而其余的表情都会被视为是不开心的表现，即使是面无表情。而当男性的面部没有明显的表情时，则会被理解为理性的、慎重的，甚至是有身份的。

因此，女性需要根据不同的环境和场合有意识地控制和判断自己的微笑次数和笑容，在与具有一定权力地位的男性交往或自己处于领导地位在向下属发号施令时，女性可以将自己的微笑次数减少，以此来增加自己的身份感和权威性。而平时，则完全不必要收敛笑容，因为笑容可以为你的美丽加分。

不同微笑，不同秘密

微笑有好多种，不同的人有着不同的微笑习惯，这既受到性格的影响，也受到心态的影响，但无论哪种微笑，其背后都有巨大的可挖掘资源。1806年，解剖学家贝尔提出一个科学论断，那就是，微笑可以传达一千多种不同的意义。在日常生活中，常见的微笑也可以表示和象征不同的情绪和心理状态，表达不同基调的情绪，例如表达开心、满足、激动、惊喜等的积极情绪，或是表达蔑视、无奈、气愤等的消极情绪。笑容还有真假之分，既可以是发自肺腑的真诚的笑，也可以是言不由衷的虚伪的笑。我们可以通过分析不同笑容之间的微妙差异来分析和了解一个人的内心世界。

开怀大笑常常是一种令人喜悦的笑的方式，不仅是发笑者喜悦的表达，也会给身边的人带来轻松的氛围。经常开怀大笑的人心胸坦荡，性格开朗大方，不拘小节，待人真诚直率，很受欢迎。而女性有时为了表现矜持和优雅，会选择在微笑时用手轻轻捂嘴，或是用外物做出遮住嘴巴的动作，这样的女性大多性格比较温柔内向，十分注重场合和自己的形象，同时对外界的戒备心理相对较强，不愿意过分显露自己的性格。

抿嘴微笑的人则带有更为明显的戒备心理，他们在微笑时，将双唇紧闭，嘴角向后拉伸，颊肌有控制地绷紧，使唇部形成一条直线。在排除微笑者因自己的牙齿或嘴型不够好看的情况，带有这种微笑的人实际上很难接触，对所有的新鲜事物和陌生

人都会慎重斟酌，十分吝啬表现自己，也不愿与人分享自己的想法或观点。有很多时候，这种微笑用来表达委婉的拒绝和不愿透露的情况。

冷笑即蔑视

三十六计中有一计是笑里藏刀，说的就是原本美好的、令人愉悦的笑容之下可以隐藏阴险毒辣的诡计。笑容的确分好多种，在一些特定的场合，笑容是具有杀伤力的。冷笑就是一种很可怕的笑容，真的会给人以冷冰冰的感觉。人在冷笑时，眼神中常常会流露出不屑的目光，面部肌肉整体呈现麻木的状态，只有嘴角两侧的肌肉微微向耳朵方向提起，并且通常只有一侧的提拉较为明显，而另一侧仍处于麻木僵硬的状态，表达一种漠不关心的态度。因此，冷笑时，整个脸部呈现的是一种蔑视的表情。冷笑不受历史文化的限制，不受国界地域的影响，因此，在全世界范围内都具有杀伤力。

据国外的一项调查显示，一对夫妻，如果一方对另一方表现出冷笑的表情，他们离婚的可能性会高出好几倍。一位美国联邦调查局的官员说，在他的工作环境中，嫌疑犯的面部也常常会露出这样的笑容，因为他们认为自己知道的比调查者多，或者是感觉到官方并不了解整个案件的真相。也就是说，冷笑可以清晰地表达一种不尊重对方的信号，用无声的语言告知对方自己内心的漠视或贬损，将对方或是对方的观点置于毫无价值的境地，从而表现出足够的冷漠和轻视。这种信号传递时间异常迅速，不需要辅助任何其他手段，可以立即使对方明白其中的意思，被冷笑的一方常常会因此受到影响，无法以正常的平和心态进行下面的工作。

冷笑还十分容易引起争端，为交际场合增添不和谐因素，使得交往陷入难以维系的地步。因此常常冷笑的人会给人留下冷酷的、傲慢的、自以为是的、不宜交往的印象，在人际交往中还是慎用为妙。

奇怪的微笑

都说笑容是世界上最美的表情，然而实际上并非如此，有些笑容因为并非发自内心而显得十分奇怪，甚至会因为面部肌肉的不自然而显得有些难看；而有的笑容则可以表现另一种信号。

人们在歪着脸微笑时，因为左右两侧不对称而使得脸部肌肉出现扭曲，两侧脸庞处在刚好相反的状态，一侧脸颧肌向上收缩，眼部微微眯着，这一侧的眉毛上扬，呈现出一种与微笑较为接近的表情；而眉头则会紧皱，另一侧脸部表情比较僵硬，嘴角下撇，面部整体呈现出一种相对痛苦的表情。这一般是由于尴尬、难以抉择、为难、害怕等情境造成的。在这种情况下，人们意识到自己的表情应该受到控制来配合对方，另一方面自己又十分为难，另一侧脸则会忠实于主体内心的感受，因此两侧面部表情不够协调。

通常情况下的微笑，眼神真诚而平静。而当你视线移向侧面，斜着眼睛微笑时，则会被认为是一种有意图地隐藏了秘密的笑。男性斜眼微笑多用在挑逗异性时，而女性的斜眼微笑则平添了几分天真和俏皮，同时还有一些腼腆和娇羞，常常会使被注视的男性爆发出蓬勃的保护欲和勇气。

而当我们内心毫无欢乐喜悦之感，却因受到环境和场合的影响不得不笑时，常常会采用皮笑肉不笑敷衍一下，这种笑容也被称为“假微笑”。假微笑时，只有嘴角微微上翘，眼神则暗淡无光，还会有几分疲惫之感，保持的时间也十分短暂，只要多加关注，就能顺利分辨真假笑容。

但生活中很多场合都需要我们配合笑容，因此很多人都会假笑，这并不是一种欺骗，而是维持正常社交活动的必要手段，没有必要深入追究。

眼睛是透视心灵的窗口

“眼睛是心灵的窗口”这句话人人都很熟悉，眼睛是人最容易流露出情绪的地方，所以在人际交往中，我们也最常通过眼神来判断一个人的心理活动。但并不是每个人都了解这种方法的原理或者并不能熟练地掌握。从生理角度来讲，人体的疼痛、疾病等都会引起眼睛的变化，而喜怒哀乐等情绪也会反映到人的眼睛上，眼睛是人的面部表达感情最丰富的地方。据科学统计表明，九成以上的信息都是通过眼睛获得的，同样，人类内心的大量信息也是从眼睛泄露出去的。

观察一个人，没有比观察这个人的眼睛更直接更准确的了。眼神透露出了一个人的内心，眼睛不会掩盖内心的事实，如果一个人为人正直、心胸宽广，他的眼神就会清澈而又坦荡；而一个虚伪、心胸狭窄的小人，眼神则显得阴险狡诈。志向高远的人眼光会坚定执着，轻薄肤浅的人眼神则漂浮不定。性格内向克己的人眼神也内敛，高傲自大的人自会目中无人。学识渊博的人眼神中会透出睿智，而不学无术的人则眼睛空洞无物。

作为生理器官，眼睛还可以透露出人的精神状态。身体感到疲乏的人，眼睛就会目光呆滞、暗淡无光。而精力充沛而又乐观向上的人，眼睛则会炯炯有神、眼光明亮、活泼灵动，充满生机。乐观的人眼睛常常充满笑容，显得和善亲切；而消极悲观的人，眼睛则低垂，不喜欢抬头直视别人的目光。

眼神也是判断一个人是否诚实的主要方法，诚实的人眼神坚定、踏实沉稳、坦率直接；而说谎的人则眼神游离不定、目光下垂不敢直视别人的眼睛。

德国心理学家赛因曾说过：眼睛是了解一个人最好的工具。通过长时间的细致观察和训练，就可以熟练地捕捉人们复杂多变的眼神，从而透视对方的内心。

手臂的信号

手臂的动作是态势语或肢体语言的重要组成部分，一个人在说话做事时，手臂的不同姿势可以解释这个人性格方面的一些特征。

双臂交叉挽在胸前是一种最常见的手臂姿势，人们在公共场合排队等候或交谈时，常常会将自己的双臂这样放在胸前，做这一动作，通常可以窥视此人的心理状

态和对处境的态度，例如，坚持、拒绝、不愿介入或插手、防御、淡漠等。双臂交叉挽在胸前象征着把手收起来，显然是不愿改变或是不愿参与的态度，并且说明摆在面前的事情和主人此刻的处境联系不大。

如果双臂交叉后，双手没有自然地伏在手臂上，而是紧紧地抓着手臂，将自己环抱起来，则可以说明此人特别需要安慰和保护，希望有人能够从精神和处境上帮助他、安抚他。这个姿势显现出一种无力的、软弱的感觉，在医院走廊里排队等待诊治的病人常常是这样的，做这个动作时，通常可以判定主人的心情比较紧张、内心有些脆弱，行为也较为拘谨，科学上称这种双臂交叉姿势为自我拥抱式，说明此刻，此人需要拥抱而不得，只能自己将自己紧紧抱住。

如果对方交叉双臂后，双手握紧拳头藏于腋下，就表明他不仅在防御，而且对对方怀有一定的怨恨，因而带有几分明显的敌意，即将与对方发生争执，因此这个姿势带有较强的攻击意味。

手臂动作的差异也可以展现性别的差异。在手臂自然下垂的状态下，男性与女性的姿势是不同的，这与原始社会遗留的男女两性分明的社会角色有关。由于女性在家庭生活中担任重要角色，需要承担抚育孩子、清扫等任务，因此，女性的手臂常常向外侧张开。而男性从事较为繁重的体力劳动，如投掷、砍伐等，并且需要保护自己的战利品，因此，男性的手臂倾向于往内侧弯曲。

手臂动作的情感体现

手臂动作的幅度可以真实反映一个人的心态和情绪。根据心情的积极与消极主要体现为活跃型的手臂动作和压抑型的手臂动作。当人心情愉悦、心满意足时，手臂动作的幅度就较大，动作舒展自由，不受限制。小孩子们在尽情玩耍时手臂总是非常灵活的，做出各种各样的动作。而足球运动员在射门得分后往往也会将双臂高高举起，自由挥舞以充分表现自己的喜悦和兴奋。在遇见久别重逢的老友时我们会张开双臂，父母见到儿女向自己跑来也会张开双臂，这样热情、积极、完全开放的手臂动作表现出一种非常喜悦、积极的感情。

消极的情绪之下手臂动作就会受到不自觉的限制，畏畏缩缩。比如一个人犯了错误，他的手臂和肩膀都会明显地下垂，这是大脑对消极事件的反应。而劳累了一天的人回到家中时，双手一般都无精打采地耷拉着，肩膀也跟着下沉。

消极的情绪也会使人收回手臂，比如受到伤害、威胁，或者感到焦虑时，手臂就会垂在身体两侧或者紧抱在胸前。这是一种自我防护的动作，例如，在争执中双方都会不自觉地收回手臂，这是为了抑制自己的身体，以免引起冲突，使自己受到伤害。在身体某部位受伤或疼痛时人们也会收回手臂，使手臂缩到感到难受的部位，例如，胃痛时我们的手臂就会收到腹部。在儿童受到虐待时，常常会出现手臂冻结的现象，儿童认为自己的动作越多，越容易引起注意，就越有可能受到伤害。因此他们会有意地限制手臂，从而起到自我保护的作用。与儿童的这种心理相似，扒手在偷窃时一般也会控制自己的手臂，尽量减少手臂的动作以避免引起更多的注意。

手势表露自信程度

几种手部的动作能够反映一个人的舒适和满意程度，体现出他是否对自己有十足的信心。

首先，最常见的自信手势就是尖塔式手势，这个动作双手手指分开，十指轻靠在一起，但手掌不接触，手的形状就像教堂的塔尖，所以叫作“尖塔式手势”。做出尖塔式手势的人一般对自己的想法或地位十分自信，职位较高的人习惯于做这个动作。

研究发现，尖塔姿势的位置越高，这个人的自信程度也就越高，一般职位高的人比职位低的人的尖塔手势要更高。在法庭中证人做证时使用这种手势来强调自己对所说的话有十足的信心，从而赢得法官和陪审团的信任。而交叉或紧扣的双手则会让人觉得紧张，甚至有可能认为证人在说谎。

其次，竖起拇指也是高度自信的体现。这种动作还与一个人的地位高低有关，一些地位高的人，例如总统、律师、教授、医生等人，通常会在把手插进口袋里或整理衣领的时候把拇指露在外面。拇指高高竖起的人说明他们对自己的评价较高，或者对自己的现状感到自信和满意，表达着积极

的情感。相反，拇指放进口袋里而其他手指露在外面则是自信度低的表现，或者说明这个人地位较低。

手指的动作非常灵活，在情绪改变时会及时地做出相应的变化。比如，一个演讲者在开始时十分自信，并用尖塔式手势加以强调，但当有人指出他演讲中的一个错误时，演讲者就立刻把拇指伸进口袋了。

自信度低的人手部动作则表现为双手冻结、十指紧扣、搓手和抚摸颈部等。这些动作和体现自信的手势相反，体现出一个人对现在的状态感到不舒适、没有安全感和缺乏信心。对自己所说的话信心不足的人会减少手部的动作，手势一般比较拘谨、不自然。十指紧扣可以表现出一个人的心理十分紧张、感到有压力，这是一种自我安慰的行为，有点像在祈祷，说明这个人对自己的所作所为缺乏信心。搓手与之类似，也有一种安慰的效果，随着压力的增大，摩擦双手的幅度和力度也会加大。

站姿显露性格特征

每个人的站立姿势都不尽相同，不同的站姿可以体现出一个人不同的性格特点。经心理学家的研究分析，总结出以下几种明显的特点：

首先，站立时双手插在裤子口袋里的人一般城府较深，不喜欢表露自己的情绪，性格内向保守。做事时非常警觉，不会轻易相信他人。

而站立时双手放在臀部的人则比较自主，做事认真负责，绝不会敷衍了事，拥有驾驭一切的能力。但他们同时也有过于主观、顽固不化的缺点。

如果站立时双手叠放于身前，那么这样的人性格坚强不屈，不向困难和压力轻易低头。但是这种人过分注重个人得失，与人交往时往往摆出自我防护的姿态，对人冷漠提防，让他人觉得难以接近。

站立时两手在背后相握的人一般有极强的责任感，尊重权威，遵纪守法。他们还很有耐性，并且较容易接受新观点和新思想。但这种人有时候情绪会出现不稳定，给别人一种难以把握的感觉。

站立时把一只手放在裤袋里，而另一只手放在一旁的人，则性格复杂而且多变，有的时候亲切友善，乐于与人相处，对他人甚至推心置腹；但有的时候却为人冷漠，处处提防他人，拒人于千里之外。身边的朋友和亲人都把握不住他们的性格，觉得他们莫名其妙。

站立时交叉放于胸前的人表现出的状态为胸有成竹，对自己做的事情充满了成就感，有着十足的信心，对未来也踌躇满志。

站立时双脚合拢，手垂在身体两侧的人比较诚实可靠，比较循规蹈矩，这种人往往个性坚毅，不轻易向困难低头。

站立时不能保持一个姿势，而是不停变换站姿的人一般内心焦躁不安，性格暴躁，心理状态比较紧张。这种人通常思想观念非常活跃，喜欢接受各种新鲜的思想，乐于迎接新的挑战，是典型的行动派。

坐姿表露性格

心理学专家认为，坐姿可以显露出一个人的性格。总体来说坐姿大致可分为八种类型，每一种类型都显露出了不同的人格特征。

第一种坐姿为"自信型"：左腿放在右腿上，双手搭在腿的两侧。持这种坐姿的人一般自信心较强，对自己的看法非常坚持，很有才华，但成功时容易得意忘形。

第二种坐姿为"温顺型"：两腿和两脚紧紧并拢，两只手端正地放在膝盖上。这样的人性格比较内向，感情较矜持冷静，善于替他人着想，在工作上踏实沉稳，会为了实现梦想而努力奋斗。

第三种坐姿为"古板型"：两腿贴紧，双手放于大腿两侧。这种人行为古板，不善于听取他人的意见，缺乏耐心，他们凡事追求完美，但又缺少实干精神，反而经常遭到失败。

第四种坐姿为"羞怯型"：膝盖并拢，小腿分成"八"字形状，两手合掌，放在两膝之间。这种人极易害羞，害怕交际。他们是保守的代表，观点一成不变，容易因循守旧。爱情观非常传统，易受家庭和社会观念的影响。

第五种坐姿为"坚毅型"：大腿分开，两脚并拢，手放在腹部。这种坐姿的男人一般比较有男子气概，行事果断。在爱情中会积极向喜欢的人表明自己的感情，但占有欲强烈，喜欢干涉对方的生活。在工作中，这种人争强好胜，喜欢领导和控制他人。

第六种坐姿为"放荡型"：两腿分开较远，手随意摆放。这种人喜欢新奇事物，不满足做普通人，喜欢标新立异。在人际关系方面，他们亲切随和，人缘很好。但有时他们轻浮的举止会给周围的亲人朋友带来一定的困扰。

第七种坐姿为“冷漠型”：右腿放在左腿上，小腿贴近，手放在腿上。这种人初看会给人一种容易亲近的印象，但事实正好相反，他们对人一般比较冷漠。

第八种坐姿为“悠闲型”：半躺在椅子上，双手抱在头后。这种人看上去就给人一种悠闲自得的感觉，他们一般性格随和，善于与各种人相处。这类人适应能力很强，有很强的毅力，在职业上较易获得成功。但他们视金钱如粪土，喜欢挥霍钱财。

第二章

信心的博弈：重视与轻视

不屑代表着对其轻视

当人们对某种东西不重视，对其表示轻视的时候，会表现出不屑的态度，因为人们这时候的内心有一种强烈的自信感和优越感，觉得自己要完成这样一件事或者要做得比“目标事物”更加优秀是轻而易举的。而当对一个人轻视时表现出的不屑则是对这个人做的事情质疑或者是“看都不看一眼”。我们经常可以在一些职场的电视剧里看见这样的镜头，资深的职场人对职场新人做出来的策划书表示不屑，当职场新人把做的策划书给资深的职场人审阅时，或者向其讨教时，资深的职场人会做出这样的反应，让新人把策划书放在其桌子上，等自己有时间再看；或者是草草看了看，没有给出什么意见，或者是不认同这个策划书。当领导表扬新人做得不错时，他们还会说“这有什么，但凡是个大学毕业的人都会做”之类的话语。

通过这样的轻视行为，我们可以看出这类“资深职场人”不太好的心态，会带着架子去处理那些“轻视的人、事”，总觉得自己才是权威和厉害的，当然，这么做新人肯定不敢说什么，但长此以往，对自己肯定是不行的，一方面骄傲了，没有不断提高自己，总有一天会让人赶上；另一方面这样的为人处世肯定会给人留下不

好的印象。有这么一句话，山水有相逢，你怎么敢肯定，将来你不会有求于这个被你轻视的人呢？到时候人家应该怎么对你好呢？

轻视时会发出“哼”“切”的单音词

轻视他人的时候往往不止是一个内心的想法，很可能在表达出轻视的同时会发出声音，比如“哼”“切”这样的单音词。而发出这样的声音的时候，往往会提高自己的声调，而且声音比较短，重音在前面的部分。从心理学上讲，一个人轻视别人时，发出这样的声音是想加强自己的自信心，等于在给自己“打气”，更是想通过这样的声音直接告诉那个人，你被我“轻视”了。总的来讲，这样的声音更多时候不是想去打击别人，而是想满足自己的心理需求。

有些人就是见不得别人好的类型，只能接受自己比他人优秀、比他人更受到其他人重视，所以这种人也更喜欢去轻视别人。而如果一个人被这种人轻视时，一旦做出什么失败的事情，这种人往往会第一时间站出来，对其“评头论足”并提出自己认为最佳的“见解”，当然，这个时候其脸上会挂着一丝得意的笑容。这样的人我们在生活中是经常能见到的，而且他们给大家的感觉很不舒服，甚至有几分讨厌，当看见他脸上那点得意的笑容或者听到他发出“哼”“切”这样的声音，更是觉得恨不得让他马上消失。

轻视时会不自觉地皱眉头

有一些人在轻视别人的时候不是直接冷嘲热讽，他们会尽量克制自己的内心情绪，但当那个轻视的人说话的时候，他们还是有一个不自觉的动作表现在脸上，就是迅速地皱一下眉头。而且这个皱眉头的过程是盯着那个被轻视的人，而当皱完之后也会把头部转到另一个方向，目光也会离开说话者。

此外，这种人在这个时候还会把耳朵竖起来，听一听周围的人对那个说话者的评价，如果听到别人也是给出负面的、与自己想的一样的评价时，他就会让自己的眉头舒展开来，嘴角也会微微上扬。他这个时候的想法是：“我说得没错吧，原来群众的眼

睛是雪亮的，这个人真的是不怎么样，不值得去关注。”

这样的场景依旧常见于职场，特别是在一些高层会议上，各部门领导坐在桌子的两边，各自汇报自己的工作进度以及项目进度，但往往双方的意见很难达到一个完全的统一，而且坐着的人有时对着说话的那个人会出现皱眉头的现象，等到自己讲的时候就会提高自己的声音，并用自己的目光直视那个被自己轻视的人，以显示自己的地位和自信。

而在生活中我们也可以从特定的场景和他人的表情看出对方是在重视自己或者是在轻视自己，但这种轻视也有可能是担心被超越而做出的表现。

喜欢指手画脚的人容易被轻视

有人天生就喜欢指手画脚，找别人的错误，这种人也是容易被别人轻视的。他们有的很虚伪，惯用的伎俩就是假惺惺的一番赞美后，再拐弯抹角地用“但是”两个字开启长篇大论的批评，一二三点地指出别人的错误。我们都会很鄙视这一类人，觉得他们每天吃饱了没事干，就是专门找碴儿。这种人好热闹，喜欢在人群里扎堆，哪里人多就往哪里去，一站住脚就开始说人家的是非，说谁谁谁哪里错了，然后就是一番指责。

这种人人生的追求就是指责别人然后来建立自己的优越感，他们没有别的成就，就喜欢留意别人的错处。也许他们游走在各色人群中，什么人群都能如鱼得水游刃有余，看似将各种人际关系处理得面面俱到，尤其适合做公关工作。但在职场中，这样的员工往往让同事包括上级心生防备——天知道你哪张脸是真的？天知道跟你说完后转身会怎么跟别人谈论我？我们都很难听别人说自己的错误，更何况如果那个人是不了解我们的人。有一个说法就是：总有某些因纽特人喜欢教非洲人如何生活。所以对这样的人我们都不会尊重，不会觉得对方是真诚地与我们沟通，而不用心生活，缺乏诚意的人，试问怎么会得到别人的尊重与重视呢？其实人都有上进心，如果感受到对方指出我们的错误是完全出自内心，希望帮助我们进步、克服难关的，我们不但会接受，而且会心存感激。每个人都有缺点，但是沟通的方法是有技巧的，如果真诚地间接提出别人的错失，会比直接地公开地指责来得温和，也可以传达自己的善意，不会引起别人的反感甚至鄙视。

忘记姓名表示轻视

姓名是一个人最重要的标志之一，所以表达轻视最好的方法就是忽略他的名字。称呼代表着双方关系的密切程度，也代表着对对方人格身份的认同与尊重程度。不同的称呼，直接影响着双方的关系。我们常用某某某或者路人甲来代替与自己无关的人，或者会给自己讨厌的人起个难听的外号。为了表示鄙视，我们不会称呼对方的名字。就算是记得，也不想去提，好像他在我们心里只配是一个符号而已，跟阿猫阿狗无异。

被忽略名字的人心里都会不好受，因为让他觉得被藐视了。双方如果是处在不平等的位置上，这是一种很实用的心理技巧。

对付难缠的太狂妄的对手，我们可以故意忘记他的名字来表达对他的轻视，打击他，让他知道我们根本就不把他放在眼里，他也不要太自以为是。如果我们不想承认对方的能力和人格，并且可以不需要跟他打交道的时候，那就假装忘记他的名字吧，可以故意问：“我以前有见过你吗？”“我们认识吗？”“我忘记了！你说你叫什么名字来着？”这些话都可以很轻易地激怒他，表达我们的鄙视，彰显下自己优越的地位。或者在其他人面前会故意说：“啊，那个谁，老是记不起来，他还说他认识我呢，我都没印象。”这些话语都是用忘记名字来鄙视对方，不希望跟他打交道。当然了这种鄙视是最直接最不礼貌的，所以被鄙视的人心里肯定会有情绪的。

随意的坐姿表示轻视

在正式的场合，懒散的坐姿会带给对方不认真的印象，跷二郎腿的人会被认为不恭敬或者缺乏教养。无论其他方面多讲究，坐姿不端正可能就会被全盘否定。如果谈话中我们身体往后靠着椅子，手脚自然地伸开，腿跷着，手臂懒洋洋地搁在把手上，眼光带着不耐烦，那么传递给别人的信息就是：“我不想再谈下去了，你可以不必继续讲了，这次谈话对我没有任何作用。”这种心不在焉的姿势无疑是

缺乏教养、傲慢的表现。

坐定后小腿呈现出倒V字形摆放，并不受控制一样地抖动，吊儿郎当的坐姿也传达轻视对方的信息，让人家觉得你对会面已经很不耐烦了。跷着二郎腿，两手在胸前交叉，收缩着肩膀，说明你对他所说的话题根本不感兴趣。

还有一些坐姿要注意，就是坐下后头靠在座位的靠背上，或者低头注视地面；身体歪歪斜斜，前俯后仰，倒向一侧；又或者双臂交叉，双手不停地摆弄身边的东西，反复地做小动作；其他的比如脚尖指向对方，双手抱着腿或者手夹在腿间不停摇晃，上身趴伏等。这些坐姿在商务交往中都会给人放肆嚣张的感觉，让人觉得你不尊重他，不在乎现在的交流。

在非正式的场合也许还不太明显，但在正式的场合中，如果是采取上述的几种坐姿来与对方交流，那么这场会面肯定很难达到原来预定的目的。轻则只是引起对方的反感，重则谈判破裂，交易失败。即使其他方面准备得再充分，条件再优越，还是不如“诚意”两个字来得重要。

不雅的站姿表示轻视

在正式的交际场合中，不雅的站姿会让对方有被漠视的感觉。站姿包括站立的姿势与站立时的精神面貌。人们站立的姿势千姿百态，有双脚叉开，大拇指钩在皮带上的，一副浪荡子的样子；有斜靠在旁边的桌子或柱子上，双手插在裤袋里晃来晃去的；有双脚叉开无精打采随意抖动着的，自由散漫；还有歪斜而立，一边用手摆弄身上的小配饰，玩拉链、戒指，扯衣服上的线头，拉扯领带腰带，或者不停摩擦双手、摆弄头发的。

这些站姿都会让正在与你见面的人觉得你不专心、不认真，摇摆不定，觉得你不踏实。如果你是一个晚辈，与长辈说话用这种站姿会让他觉得你很失礼，不尊重他的身份地位。如果是平辈，对方会觉得你这种不雅的站姿表达了你不屑与他做朋友，不会对你有好的印象与你接近。如果作为长辈，你的站姿已经透露出你对正在跟你说话的后辈持轻视的态度，那么后辈可能结束谈话后也不会把你看成一个人物了。

在正式场合里，不管对方是谁，都要收起自己平时懒散随意的姿态与精神面貌，才能避免传达出轻视、漠视别人的信息。

眼神游离表示漠视

我们说眼睛是心灵的窗户，通过眼神这种微妙的渠道，我们传递着信息与表达着内心的想法。眼神的传递，影响着人与人的沟通，激发心灵感应，产生彼此的情感共鸣。我们对眼神都会特别的敏感，眼神就像眼睛发出的语言一样，也是一种身体语言。

我们在与人交谈的时候，眼神的交流是不可避免的。通过眼神我们可以领悟到对方当下的情感和意图，了解对方的心理变化。如果对方眯视着看我们，传达的就是傲视和漠然的态度。眯眼是眼神交流中表达不友好信息的语言。

如果对方一边跟我们讲话一边眼神游离，时不时望向别的地方，我们会觉得他心不在焉，好像迫不及待要逃离这场谈话一样，对我们不尊重。我们会感觉到他疲倦了，如果无意倾听，此刻他心里想的只是“快一点结束这个话题吧，我受不了了”。

比如，当一个学生遇到难题向老师寻求帮助时，当他表达完疑惑后很自然地会望着老师，如果老师听清楚问题后第一反应是眯了下眼睛，那学生会认为，此刻老师肯定会觉得他问的问题很没有水平，觉得这么容易的题目怎么还不懂要来问老师，学生会觉得被老师鄙视了，老师用漠视的眼神打击了他的积极性。

低头摇头耸肩且双唇下弯表示鄙视

摇头是最直接的表示否定的肢体语言，虽然比起直接用语言否定，这种头部动作已经是比较委婉表达情感的方式，更容易被接受，但是它在各种肢体语言里，却是否定程度最大的。当我们的谈话进行到一半时，如果对方突然低下头后摇摇头，即使他不说话，我们还是会马上就察觉到，气氛发生了变化。头部集中了最全面的表情器官，是所有关注、观察身体语言的起点。低头是一种拒绝的姿态，表示对话题没兴趣或者不认同，在正式场合的交往中，低头是非常不受欢迎的身体语言。

交谈中面部是视线的焦点，对方的反应与心理变化都会通过面部表情适度地表现出来。在多数情况下，面部表情与内心的感受是吻合的。一个细微的表情可以让你察觉到对方内心微妙的变化，甚至会改变双方相处的气氛。而伴随摇头有双唇下弯的面部表情，则带有挖苦、嘲讽的感觉，表示对你跟他说的事情有点鄙视。比如你在跟领导汇报工作时，他一边听着你说，眼睛却没有直视你，而是低着头看着地板，时不时轻轻摇下头或者边摇头边抿一抿双唇，如果再加上耸肩的话，那么他就是在告诉你：“这个工作你完成得不好，这么简单的事情你居然做成这个样子。”这些肢体语言都是在传达漠视的信息。当我们在交流中遇到这种肢体语言的暗示的时候，就要注意，留心是否该改变谈判策略，或者改变交谈的话题了。

劝退的肢体语言表示轻视

除了眼神与面部表情，社交中代表劝退的手势也会给人带来轻视的信息。手势是肢体语言中活动范围最广泛，表达最准确，内涵最丰富的。虽然一般都伴随有声语言同步进行，但是手势在表达上的感染力与号召力更强更直接，让对方对自己的感受了解得更透彻。

每一种手势都有特定的含义，劝退类型的手势表示着一种轻视。比如，与对方谈话时没兴趣，不太愿搭理对方，有一句没一句的时候反复看着手表或玩弄着手机，甚至是打个哈欠，伸个懒腰，把双肘放在桌子上，双手支在椅子的扶手上……如果是商务谈判出现这种肢体语言，那么对方就是在告诉你，这个项目他没有兴趣再继续下去了，他不在乎。比如，聊天时对方东张西望，摆摆这个，弄弄那个，一边跟你说话一边手头上还有其他的小动作，玩弄下手边的小东西，剪剪指甲，卷卷头发，抓抓头皮，挠挠痒痒等，那么他会让你觉得他不重视你，不专心，不专注。

又或者你跟对方说话他一直用后脑勺对着你，背对着你站立，要不就是身体斜靠在其他支撑物体上、双手互相平端抱在胸前、把一只手随意地放在衣袋里，这些都是不在乎你的表现。还有一些手势是很直接地表示蔑视的，就是用手指直指别人，这是非常不尊重别人的手势，有咄咄逼人的感觉。

初次见面记住名字表示重视

每个人都有自己独一无二的名字，名字代表着第一印象。在初次见面时就能把对方的名字记住，能让对方觉得你很重视他，对你会产生亲切感，为两个人的进一步沟通交流打好基础。

很多擅长社交的人都很关注对方的姓名。他们天生就对名字很敏感，有惊人的记忆力，即使只有一面之交，他们都会把对方的名字记得一清二楚，绝对不会叫错。

许多的外交家也把记住对方的姓名作为开启沟通的重要方式，还有人把如何准确记住对方的名字写进以如何促进沟通为主题的书里。他们提出有人会在初次见面时用照相的方法来帮助自己记住对方的长相与名字。这样不论以后多久再见面，都能很快准确地叫出对方。一些教师也是用同样的方法来帮助自己快速记住学生的姓名。现在很多的通讯录或者简介都附有彩照，也是为了大家能准确地把握对方的姓名与容貌。

如果一个人在第一次见面时就可以叫出你的名字，或者只有一面之缘的人在街上偶遇时马上就能叫出你的名字，你肯定会觉得他对你很有好感，所以你也愿意与他接近。如果我们对一个人有好感，很重视他，首先去关注的也肯定是他的名字，然后牢牢地记在心里。

对于专门与人打交道的人，平时需要多处周旋，记住对方的名字并在下一次相见时叫出来，是非常有用的武器。名字是语言中最重要的声音了，这是最重要的表达重视的方法。对方会莫名其妙地产生一种错觉，觉得自己名气很大，受到重视，自我感觉良好。

对话中点头表示重视

肢体语言在交谈中也扮演着传达重视信息的角色。在谈话进行中，我们会通过眼神、头部动作、脸部表情来传达我们对话题很感兴趣，并鼓励对方继续交谈的信号。比如，电视中名人访谈类节目，或者是采访，主持人或者记者常常会频频地点头，示意对方继续说，而眼神也是一直注视着对方来表达关注。

适时地伴随一两句简短的回应，受访者都会觉得自己说的话得到了肯定与重视，自然就更加滔滔不绝地说下去。

所以成功的访问者是善于通过表达自己的重视来让受访者关不住话匣子，知无不言的。而点头无非是最直接简洁的表达。

在面试中点头也是表达重视的一个方式，如果面试官对你频频点头示意，或者头微微侧向一旁，说明对谈话有兴趣，正聚精会神地听，就像是在说“我正在听你说话”或者鼓励你“请继续说，我很认同上面说的话”。得到重视与获准继续发言，面试者当然就口沫横飞、口若悬河了。

相反地，如果面试官面无表情一副没有兴趣的样子，极少点头，那么你会觉得言论不受重视，怀疑是否自己的表达索然无味，然后就不愿意继续讲下去了。最终就是相对无语，没有达到沟通的目的。

而当学生在回答老师的提问时，老师会微微向前探头表示聆听，而如果对答案肯定，会连连点头。所以点头对于表达对话题的重视是很直观的，是最快速地能让对方感觉到你的关注的方法之一。

要注意的是，点头的频率与时机要控制好，如果乱点可能适得其反。表达重视的点头时，头部要端正，身体直立自然流露出自信、诚实、精力充沛的精神面貌，在商务沟通中是传达正面信息的首选。

记住对方细节表示重视

我们与重要的人见面时，都会先了解对方的基本信息，或者会借鉴前几次打交道的经验，寻找一些细节来表示对他的重视，让他感觉到你的诚意，知道你是有备而来的。比如，在上一次见面的时候如果对方提到过不喜欢吃牛排品红酒，那下一次用餐地点你肯定不会选择西餐厅。就是说如果了解到对方与自己见面的意图，在与对方见面之前，做好准备功夫，收集对方的一些情况与细节，那对方就可以感受到你的重视和诚意。

相反，如果你对对方或者话题都一无所知，可能他会觉得你没有诚意，对你感到气恼失望。

在表示对对方的重视时，在适当的时机说出他提过的细微之处，比如：“曾经，听你说过……我一直都铭记在心。”或者对他曾经无心提起的事情默默记在心中并找机会表示，比如，曾经闲聊中他提过他尝过你们家乡的米酒很喜欢，虽然只是一语带过，但如果再次见面时你说“前些日子回老家，特意带来了特产的米酒，一起喝两杯”的时候，他就会觉得你对他的无心之话很认真地对待，是非常有诚意、非常重视的，你们的关系自然可以熟络起来。

如果男女约会，女生即使是无意中说过的话，男生都会记得而且在适当的时候表达出来，女生会觉得自己在他心目中是不一样的，是被看重的。我们说的“体贴入微”也正是表达了重视的意思。

会面中坐姿端正表示重视

在正式的会面中，比如商务会议、谈判、面试，甚至是相亲、家长会，当我们需要树立给对方“认真、尊重”的形象的时候，我们会通过表情、语言、姿态等多种因素来表现。其中的姿态是交流中比较直观的一个方面。

人际交往中有一半多的时间是坐着的，坐姿，是衡量一个人认真程度的标准之一。人坐下时的姿势，决定了他在社交中的地位和心态。俗话说：“站有站相，坐有坐相。”就是说一个人无论是站着，还是坐着，都要有一个好的精神面貌与姿态。我们常用“坐如钟”形容坐着时像古钟一样端庄、沉稳、高贵，同时又是那样的轻松自然，感觉良好。如果一个场合里每个人都选择比较端庄的坐姿，表示我们对这个场合的尊重，对这场见面的重视。

坐姿包括就座的姿势和坐定的姿态。为表示敬意，就座一般轻而缓，稳稳地坐定后，为了表示专注，眼神的交流畅通无阻，一般我们都应与人相向而坐，把上身挺直，双膝并拢，以产生稳重的感觉，头部会端正而且目光平视前方的交谈对象。这就是合乎规范传达重视信息的坐姿，称为“端坐”。如果入座后面带微笑，身体稍微往前倾，再加上诚恳赞美的目光，那么更是可以表达我们关切、谦逊的态度，就像是跟对方说：“这场会面对我非常重要，我已经做好准备，全神贯注地与您沟通了。”

受邀坐主位表示被重视

宴席中重要的客人一般都是坐上座的，最重要的人肯定坐在主位。小到家庭聚会，大到外交活动，座位的安排都体现着与会者的地位与身份。比如长辈的生日聚会，寿星肯定是坐主位。

公司会议，最高级别的肯定是坐在统筹的位置。国际会议中，宴请各来访国使者，座位的安排也是首先按照职位排好。这些席位的安排不仅仅是一种形式，而是有心理学依据的，最重要的、最受关注的肯定是最显眼的位置。

以国际会议为例，如果双方人数均等，举行正式会议时座位是按照职位高低由中间往两边排，双方面对面各坐一排，这是因为此时一般是竞争谈判状态。如果是会后的宴会，一般会按照插坐的方式来达到沟通的目地，因为这是合作互动的场合，并肩而坐可以忽略对方的视线，容易拉近人际间的距离，感到彼此很紧密。但是最重要的人总是坐在主桌与主位的，其他的人会围坐其身边。当你收到请帖，入席后发现自己的座位是上座的话，那么主人家对你是非常看重的，他正在用这个方法对你表示尊敬，并传达一个信息，你是这场宴席中最重要的人。

很多深谙交际方法的人都会精心布置交际位置来影响别人。还有一种位置显示地位高低的，就是办公室的布置中就座的椅子的安排。有的领导办公室会有沙发与其他椅子招待来访者。如果他请你坐在同等高度的沙发上，那代表他传达的是平起平坐的信息，他很重视你。如果他让你坐在较低的椅子上，那么他想让你仰望他，让他看起来高深莫测，造成一种威慑。

准时赴约表示重视

守时是对一场会面最起码的尊重，在一些场合，我们还会稍微提前一点到达以示庄重。参加商务宴会、私人会面、宴席等对双方都很重要的场合，一般是没有人迟到的。如果突然有事不能赴约或者要推迟一点到达，我们会尽快通知对方，并真诚地解释或者提出备选方案，让他有时间调整。

准时赴约从心理上让他觉得你很重视这场见面，而且早早就做好了准备，为双方接下来的沟通打开良好的局面。相反的，如果你约的人不止迟到了，在出现的时候非但没有道歉，对迟到的事情提都不提大大咧咧就直接进入主题；或者就是很应付地说了一句“让你久等了”，你会觉得他是在藐视你，不是不把你当回事，就是想故意打击你，然后能在接下来的讨价还价中占上风。要注意对方可能正是用不守时出现控制我们的情绪，事实上他们也非常重视这次会面，但是是在玩心理战以树立自己在会面中强势者的形象，为自己争取更多的条件。

当我们觉得是错误或是缺点而对方没有同感的时候，我们很自然地会产生自己的人格被轻视的错觉，这也是人类共同的心理特征。在这种心理状态下，如果开始一场谈判一定要更加的保持冷静，谨记自己的底线与这场会面的原始目的，不能因为只顾着自己被轻视的情绪就冲动行事，注意力也不集中。

触摸表达重视

我们常用触摸表示支持、抚慰和激励，是表达我们关注的重要肢体语言。触摸包括握手、拍头、拍肩膀、拍背、拥抱等方式，在不同的场合与对象间传递着对对方很重视这种信息。

上级巡视基层单位会一一与基层员工握手，并用另外一只手搭在握着的双手上以示慰问，表达自己很肯定他们对工作的付出。

老干部提拔年轻后辈，面授经验的时候都拍拍他的肩膀并鼓励他好好干，前途无量，会说“以后就交给你们了”。这些都是借助触摸表达重视的肢体语言。更平常的例子是在教学中，老师如果对某个学生特别关注或者重视，会经常主动地接近他，时不时翻翻他的作业和笔记，答疑解惑后甚至轻拍两下他的肩膀，让他感受到老师对他的关注，不管是成绩特别好还是特别不好的学生，在得到老师这种关注后，都会更加发奋学习，不辜负老师的期望。

每当有学生在课堂上解题正确或者回答得很精彩时，老师有时候没有语言的赞美而是轻轻拍下学生的肩膀，同样能起到鼓励赞扬的作用，更加亲切自然地表达重视之意，激励学生再接再厉。

如果家里小朋友闯祸了，妈妈会过来抱抱孩子，拍拍他的头，然后给孩子讲讲道理，同时也是鼓励、安慰他，告诉他妈妈在这里，不要怕，但是下次要注意，不能再犯同样的错误。

懂得保持心理距离：排斥与接受

守住你的安全距离

在人与人互相接触的过程中，需要遵守一定的距离法则，首先不能太近，否则会闯入对方的个人空间；其次又不能太远，否则会使人觉得你在故意疏远或是不好相处。关系不同，彼此之间需要保持的距离也不同。

有学者将人与人之间的距离分为四种类型：公共距离、社交距离、私人距离和私密距离。公共距离指的是在公共场合，可以说是陌生人之间应该保持的距离，一般在 3.5 米以上。也就是说，在不拥挤的前提下，如果在路上行走，你与其他路人的身体距离应该超过 3.5 米，否则就会使人觉得不舒服、不自在，也会对你产生一系列的猜想，把你误认为小偷也未可知。而正常的社交距离则应该控制在 1.3 米以外、3.5 米以内，在这个空间范围内，适合商务对话、较为正式的社交谈话和外交谈判等，因为这个距离既不会使彼此感觉没有独立安全的个人空间，也不会因距离太远而产生沟通上的问题，例如听不清对方说话、握手时比较困难等，因此运用比较广泛。

日常生活中的交往可以相对更近一些，可以根据关系的亲疏远近来灵活调整这一私人距离，如熟人之间可以在 1 米以内，有过几面之缘但彼

此还不够了解的，则需要 1 米左右，这个距离适合非正式的社交场合，空间范围应控制在 0.6 ～ 1.3 米之内。而亲人、爱人和好朋友之间则无须严格遵守这样的数值，这就是亲近的私密距离，可以做到“亲密无间”。

但是在中国，一般情况下，没有直接血缘关系的旁系亲属性别相异时，距离也不会太近。而在西方，初次见面的礼节多为拥抱和亲吻面颊，这种情况不属于我们讨论的范围。

距离产生美

人与人之间都应该保持一定的距离，远近由彼此之间的关系来决定，把握远近尺度的关键是让自己觉得愉快，同时也让别人感到轻松。亲人之间，距离是尊重；爱人之间，距离是美丽；朋友之间，距离是爱护；同事之间，距离是友好；陌生人之间，距离是礼貌。

保持距离并不是说遇见陌生人就要往后缩，刻意与之拉开距离，不和其他人交心。而应该尽量使身体距离做到与心理距离保持一致，既不过分逼近给人以窒息的感觉，从而避免招致别人的反感和嫌弃，保持交往的空气足够清新；同时，在合理的安全范围内能做到互相尊重隐私，因为每个人都有保持自己隐私的权利，每个人也都有不侵犯别人隐私的义务，这种权利和义务是受法律保护和约束的。

为自己保留安全距离也是给自己留余地和退路，在不敢保证安全的情况下，不让自己完全陷入可能发生的危险中去。

亲人、爱人、朋友之间也需要保持合适的心理距离，允许对方有自己的空间和隐私，保证彼此的内心有足够的空间，否则再亲密的人也会感觉到无形的枷锁带来的负担。适当的距离可以为爱和关怀留下足够的可能性，从而更好地进行沟通，从这个意义上讲，距离恰好是爱的表达。

没有距离的相处是一种自私的表现，因为这样的人通常只想着自己，而没有顾及别人的感受。距离太近也容易产生依赖。独立是一种品质，可以塑造更为完整的人性，这就要求每一个人在与他人交往的过程中，学会独立，保持距离，为维护这一人际关系创造良好的条件，为自己的形象加分。

性别也能决定距离

在日常生活中，我们经常可以看见两位女士挽着臂走在一起，有说有笑，十分亲密，但是却很少看见两位男士有这样的动作，更不必说拉着手或挽着臂了，单是说下雨天，两位男士一起打伞，就已经会让人觉得十分奇怪了。

性别的差异对人际交往时的空间和距离也有着一定的影响。在商业交往中，个人空间的距离是相对固定的，无论是男性与女性的交往，还是同性的交往，都须遵守礼貌的、正式的距离数值。但是非正式的日常交往场合，女性之间的距离可以相对近一些，哪怕是刚刚认识的人，只要在交流了购物、美容、服饰等女性普遍感兴趣的话题后，都可以亲昵地挽着手逛街；而如果是男性，当他们勾肩搭背的时候，可能是因为在酒席上喝过酒以后称兄道弟地寒暄几句，如果是牵着手或者是挽着臂走在大街上，则多半会被认为是同性恋。在男性长到青春期以后，即便是父子之间，也很少会像女性那样亲密了。这是由一直以来塑造的不同的社会性别和角色分工决定的。

而男性和女性相处时的空间距离更加需要注意。如果不是夫妻、恋人和亲密朋友，成年异性的距离应该保持在 0.8 米以外。否则，男性主动拉近距离会被认为意图不轨，女性主动拉近距离会被认为是举止轻浮，不够优雅端庄。在家庭生活中，母亲与儿子的距离可以十分随意地无限制拉近，即使是儿子已经成家立业，但是父亲和女儿的距离则会随着女儿年龄的增长而拉开，这并不是疏远的表现，仅仅是出于对女性独特的身体特征的考虑。

在社交中，根据不同的交往关系正确把握距离，不仅可以塑造良好的、儒雅的社会形象，而且是对他人也是对自己的尊重，还能更好地维护社会关系，为自己的事业和发展奠定良好的人际基础。

陌生人，别离我太近

在正常交往中，每个人都会有自己安全距离范围内的保护网，这个保护网主要针对的是相交不深、互不了解的人，因为和这类人交往时，我们的潜意识里没有接触安全警报，需要时时刻刻保持警惕，以保证尽量不受或是少受对方的威胁或侵害。

冲破安全空间距离的可能性有两种，一种是向至亲至近的人表达爱意或其他情感，在这种情况下，我们的身体和神经不仅不会紧张，反而会感到无比舒适和放松；另一种情况则是另一个体的强制性介入，在这种情况下，人的身体会产生一连串的生理反应来对抗这种不可预知的强制性介入。

科学实验表明，当有人强行闯入某人的安全空间时，受侵害的主体心跳会出现明显的加快，肾上腺素会大量冲入血液，血液流动速度加快，并携带肾上腺素传入大脑和全身的肌肉，肌肉和神经因此变得紧张起来，身体随时处在逃离或反抗的状态中，以应对随时可能出现的危险情况。

因此，如果一个初次与你相识的人不管三七二十一直接上来拥抱或勾肩搭背，你会立即产生一种反感，即便是你提前获知对方的身份和性格、对方表现得十分和善友好，你也会对他的印象大打折扣，这种内心的变化也会很快显露在脸上。

如果想给别人留下良好的印象，就一定要注意在初次相识的时候保持合理的令人舒适的身体空间距离。不要让他人认为你是偷窥隐私的人或是凡事都爱凑热闹的人，因为人们觉得这样的人不会把精力放在努力做好自己的事情上，而是喜欢东瞅瞅、西望望，实在难成大事。

拥挤使人不适

正常的空间距离的数值是在足够的空间里实现的，日常生活中，我们常常身处拥挤嘈杂的环境中，这时，1 米或更多的空间范围根本无法维持，人和人还常常会贴在一起，毫无个人的私密空间可言。这种情况通常会出现在人口密度较大的城市或社区，在公共汽车、地铁、车站、电梯，乃至电影院、音乐厅、展览馆等公共场合，排队购物时也会有这种情况，这时，身体和心理的不适加重了我们内心的反感，而我们根本无法改变，甚至不能逃离。

常常可见在地铁里，人们都在低头看着自己手里的手机、报纸杂志或书籍，脸上没有任何多余的表情，身体也没有什么大幅度的晃动或摇摆。实际上，这种姿势是很合理的，在保证自己能够照看好自己的财物的同时，最好不要交头接耳，随便聊天，甚至减少打电话，这样是对自己的保护。因为在公共场合，大家彼此都不了解，最好

不要随意让他人接收到关于你的有效信息，以尽量保证自己的安全。

在上下班高峰期时，公共交通工具里挤满了疲惫的上班族，这时的他们大多面无表情，还有一些表现得十分疲惫，在排除身体疲惫的因素之外，这样表情的人也是为自己的安全距离外的保护网又加上了一道防线，不仅会让站在身边的人远离他，也可以减少很多不必要的麻烦。因此，表现得冷酷而又疲惫，也是对自己真实情感的掩饰。

需要注意的是，人在处于这种状态的时候，身边的人对他是没有戒备心理的。所以常常有扒手会装扮成普通上班族的样子伺机扒窃。

心理距离的文化差异

不同的文化环境对于两人之间的距离也有不同的理解，各个国家之间的差异很大，如果在与不同文化背景的人接触时一定要了解对方的心理距离，以免造成误会。中国人由于传统文化的影响，在与人接触时很注意保持距离，尤其是异性之间更要保持较远的距离，所谓“男女授受不亲”。

而一些欧洲国家的人对于私密空间的定义只有 20 ～ 30 厘米的距离，在一些地方这个间距会更小。所以欧洲人与别人交往时往往会表现得很亲热，完全没有觉得自己侵犯了对方的私密空间，而且他们更喜欢身体上的接触和目光交流。所以在与欧洲人交往时要理解他们对于空间距离的要求，不要误以为他们有不良企图或者有冒犯之意，如果真的感觉不适可以直接跟他们交流，告诉他们你不习惯与人过于亲密的接触，请他们尊重你的私人空间。

在异性交往时，对于私密空间就要更加地注意，尤其是男性不能轻易靠女性的身体太近，不然会被认为是不礼貌的冒犯行为。在向喜欢的异性表达好感时，可以逐渐靠近异性的私密空间，如果对方退后并试图和你拉开距离，说明他 / 她暂时还不能接受你，但并不一定是拒绝的表现。如果对方对你也有好感，你在接近时他 / 她就会在原地不动，允许你走进他 / 她的私人空间。

在社交场合，美国人对于私人空间的要求在 45 ～ 120 厘米的范围内，跟别人交流时一般不会离得太近。日本人却只需要 25 厘米的私人空间，在谈话时会不停靠近对方。所以如果一个美国人和日本人一起交谈时就会出现很有趣的现象，美国人会渐渐地后退，而日本人却一直向前逼近，好像在跳华尔兹一样，其实是这两个人都在寻找自己习惯的个人空间距离。文化背景的差异让人们很容易对他人的行为产生误解。

除了不同国家之间存在着文化差异，不同生活环境也对人的心理距离有着很大影响。在人口较稠密的地区长大的人对于个人空间的距离要求较小，而在地广人稀、人烟稀少的地区成长的人则需要较大的个人空间。在人们之间的关系比较亲密的乡村长大的人与人接触时习惯较为接近的距离，而在人际关系淡漠的都市中生活的人则需要与他人保持一定的距离。

这就对置身于社交生活中的我们提出了更大的考验和更高的要求，我们不仅要尊重不同生活习惯的人对心理距离的把握，还应该尽量了解不同文化差异导致的不同的待人之道。

抿嘴微笑：温柔的拒绝

在正常的交往活动中，拒绝的方式很重要，既要根据自己的实际情况和内心倾向大胆表达出自己的意思，又要在公众场合维护对方的颜面和与对方的关系，保证相互之间最起码的尊重，尽量避免制造不愉快。这就要求我们在拒绝的时候选择尽量温和的方式，点到为止，不能太过决绝。

微笑仍然是最好的选择。任何人在面对微笑的时候总是少一分气愤和苦恼，多一分温暖与舒心，当你用微笑拒绝对方时，对方通常不会气恼，内心充其量多几分遗憾，你们之间的关系也不会因此变得很僵。

那么哪种微笑能够代表拒绝呢？回答是抿嘴微笑。抿嘴时双唇紧闭，嘴角向上提，眼神宁静。这种微笑不会给人不舒服的感觉，同时能表达出无奈和遗憾，仿佛在说“不好意思，我没办法做到”或是“对不起，我不能这样做”。当有人对你做出这个表情时，你就知道，不能强求了，应该识趣地收手。

抿嘴微笑还可以表示其他含义的否定，如不同意或不认可、不好意思说“不”、无可奉告等。一些明星在公共场合或接受采访时被问及不愿回答的问题时，常常会抿嘴微笑，但是笑而不语，这就是在告诉对方“请不必继续追问，我无可奉告”。

生活中，当你遇到出发点很好的人为了讨你开心做了某件事，这件事并不能使你得到很大的收获，而你不知该如何拒绝或是不好意思拒绝时，也可以抿嘴笑一笑。对于你不同意但又没有必要反驳的观点，抿嘴一笑也是一种很好的选择。

抿嘴不笑所隐含的内容

在日常往来的交谈中，我们常常可以看见有的人喜欢紧闭双唇，但嘴角并没有向上翘的趋势，而是形成了一个明显的“一”字形。这个微小的动作可以让我们看到很多隐藏其后的内容。

在倾听别人讲话的时候，如果有人忽然将双唇紧闭，做出抿嘴的姿势，那么可以断定，他所聆听的内容与他心里的想法产生了一些出入，他开始思考和权衡，并且很快就会对是否表达做出选择和决定。

通常情况下，这类人思维缜密、计划周详，对所做的事情有自己较为成熟的想法，同时也很善于与人合作，能容易获得伙伴，做起事来能够坚持到底，不易半途而废，也不会轻易受到干扰，是一个很富有执行力与意志力的行动者。

如果一个听话者在谈话之初就有这样的表情，那么可以说明讲话者嘴唇的一张一合对听话者来说完全是徒劳，他压根不打算接受对方的意见，或者根本没在听，这是一种十分固执的表现，这样的人在很多时候都是我行我素、独断专行。

平时就喜欢抿嘴的人常常容易受到不良情绪的影响，并且会将不开心或不愉快表现在脸上，但又能够意识到自己的面部表情与情绪不应该给对方和其他人造成影响，因而将这种心理状态折中为一种似笑非笑、似哭非哭的表情，以此来遮掩心中的不满和不快。这样的人有一定的集体意识和为他人着想的意识，但是不能有效地调节心态，常常受到小事的影响，情绪波动较大。

在日常生活中，每个人都应该学会察言观色，注意把握对方表情中的小细节，只有这样，才能适时地调整自己的语气和说话内容，更好地维护对话双方的关系，使得谈话变得更加有效。

鉴别真诚与虚假的笑容

眼睛是心灵的窗户，笑容也可以成为心思的窗户。真诚的愿意接纳的笑容与虚假的表示抵触和排斥的笑容有着很大的区别，我们可以通过细致的观察和分析判断对方隐藏在笑容背后的真实意图。

在一些轻松的场合，例如有一个人讲了一个笑话，如果对方的笑点真的被这个笑话戳中，他会发出“哈哈哈”的大笑声，我们习惯称之为开怀大笑；而如果对方只是为了应付差事或例行面子上的礼节，而实际上并不觉得这个笑话可笑时，他的笑声会断断续续的，笑声听起来不够顺畅。这种断断续续的笑实际上十分被动，是被一种主动发笑的行动牵引着的，为了配合这种主动的笑而发出的，是一种“言不由衷”的笑。

在表示真正的赞同和接受时，有两种微笑较为常见。其一是微笑的同时频频点头，这表明此人聆听到的他人讲述的观点在他的心中引起了共鸣，与他的想法不谋而合；其二是嘴角的肌肉不受控制地放松，也就是我们通常所说的咧开嘴笑，这是在听者听到一个明显的令自己深有感触的点时，忽然毫无戒心地笑起来，这同样是一种真诚的表现，甚至可以认为是下意识的。

但如果倾听者在听话过程中露出短暂的微笑，同时将脸部扭向侧面，则说明他的内心想法并非说者所讲，也并非表面上的笑容所显示的，他可能是将自己列入了局外人的范围，不愿参与讨论，但也没有必要即时反驳，因此露出一种敷衍的笑容。

并不是所有不真诚的笑容都是欺骗，笑而不语在很多时候都是十分重要的。

眨眼速度慢：不愿看

正常人在放松的状态下，眨眼的时间十分短暂，只有 1/10 秒，如果出于某种原因刻意延长眨眼的时间，会产生很多种不同的效果。

延长眨眼的时间本身是一种无意识的行为。人在看到自己不愿看到的人或事情的时候，脑部神经会主动发出排斥的信号，从而支配上眼睑和下眼睑的相互接触的时间加长，简单来说，就是大脑企图阻止眼前的画面进入视线。

如果在交谈过程中，你的交谈对象有这样的动作，那么可以说明，他对你的话题内容毫无兴趣，对你本人也不够尊敬，他内心对你产生的排斥促使他通过闭眼来缓解你带给他的不快，他显然不希望你再出现在他的视线之内，在这种情况下，你已经没有必要再和他纠缠下去了。

此外，人在悲伤绝望的时候，也会延长眨眼时间，他们是通过这种方式来缓解紧张的神经，尽量稳定自己的情绪的。

当人有意识地延长眨眼睛的时间时，一般是在显示自己高高在上的姿态，这类人通常较为自负，很容易自满自大，总喜欢在他人面前展现自己的高贵之处。这种情况可以追溯到英国中世纪时期，当时，有一些略有身份的人为了显示自己上流社会的身份，常常用这种眼神表达对他人或某些事物的蔑视，他们会刻意地延长眨眼时闭眼的时间，以此来显示自己不屑于看见眼前的人或事，也向他们表达出内心的排斥，从而抬高自己的身份、眼光和姿态。就这样，一种优越感和傲慢的心理就逐渐具备了。

如果在日常的社交生活中，有人通过延长自己上下眼睑接触的时间，来表达对你的不屑与不接受，你完全可以采用有效的方式进行回敬：因为对方延长眨眼时间后，眨眼的速度也就会随之变慢，再次睁开眼睛时，他们会将视线向左或是向右偏离一点，和“翻白眼”比较接近，这时你可以在他眨眼的时候，利用那段被他延长的时间，向左或是向右迈一小步，这样他在睁开眼睛后就会看见你的正脸，这是他万万想不到的，因此内心就会受到惊吓，也就深深明白了你的“过人之处”。

不只是卖萌：噘嘴

著名的美国女演员玛丽莲·梦露有一个经典的动作：微微俯身，抬头挺胸，翘起臀部，用手轻轻地遮着噘起的嘴。这一形象一直被一代又一代的观众推崇，成为极富梦露特色的性感动作之一，几乎成了梦露的代名词，因为它充分表现了梦露性格中除了性感之外的娇嗔、可爱和活泼。

小孩子也经常会噘嘴，在他们不开心或是不乐意做某件事情的时候，当他们正在开心地做一件事情，玩游戏或是看动画片，忽然被家长勒令去完成作业或是练琴，刚才的兴致勃勃被一扫而光，心中十分不情愿，但是又没有有效的反抗措施，只好服从，为了表现和发泄这种内心的不情愿，他们就会把小嘴噘起来。家长有时对着小孩子们噘嘴皱眉，对他们也会有一定的强制管制的作用，他们能够意识到，家长做这个动作是在否定和制止他们现在的行为，于是只好乖乖地听话了。

在日常的交际生活中，成年人有时也会用噘嘴表达内心的不满和生气，而有这样动作表情的人通常会被认为是不谙世事的年轻人，或是性格十分任性的人，因为这种表达排斥和拒绝的表情十分明显，有着丰富社会交往经验的人不会将自己的喜怒哀乐表现得这么淋漓尽致，也不会允许自己的内心思想和情绪有这么明显的外露。

然而，在面对不满或是不情愿接受某事时，即便是八面玲珑的社交高手有时也会在最初的一秒钟做一个极难捕捉的噘嘴动作，这是内心情绪的真实呈现。

社交场合会在很多时候教会我们如何做，哪些表情应该有，哪些表情不应该有；哪些姿势应该有，哪些姿势不应该有，这些不成文的规则会在长时间的约束下塑造我们的习惯，因此，一些本能表现出来的动作可能会逐渐被替换掉，但并不意味着人与人之间的交往会变得越来越需要警惕，毕竟，人总是难以避开"率性而为"的举动。

楚楚可怜地咬嘴唇

在公司里，如果你是一个项目的负责人，手下的员工任务完成得不尽如人意，尽管他们尽心尽力，但你还是难消怒火，想严厉地批评他们一顿，可谁知你还没有开口，他们几个就低头顺目，眉头紧皱，咬着嘴唇，个个楚楚可怜，想必你也不愿再劈头盖脸地骂了。

用牙齿咬着下嘴唇，十分能够表现自我反省和检讨，就仿佛在说："都是我不好，造成了这样的损失。"

有的人因为一些先天或是后天的因素导致性格内向、自卑、敏感，常常感到紧张，自我意识很强，生怕自己的过失给他人或群体带来更大的损失，便会下意识地咬嘴唇。而有的人则是因为最近工作生活压力比较大，又无法有效地缓解压力，也会常常咬嘴唇，有的人在陷入思考的时候也会不自觉地咬着下嘴唇。具体原因根据不同人的不同性格和所处的不同境遇而定。

可以肯定的是，人在低头咬嘴唇的时候，通常是能意识到自己的错误的，证明他在自我谴责和反省；如果扬着头咬唇皱眉，则可能是因为受到委屈或不愿屈从，与楚楚可怜完全背道而驰了。

"装可怜"在有些时候并不是逃避责任的表现，而是为了更好地维护事情发展的即行态势，减少不必要的冲突。但是，只有勇于承担责任的人才会有能力去承担更大的重任。楚楚可怜并不是解决事情的最好办法，从失败或错误中寻找智慧、总结经验才是正道。

拉扯耳垂的毛病

在日常生活中，我们常常看到有人喜欢拉扯自己的耳垂，这种举动蕴含的意义有很多，具体情况根据不同的交际场合而定。

首先，拉扯耳垂可以表示慌乱和焦虑。如果一个人在面对一项亟待解决的事情束手无策，或是关键时刻需要做出选择却毫无头绪时，常常会下意识地用一只手拉扯自己的耳垂。因为人的颈部、额头、鼻子和耳朵等身体部位比较敏感，在大脑皮层接收到刺激的时候，这些部位的敏感神经率先开始响应这种刺激，导致出现瘙痒或不舒服的感觉，人就会不由自主地用手触碰或挠抓，以缓解这种瘙痒带来的不适。

另外，有人在撒谎时也会不自觉地拉扯耳垂，这也是由于撒谎带来脑部神经的紧张，从而造成面部容易被刺激的神经率先发生感应导致不适。因此如果你在讲话时，有听者做出这个动作同时还表示同意你的观点，你就需要仔细辨别其真实性了。排除真的耳部不适的情况，如果对方真的同意你的观点，可以说明你的话语和思想可以引起他心中的共鸣，他会在第一时间将这种共鸣带来的惊喜表达出来，而并不会有片刻的迟疑，也不会用手拉扯耳垂。

还有，人在表示反对的时候，也会拉扯耳垂。在听到与自己意见相左的说法时，人会用手拉扯自己的耳垂，这可以简单地理解成“刺耳”，即我们认为不合理的观点在被听到的同时会刺激我们的耳朵，使耳朵不舒服。在做这个动作的短暂时间内，他可以整理自己的思路，总结自己的语言，以便更好地驳斥对方。

人的神经系统庞大而繁复，再加上四肢的灵活性，可以支配人做出数不清的小动作，但同时，每一个动作举止都是受支配的，都是有道理可循的，即便是无意识的动作，也会揭示一些具体的意识和思维。因此，把握小动作表现出来的细节，对于了解一个人或他当时的思想是很有帮助的。

拨弄头发的女士

女士特别爱惜自己的秀发，颇为注意自己的发型，因此也经常会在公共场合整理头发。我们可以根据不同情境窥视她们拨弄头发的真正意图。

女士喜欢留长发，然而长发常常会带来不便，所以

很多女士拨弄头发是出于对形象的考虑，担心发型毛乱会影响到自己的美丽形象，因此要通过整理拨弄头发来时刻保持整洁与美丽。如果女士换了一个新发型，尽管头发十分平整，但她还是不停地拨弄，则是两个极端的表现，一是太喜欢自己的新发型，希望他人集中注意力，二是对新发型不够满意，需要通过不停的拨弄来掩饰，仿佛头发可以恢复原样。

在交际生活中，如果在有异性的场合中，女性不时地朝着男士整理或撩拨头发，则可以看作传达爱意或挑逗的信号，因为女士是在通过这种方式引起男性的注意，并让他们看见自己的美丽。有时，女性发呆时或走神时也喜欢无意识地拨弄头发，这是内心无聊的一种表现。

撩拨头发的另一种可能是源于心理的。女士在处于焦虑或慌乱的情境中，也会显得手足无措，尤其是不知道该将手部放在哪里，于是就喜欢拨弄一下头发，既是在缓解自身感受到的压力，也是在显示自己的平静与淡定。

女性的举止动作相比于男性而言，要更加的轻慢柔和，即便是出于慌乱或紧张，也可以表现得十分柔和优美，因此，小动作对于女性来说，只要注意把握，就可以成为塑造形象的一个方面。撩拨头发的女性通常都是十分注意形象的人。

频频表达喜爱之情可以带来重视

每个人学生时代成绩最好的一门功课，无一例外的该课授课老师都很喜欢你，让你觉得自己是班上最重要的学生，所以你也很重视这门功课，自然就学得好。试想下如果数学老师一直都不喜欢你，你上数学课还会有精神跟兴趣吗？你会觉得你怎样学都学不好，从开始不想关注数学，到最后放弃学习。但是英语老师却是一直都鼓励你，跟你说你很有天分，那么你会觉得老师对你的期望很大，你不能辜负，即使是碰到学习上的困难，你还是会有信心坚持去战胜。这就是被讨厌与被喜爱带来的不同的心理暗示：你是漠视这门学科还是重视这门学科。

同样，在工作上，如果领导对于你做的事情都是赞赏有加，多多支持，那么你会觉得老板很器重你，所以你一定要更努力地工作，对每一件事情更加的重视与用心，工作表现更好。对于老师与同学，老板与员工，这都是双赢。每个人得到的掌声都会让他觉得自己应该重视，不能辜负这种赞美。

为了引起别人的重视，我们要多说鼓励性的言语。一句赞赏，表示喜爱的话语，无论在家里、学校、公司，乃至社会上的交流还是工作上，都能带来意想不到的效果，都有可能有潜移默化之效。如果你要得到某个人的重视，请亲口给予他们肯定与鼓励，这可能会比金钱或者其他的物质带来的鼓励更加有效。

看清托下巴的动作

在人的肢体语言中，头和手最常见的接触之一就是用手托着下巴，科学家也曾经做过实验，因为手部凸显执行的灵活性，而头部展现思维的灵活性，因此头部和手部的接触与配合可以表达多种丰富具体的含义。

雕塑家罗丹的作品《思想者》就是用手托下巴的姿势告诉人们他在思考。日常生活中的人用手托着下巴，往往也是陷入思考的表现，眼神专注而富有很强的凝聚性。从形体学上讲，用手托住头部，可以保持头部的稳定，为思考提供更优质的条件和空间。有些人在托着下巴思考时，还会伴有抚摸下巴的动作，就像古代人在斟酌问题时喜欢抚摸山羊须一样。如果做这个动作的人是听话人的角色，那么可以判定，此刻他并没有认真聆听别人的讲话，而是在思考自己的问题，判断说者的内容是否准确或是否符合自己的思路。

当人们在倾听的时候也常常喜欢用手托着下巴。例如，在一个课堂上，如果老师的授课内容和方式十分有趣，对学生有着很强的吸引力，那么很多学生就会身体前倾，单手或双手托着下巴，注视着老师。这说明他们十分愿意接收外界的信息，丝毫没有抗拒和排斥。

然而，同样是在课堂上，用手托下巴会有另外一种可能性，就是昏昏欲睡，这种状态与思考时的托下巴状态不同。思考时，人的神经受到有效的控制，面部表情会随着思考问题的相关内容而发生变化；而昏昏欲睡者托着下巴则完全是由于头部需要支点来支撑。而这时，因为困倦导致神经麻木，面部表情不受控制，因此会出现五官的错位和小小的变形。讲话者如果看见这样的情况，基本上可以断定，这位听众已经快要睡着了。

双手背后防止他人靠近

当人们走路或者站立时将双手背在身后，会给人一种不可侵犯的感觉。做出这种动作的人是想与他人保持距离，不想让他人靠近自己。我们通常会认为做出这种姿势是在思考，实际上并非如此。

例如，观看展览的时候，在某一幅作品前面仔细观看的人一般会将手臂放在背后，表示他正在专心欣赏展品，请他人不要贸然接近打扰到他。地位较高的人如领导或身份显赫的人也会在公共场合做出这样的姿势，向他人示意：不要靠近。很多皇室成员就是用双手背后的姿势与他人保持距离的，表现出他们的庄严不可侵犯，因此这种动作也会被称为“帝王的站姿”。

通常我们在面对自己亲近的人时不会做出这种姿势，因为这种姿势表示出对他人的排斥，会使亲近的人感到不悦。如果和朋友或亲人谈话时使用这种姿势，一定会引起他们的不满，让人觉得此人傲慢自大，从而有可能疏远他。而父母如果对自己的孩子经常做这种动作的话，会对孩子的心理造成很大影响，因为孩子会认为父母在拒绝他，不想与他亲近，使他产生被忽略的感觉，从而造成儿童的孤独感。试想如果儿童满脸笑容地奔向自己的母亲，本想得到一个热情的拥抱，然而母亲把双手放到身后并没有张开双臂迎接的意思，那么这个孩子的心理将会受到多大的伤害。

不仅人类如此，动物也不喜欢人们把手背到身后，这样会让它们感觉受到了人们的漠视和忽略，因为这样的动作似乎在向它们表示：我不想抚摸你。如果一个人站在自己的宠物面前，先伸出手臂但是不去抚摸它，然后将手臂收回放在身后，这时就会发现自己的宠物显得非常地失落与难过。

伸展躯干捍卫个人空间

将身体完全舒展开坐在座位上是一种捍卫领地的行为，这种坐姿背部仰靠在椅背上，双腿双手都大大地打开，占据了很大的空间。一般情况下我们会认为这是一种随意、舒适的表现，但同时这种动作所表达的意思还有：我想一个人待着，不要走近我。

哈佛大学的教授进行研究发现，学生们在空桌子旁坐下时，如果不想被别人打扰，那么他一般会选择这样两种坐姿：一种是选择一张靠角落的桌子，远离他人的打扰；另一种则是在桌子上堆满自己的东西，并用非常伸展的坐姿独占一张桌子，使别人没办法共用。

另外一种办法则是积极主动地霸占空间，试图独占整张桌子，这种人会坐在桌子的中间，并伸展开双脚和手臂，这种坐姿是在告诉别人：我要自己坐一张桌子，到别处找地方去吧！

这种姿势是一种捍卫领地的行为，想要和别人拉开距离，保持自己独立的空间不受他人侵犯。在公园或广场等地方，也能看到这样的情况，如果一个人想要独自待着，那么他就会坐在长椅的正中间，并伸开腿脚，表示不想和别人共用这张椅子。

这种姿势会使他人感觉到这个人冷漠、傲慢、以自我为中心，所以在与别人交谈时尽量不要使用这样的坐姿，哪怕仅仅是为了舒适也不可以。尤其是在工作场合或者面试的时候要避免这样的坐姿，以免给对方留下不好的印象。

在谈论事情的时候，这样的坐姿就变成了一种霸道的表现。例如，青少年在被父母责骂时就会伸展着坐在椅子上，以表示满不在乎，对父母权威的漠视。如果父母要求他立刻坐直但没有用的话，可以使用侵入领地的做法，比如故意坐在他的旁边，由于自己的空间被侵入了，他一般会立刻坐直。

在公共场合，对坐姿的要求十分严格，无论是男性还是女性，都应该尽量学会利用合理的儒雅的坐姿树立形象，在非正常的情况下，可以通过坐姿取代语言，表达自己想说但不好说出口的话。

双手插兜，拉开距离

很多人都习惯将双手放进口袋里，但这个动作有可能让别人觉得你是一个傲慢、冷漠的人。因为这个动作代表自我封闭，收回的两手好像在告诉别人：我不想和其他人进行接触。一个职员到新公司上班，想要给大家留下良好的印象，所以一路上见到新同事时都非常热情地打招呼。但是他发现同事们对他的态度都很冷淡，后来才知道因为他在跟大家打招呼的时候双手一直插在兜里，所以同事们都认为他傲慢、自大、难以亲近。如果要给人留下平易近人的印象，一定要记得把双手从兜里拿出来，因为这个动作表现出的意思是不想和别人深入地交谈。

正因为这个姿势代表了距离，所以在想自己一个人单独相处，不想和他人接触时便可以双手插兜以告诉他人"不要来打扰我"。在晚会上，热闹的人群中总可以看到几个人站在墙角处或者灯光暗淡的地方，靠着墙壁，双手插在衣兜里，冷漠地看着周围热闹的景象。这样的人其实是在传达这样一个信息："我想一个人清静一下，请不要来打扰我。"在社交场合看到这样的人，我们最好不要轻易打扰他，以免碰壁。

还有一个例子，戴安娜王妃去世后，媒体对威廉王子穷追不舍，威廉王子在接受采访时经常做出把手插进口袋的动作，这个动作代表威廉王子此时的心情："别烦我，我一点也不想说话。"

在推销商品时，这样的动作也可以帮助销售员揣测顾客的心理。如果顾客在了解产品时双手放在口袋里，则表明他并没有打算购买，只是想看一看。而且这样的姿势还可能说明顾客对销售员的推销有些不耐烦，双手插兜表示不想再继续听下去，这时推销员再讲下去就有可能得到相反的效果。推销员在推销时一定要注意顾客的这种姿势，如果顾客把手插进了兜里，则要见好就收，转而介绍其他顾客可能更感兴趣的产品，才会事半功倍。

在正常的交际场合，将双手拿出来，这样可以随时与人握手，也可以远离"Mr. Cool"的刻板印象，让大家感觉到你是一个十分具有亲和力的人，这样便可以扩大你的交际圈，为自己迎来更多的朋友。

碰触手部可以拉近距离

在人际交往时经常出现这种情况，在与不太熟悉的人或者陌生人接触时，如果有一方主动碰触一下对方的手臂或者肩膀，那么两个人的距离就会自然地拉近，使两人变得亲密起来，可以扔开客套和寒暄，从而像已经认识很久的老朋友一样进行亲密的交谈。这种距离的拉近对两人之后的交往非常有利，会使他们之间的合作更容易成功。轻轻的碰触会在瞬间打破人与人

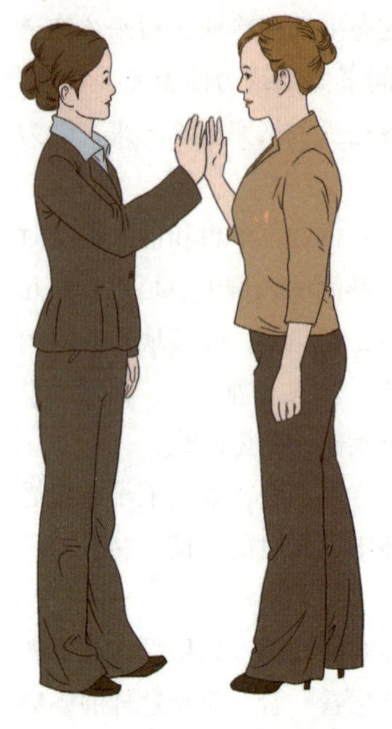

之间那道无形的壁垒，使原本互不熟识的人短时间内变得不再陌生，从而使人们之间的交往更加顺利并更容易达成所愿。

美国的学者进行过一个实验，证明了碰触在陌生人交往时的神奇魔力。研究者先在电话亭里放了一枚硬币，有人走到电话亭里并看见硬币的时候，研究者也跟着走进去直接询问对方有没有看见硬币，实验的结果只有20%左右的人承认自己看见了硬币。之后研究者又换了一种询问方式，在走进去和电话亭里的人说话时，轻轻地碰触对方的手臂，然后再问对方有没有看见硬币，结果竟然有60%左右的人承认看到了硬币。可见轻轻的碰触对人际交往有着非比寻常的影响，可以提高我们成功的概率。

握手也是陌生人初见面时很好的碰触对方的方式，手部的接触可以给人更好更深刻的印象。比如，在社交场合中，我们会和许多陌生人见面、接触，有的时候我们只是微笑着点点头，有的时候会伸出手来与对方握手。

之后回想起来时，会发现对那些和我们握过手的人印象较深，而对那些仅仅点头的人却印象很浅，而且对握手的人的印象会更好。

但是对碰触陌生人的时间和尺度必须把握得恰到好处，如果碰触或者握手的时间过长，会使对方产生不适感，觉得自己被冒犯了，反而对你产生不好的印象。正常情况下握手的时间不要超过三秒，否则对方可能会暗自揣测你是不是有什么其他企图。在碰触手部时最好只把接触部位限制在小臂到手肘的范围内，如果碰到手肘以上则会让对方感到不悦，男士和女士握手时尤其需要注意这点。

交叉双臂建立防线

儿童时期，在我们遇见危险或不愿面对的事情时，往往会寻找地方躲避和隐藏。例如，遇到父母之间大吵大闹，孩子就会害怕地躲到柜子后面；如果小孩做错了事，父母要惩罚他，小孩就会跑到桌子下面不出来。这些行为都是人在排斥某件事情时在自己和此事物之间建筑防线的行为。

成年人不会像儿童一样四处躲藏，在遇见相同的情况时便会把双臂交叉在胸前，自己筑起一道身体的防线，潜意识里认为这样可以阻止危险的靠近。

在人们对某件事情表示否定或者怀疑时，也会做出交叉双臂的动作，好像把这件事排除在外。例如，两个人在吵架时，经常能看见这样双臂交叉的姿势，再加上讽刺的言语和蔑视的延伸,以此表示对对方的说法不屑一顾。在下属对领导进行业务报告时，有时领导在聆听时会微微点头并带着微笑表示赞同，但有时却会抱起双臂，皱着眉头，表情严肃地看着主讲人，这时这位进行报告的人一定感到非常紧张，因为领导这样的姿势似乎是在对他说："我对你这个说法很不认同。"

交叉的双臂在我们和外界之间筑起了一道墙，在阻止危险和不喜欢的事物的同时，也将自己和他人隔开了距离。这种姿势也和双手插兜一样，会给人一种傲慢、冷漠、难以接近的印象。

有时我们也可以利用这种姿势来表明自己想要拉开距离。例如，在拥挤的公交车或者电梯里，会看到有人站在角落里，双臂交叉在胸前，这些人是想告诉别人："离我远一些。"还有的人拿东西时会将手里的东西如书或者包抱在胸前，其实他使用这些东西代替了交叉的手臂，这个动作所代表的意思和交叉双臂是一样的，都是对外界表示排斥的信号。

第四章

谁在挑衅：冲突与防御

幼儿园里的冲突

人类在幼年或儿童时期的行为一直是行为学研究的重点，因为它可以解释很多人类成年之后的行为和动作。冲突与打斗也不例外。发生在幼儿园里的争斗对成年人的冲突行为具有指向性。

幼儿园里的争斗多是围绕着对玩具或其他物件争夺拥有权展开的，某个孩子试图从别的孩子手里拿过来一件自己喜欢的玩具而又遭到对方的反对，这种情景是幼儿园里引起争斗的最常见原因。

如果被“抢”一方在自己的玩具被别的小朋友占据后，不是选择号啕大哭或是告诉老师，更没有忍气吞声，听之任之——实际上这种情况在幼儿园是十分少见的，一般他们会奋起反抗，这时一场小小的冲突就在所难免了。他会通过追击来抢回自己的东西，通常所采用的攻击是举起拳头捶打对方，也会伴随着推、踢、咬，或是扯衣服、抓头发等动作。当他们的小拳头捶向对方时，总是用拳头的掌心一侧捶打在对方的身上，他们将一只手臂的肘部猛地弯曲并垂直高举过头，用尽全身力气将自己的拳头砸向对方。这种打击动作几乎是所有孩子都最惯用的一种方式，据心理学家和行为学家分析，这很

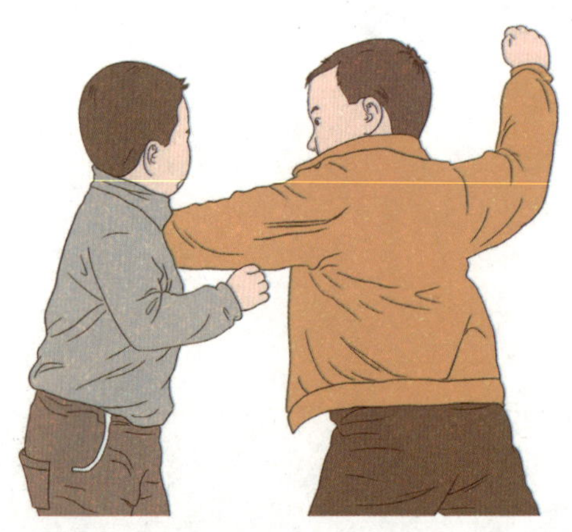

可能是人类的一种先天性的打斗方式。然而奇妙的是，人在逐渐进入成年后，在遇到冲突或打斗的情况下，最常采用也是最先采用的方式正是这种在幼儿园里最常见的打斗方式。

因此，在正常的交际场合，当一方紧紧地握紧拳头并伴随着微微的颤抖时，几乎可以肯定，此人内心十分愤怒，如果气氛得不到缓和，他很可能会酝酿一场冲突。此外，握拳也表现着愤怒，同时这种愤怒是被竭力克制着的，一旦克制失败，冲突就会自然而然地爆发了。

我们在影视作品中经常会看到这样的场景：一位隐忍者在面对侮辱、责骂、讽刺、挖苦的时候，开始的时候是低着头一言不发的，而且紧握双拳、咬紧牙关，而当他忍无可忍的时候，早已握紧的拳头就瞬间挥出了，这对于嚣张而来不及防备的对方来说，很可能是致命的。

愤怒：冲突的根源

一切冲突的根源都是源于一方或双方忍无可忍的愤怒喷薄而出。人在愤怒的情况下，全身的能量都会凝聚起来，理智会尽量控制情感，但很多时候都是以控制失败而告终，此时，冲突就处在一触即发的紧要关头了。

因此想要在正常的交际生活中避免冲突，交往双方或是多方首先应该尽量控制自己的愤怒。其次也要察言观色，努力化解他人的愤怒。我们可以通过观察他人的行为举止，判断他是否处在愤怒的情绪控制中。

据科学实验分析，愤怒是所有情绪中需要最多身体能量的一种情感表达。人在愤怒的时候，面部表情和身体态势会不由自主地协调起来，全身肌肉紧张，呼吸深度也会加重，仿佛需要更多的氧气，血液循环系统也要配合这种情绪，因为情绪紧张导致心跳的加速，心脏加速收缩，血液流动的速度加快，血流量增大，血压升高，当事人自己会明显感受到自己的脉搏跳动比平时更加有力而快速，这就是人在愤怒情绪的控制下需要大量的能量储备和运输，以保证在可能发生的冲突面前有足够的能量准备。

人在愤怒的时候，身体能耗会十分明显地表现在面部表情和身体态势上，因此相对较难隐藏。在表情方面，愤怒的面孔具有更加鲜明的特点。当事人首先会出现身体前倾的反应，头部向前伸，收紧下巴，双目圆睁，瞪着对方，上下眼睑绷紧，瞳孔向上翻看，同时双眉紧皱、眉梢上扬，还伴随鼻孔张大、露出紧咬的牙关，或是嘴唇紧闭、嘴角向下弯曲等，这些信号可以明明白白地向对方表示出自己已经做好战斗的准备。

因为能量准备充足，愤怒时，全身肌肉在处于紧张状态的神经系统的指挥下，从松散的放松状态逐渐转变为紧张状态时，当事人还需尽量稳住自己的情绪，克制自己的行为。

因此神经系统的压力更大，表现在身体姿势上会有轻微的颤动，说话时的语气语调也会较为低沉，咬字时会格外清晰。因此人在愤怒的时候，情绪表现得十分明显，也很容易被他人捕捉。如果在看到有人愤怒的时候可以积极有效地采取措施缓解他的愤怒，可能会避免一场冲突。

难以隐藏的愤怒

有一个以克林顿为主人公的说谎分析案例曾经在心理学界和行为学界引起了轩然大波，因为愤怒情绪的难以隐藏不仅可以表达出当事人处在极度愤怒的状态中，还可以透露出他隐藏的其他秘密。

克林顿否认与莱温斯基有染的案例曾经被收录在很多心理学和行为学的相关书籍中，用来说明识破谎言的章节和内容。一些心理学家经过详细的分析得出结论：克林顿否认与莱温斯基之间有不正当性行为时，眼睛和诉说的方向与食指指点的方向不同，这就足以证明他在说谎。

这种分析一经公布便受到很多专家学者的追捧，很快便成为了非常主流的说法，即便是现在也还依然如此。然而另外一种说法逐渐开始受到关注，那就是愤怒泄密。这些专家在面对几乎成为权威的说法面前提出了这样的分析：

克林顿在向媒体和公众“澄清”这件事情的时候，他的台词用中文来说是这样的：“我没有和那个女人——莱温斯基小姐发生过性关系。我从来没有让别人去说谎，一次都没有。从来没有。这些指控是不真实的。”

他在讲话时语气平和，语速和停顿都非常正常，没有任何破绽。但是他伴随讲话所做的态势语却出卖了他：讲话时，他伸出右手食指，有节奏地、快速地、频繁地向前下方指点，可以看出力度较大。但是他的眼睛看着自己的左前方，仿佛那里有一个具体的对象在和他对话。

总体来说，克林顿一面是用平和的语言冷静而坚决地否定着被指控的内容，诉说对象是并不在眼前的媒体和公众，另一面却不由自主地用手指奋力指向讲话应当面对的方向，表达了极度的轻蔑和愤怒。其中，手指的动作是不由自主的，因此可以证明他的思维中的潜意识是受干扰的，是和他的语言表达不统一的，潜意识的手指动作的可信度高于经过思维整理出的语言，也就是说，他此时的心理状态是对之前受到的“质疑”表示极大的愤怒。

这或许并不能说明什么，但如果因为指控属于污蔑而引发真的愤怒，自觉有理，底气充足，只需予以否定，不会出现这么明显的不敬和攻击意识的动作。即便是愤怒到了极点，不顾总统的地位和身份，全身上下手眼协调也是可以做到的。这样一来，恼羞成怒是唯一的解释，谎言也就不攻自破了。

愤怒的表现

人在愤怒的情况下积聚了全身的能力，全身上下的肌肉和血液都处在十分紧张的状态下，有几处特征表现得十分明显，现将这些特征一一分析。

愤怒的人除了面部表情逐渐僵硬狰狞外，颈部也会出现十分明显的变化。由于呼吸力度和强度增大，颈部肌肉绷紧、面部的咀嚼肌也处在紧绷的状态，再加上颈部两侧的血管本身就相对较粗，在这种情况下就会流动着比平常多出许多倍的血液，愤怒的时候，人的脖子就会变粗。并且大量的血液流动还会使得皮肤表层的颜色变红，这就是人们常说的“脸红脖子粗”的科学解释。

然而需要注意的是，这种“脸红脖子粗”的情况较常见于冲突之前，真正的“肉搏”展开时，很多人的大脑是一片空白的，只剩下一个念头，那就是要不惜一切战胜对方，血液流动会主要集中在手臂部位或腿部，面色的改变会逐渐淡化。此时，可能由于过分紧张或控制理智而导致的身体轻微的颤动也会逐渐消失。

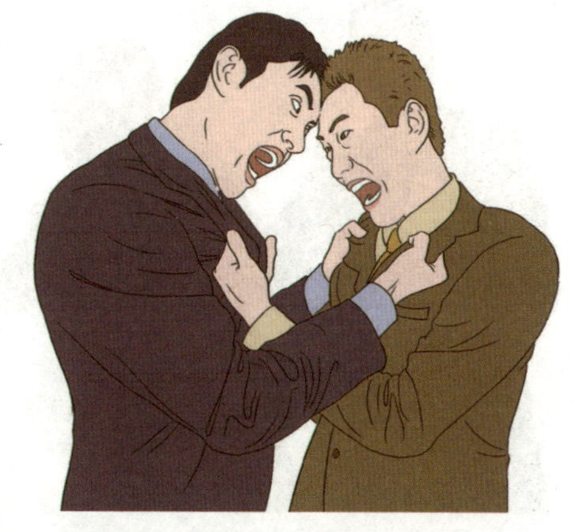

行为学家将冲突双方在对抗过程中的互相抵制称为“较力反应”，这种较力反应并不仅仅限于身体接触过程中，也包括非身体接触的，最有代表性的就是通过眼神的直接对视来实现较力的效果。这种方式的较力是冲突的双方希望通过眼神的集中对视，在不希

望发生肢体冲突或不方便动手的情况下来代替身体接触较量的。双方会用尽可能犀利地表现自己的凶狠程度的眼神死死盯着对方，希望通过这种方式的示威来让对方退步。通常情况下认为，最先移开愤怒眼光的一方就是提前示弱的一方。用眼神较力可以在一定程度上避免肢体冲突。

此外，双方在冲突过程中很少运用语言相互攻击，因为语言上的冲突通常是出现在争端刚刚开始的时候，当语言较量越来越激烈的时候，局势就会难以控制，如果没有一方肯退让，或是第三方的劝解无效时，冲突就会上升到肢体，这时冲突双方就会将大部分注意力集中在肢体上，语言较量所需的高难度的思维支配会相对减弱，因此在打斗中，双方的语言表达会较为单一，并且几乎毫无意义，爆粗口就是最明显的表现。

威胁的结果

正如上面提到的，愤怒情绪下人体的反应十分明显，包括鼻孔扩张、高强度呼吸、全身肌肉达到高度紧张状态、整个身体向前倾、面部表情凝固僵硬、肌肉的状态符合愤怒情绪的控制。

但是当气愤的情绪没有达到最高点，肌肉紧张程度较低、幅度较小的时候，人的状态可能不会像打架时表现得那样明显和极端，而眼睛还是会死死地盯着刺激源，语言表达减少、语气语调加重、句子变短等，同时还会配合一些具有破坏性的动作，比如拍桌子、捶打手边的物品、扔掉手里的东西等。

说到愤怒，很多人会直接联想到上述反应以及由愤怒引起的吵架甚至是打架，进而认为对某件事情的看法和别人不同，引发愤怒的争吵，或是去用对错的标准评判双方的是非。比如，某一方不讲道理，无理取闹，或是一方处理事情不公平，使得另一方遭受不平等待遇，再或者某一方试图否定事实、掩盖真相，而另一方不能容忍等。

实际上，人们总是被事情的表面现象所蒙蔽，从而忽略了对事情最真实本质的挖掘。引发愤怒情绪从而导致打架冲突有着更深层次的原因，那就是威胁。威胁并不仅仅限于对某一方物质利益的威胁，也包括对其精神或心理甚至是人格上的威胁。例如，公共汽车或地铁上，当一个陌生人踩了你的脚却并不主动道歉反而态度十分恶劣时，你会觉得这个人对你不够尊重，他的飞扬跋扈已经威胁到了你作为一个独立的生命个体应该受到起码的尊重的底线，因此会引起你极度的气愤，从而可能引发冲突。

当单位的同事为了自己能够获得更多的晋升机会或是奖金，窃取了你的劳动成果，用你策划出来的方案在老板面前邀功请赏，在这种情况下，他的行为明显地威胁到了你作为一个公司员工应得的机会和利益，这自然会引起你的愤怒，因此就会引发你们之间的冲突。

日常生活中还有很多类似的情况，但不管怎样，都不是对方的做法本身使你气愤，而是对方的做法已经威胁到了你的利益，引起了你的气愤，或是如果对方按照这样的做法继续进行，最终会威胁到你的利益。

冲突前的预备

愤怒是引发冲突的最直接原因，也是人们日常生活中十分常见的情绪表达，但并不是所有的愤怒都能引发一场冲突。实际上，在日常生活中，愤怒只是一种发泄，极端的身体打斗很少出现。很多时候争斗一方只需通过亮出自己的实力在对方面前示威，就可以起到发泄愤怒情绪的目的。

群体之间的争斗，也只需展示彼此之间的实力，让实力相对较弱的一方意识到争斗的结局很可能是自己惨败，就可以为矛盾找一个缓和的结束方式，从而避免直接冲突带来的麻烦。

打斗意味着局面的不可控制，也就是说其中一方或是彼此双方的示威宣告失败。我们先来分析一下示威。在身体上，冲突双方都会尽量地抬头挺胸，挺直腰板，打开肩背，一是显示自己的理直气壮，二是希望能使自己显得高大，从而从气势上压倒对方。

此外，在争斗之前的对峙状态中，还常常可见双手叉腰的动作，这个姿势也是行为人通过肢体语言上的准备和辅助，让自己显得实力和势力都更大一些，因为将双手叉在腰间，可以扩充自己所占的物理空间，让对方感觉到你的气势。

与此同时，叉腰动作也是对自己双手的有效控制，因为正常情况下，没有人愿意成为最先出手的挑起事端的人,除非在忍无可忍的情况下。最先出手就意味着承担更多的责任,因此争斗双方都在尽量控制自己的双手。叉腰动作可以被理解为，即将发起进攻的手部寻找到了临时停靠的地方，就等着进攻了。实际上，这样也是行为人无意识地控制自己的方式之一。

在打斗开始之前，双方示威的心态因不同境遇而有所区别。在双方势力不处在均衡对抗的情况下，强者一方的心态是得意的、傲慢的，他的潜台词是:“你敢吗？”“有本事你来啊！”“怕了吧？”对方可能出于害怕而放弃这场斗争。而处在相对弱势的人则是将自己“置之死地而后生”，他仿佛在告诉对方:“我会拼命的！”这种困兽之斗的心态也有可能将对方吓住。冲突就会被化解于无形之中。

因此在冲突发生前，如果能将准备工作做到位，能使准备工作发生效用，冲突还是有可能避免的。

挑衅与迎接挑战

挑衅是在正式的打斗开始之前的一种常见行为，有时也是引起打斗的重要因素。通常情况下，挑衅是自认为势力较强的一方希望能够采用打斗或斗争的方式尽快取得胜利。因此会使用颇有含义的言语、动作等激怒对方的方式来把这种信号传达给对方，希望对方愤怒并接受挑战。实际上，挑衅一方对自己的势力程度可能估计过高而全然不知，所以挑衅一方很容易吃不消对方的全力反击。

最能激怒对方的挑衅方式是轻蔑。因为没有人能够忍受来自他人的轻蔑，尤其是对其人格和自我意识的侮辱。发出挑衅的一方常常会高高扬起下巴，上眼睑向下压，目光中充满不屑与鄙夷，也就是我们俗话所说的“不用正眼看人”，这种信号是在告诉对方，“我根本不会把你放在眼里”，这是最不能让人接受的，尤其是对于一个有深刻自尊心的独立社会个体来说。除非轻蔑的一方有着足够高的身份、地位或权利，被轻蔑的一方甘愿臣服于其下，例如奴隶社会的奴隶与奴隶主，封建社会的统治阶级与被统治阶级；或者是家族中有主仆关系的双方，这种情况不在分析范围之内。

挑衅的一方是在用不同方式证明同一事实，那就是行为人使自己比对方高，或者使对方比自己低，这里的高低是无形的。挑衅一方常常喜欢轻松地毫不费力地表现自己的能力，从而说明“我与你之间存在着巨大差距，

我根本不屑于和你较量”。因此，日常生活中的挑衅手势多是用大拇指向上，意指自己，说明自己是高高在上的，也就是说对方是“低低在下”的；挑衅者通常会用鼻子轻微但快速地呼气，也可以是唇齿通过气息发出类似“切”的声音，这就是我们常说的“嗤之以鼻”。

而迎接挑战的一方针对挑衅最直接的反应。常见的动作是调整身姿，坐着的人可能会立刻站起身来；保持站姿的人也会调整双脚，使自己站得更稳，或是握紧拳头，准备回击。迎接挑战的人可能对自己的能力有着较为理性的判定，也可能是性格使然。

手的表达

手指的灵活程度令人惊叹，因此很多时候被人用来表达情绪。例如，伸出拇指就表示赞美和认同，所有的人都希望自己能够得到别人竖起大拇指的称赞。但如果将表达称赞的拇指指向自己，则可以判定这个人一定具有非常强势的自我认同，对自我的评价程度很高，因为他的潜台词就是：“我很棒！”“我是最厉害的！”而当大拇指朝下时，则可以说明行为人是在鄙视对方，仿佛在说“你不行”。

不同的手势可以毫无疑问地表达不同的含义，因此不同的手势也会在沟通过程中造成不同的效果，可以友善地维护相互之间的关系，也可以引起冲突，导致双方关系破裂。

中国的导游在带团游玩的时候，喜欢伸出食指清点人数；而日本的导游在清点游客人数时则会用手掌向上的姿势。食指指向的方式会让游客觉得不快，而手掌向上则会让人觉得十分舒服。

这是因为食指本来就多用来表示指点，上级对下级、长辈对晚辈才有指点的权力，导游以这种方式对待游客，无形之中提升了自己的身份地位而降低了游客的身份地位，自然会引起游客的不快。而手掌向上的姿势则表示了充分的尊重，并且具有邀请的含义，因此游客十分满意。而当行为人用食指或指关节用力敲打桌面时，其中蕴含了很大程度的愤怒，一般情况下是上

级批评下级时常用的手势，以此来表现自己的愤怒，并起到警世下属的作用。

此外这个动作还带有很大程度的攻击性，如果将食指指向具体的对象，则是对该对象的极度不满和责骂，很可能引起冲突。同时表明做这个动作的人态度非常强硬。在日常生活的吵架场面中，常常可以看见行为双方用手指指着对方痛骂不止，这种指向性极强的行为最容易引起冲突。

如果用手掌拍打或是拳头捶打某处，则是在更明显地告诉他人，行为人处在愤怒的状态下，他在通过这种方式表达对某人或某事的不满，也是在发泄自己的情绪。

防御自己的领地

领地就是人们将某一个独立的空间或领域定义为归自己所有的区域，是人们对他人设防的空间。

如果有人闯入自己的空间范围内，则可能引发冲突。例如，某一个拥有独立主权的国家的领土被侵占，即使是很小很偏远的一部分，都会挑起两国的交战；两个商业集团之间如果有业务或争取市场、客户上的冲突，也会使双方迅速地投入保护自我、对抗竞争的状态；如果某一户人家的果园或菜地的果实被过路人采摘，邻居侵占了谁家的院子等，这种日常生活中的小事情，只要涉及属于自己的领土被无端地侵占，都会引起被侵者的积极防御。

此外，人类甚至动物界划分属于自己的领地，在一定程度上，可以有效地避免混乱，减少冲突。

在原始社会，两个部落在争夺某一片还没有所属权的地域时，可能会产生冲突和抗争，然而，一旦领地的所有权争夺有了分晓，就意味着失败的一方在未经许可的情况下，永远不能踏入这块地盘。

也就是说，遵守秩序的大多数人在经过别人领地的时候，会自觉遵守“他人领地，禁止入内”的不成文规定，每个人或每个群体基本上都能够做到在自己的领地之内活动，而不去无端挑衅他人。侵犯他人的领地，这就为文明社会维持秩序奠定了基础。

值得注意也是毫无疑问的一点是，人在自己领地内有着无可厚非的优先权。这一点毋庸置疑，不会因为领地主人的个人因素而轻易改变，即便是权力地位低下、毫无能力控制领地的人在他尚拥有所有权的情况下，在这个领域，依然享有充分的优先权。最简单的例子是，即使是一个卑微贫穷的人，也会有家作为他的领地，在“家”这个领地中，他有着优于任何这个领地之外任何人的权力和地位。而一旦这样的领地受到外界的侵害或威胁，它的所属者会爆发出高于其他时刻很多倍的抵抗和防御能力，可能是因为家的范围较小，又承载着供人们休息、停泊、放松和寻找爱的责任，是所属者最方便控制同时又最需要控制的地域，所以任何人都不能接受自己的家庭领域受到侵害和威胁。

领地的标识

当人们确定了对某一区域或范围的所属权之后，会在其上明明白白地标识出自己的标记，这样就明确地告诉所有人，这是属于他的。动物和群体集团也不例外，狗会在它的活动区域范围之内跷起腿在每一棵树上撒尿，把自己的气味弄在每一棵树上，以此来证明自己的领地；国家会在主权归属于他的每一片领土上插上自己的国旗，以此来告诉周边国家或其他可能侵略的国家，他对这片土地有不容置疑的领导权。其他一些社会团体也会通过一些十分常见的方式标识自己的领地，徽标、服装、门禁制度等。那么，人是怎么标识自己的领地的呢？

当某一个人将本属于自己的物品拿出来与其他人共享时，人们常常喜欢提前向其他人说明自己对这项物品的所有权。例如，他会通过熟练演示这件物品的功能、十分注意物品的安全与卫生等方式来向其他人暗示；人们对“家”这一领地的标识也十分明显，当一个人将另外一个人带到自己的家里时，另外的那个人一定是以“客”的身份出现的，这是相对于“主人”而言的，客的活动权力和范围必须遵守主人的规定和限制。

主人在进入自己家的领地时会表现出一种十分放松的状态，而客人就连换鞋入座这类事情都必须由主人指挥来做。表面上看，这是客气与礼貌的表现，而实际上，这正是主人家对自己的领地范围最无声却最有力的掌控。因此即便是身份地位高于主人的人作为客人进入主人“家”的领地，主人除了热情招待之外，对自己的领地的所有权也不会动摇。而素养较高的人，无论在什么情况下去别人家做客，都会尽量地遵守主人的生活习惯，不会随意破坏主人家的规则，从进入主人家门口的那一刻起，所有动作都会尽量按照主人的提示小心翼翼地进行。

然而，在“家”领地范围之外的区域，具有身份地位等高级身份的人，原则上可以进入较低等级

的人占据的区域而不受更多的限制，相反，身份等级低的人在进入比他高等级的人占据的空间时，却有可能受到各种各样的限制。

如何捍卫“家”领地

家庭是由婚姻、血缘或收养关系组成的社会组织的基本单位，也是维系人与人亲密关系的最核心组织。从本质上来看，家庭也可以被理解为育儿单位。这样一来，“家”领地就变成了育儿场所，与其他动物的窝或者巢具有同样的功能。动物界常常发生因为自己的“家”领地——窝或巢被占领而引起的冲突或斗争，人类也会在社交中极力保护自己的居住空间不被打扰，例如，有床的卧房通常与待客的厅室有足够远的距离，或是尽量隔开。

在过去，人们拥有足够的空间构建自己的“家”领域。院子就是原始社会狩猎领地的象征性遗留物。人们喜欢在自己的院子里种一些花花草草，再养一些鸡鸭，并把它们都用篱笆、栅栏圈起来，而这些篱笆和栅栏实质上并没有很实用的保护功能，仅仅是示意性的阻挡物，表明这个空间是独立属于这户人家的，与其他公共空间相区别。任何未经许可的闯入者或外来者进入这个空间都是不被允许的。

现代建筑将人的居住空间标准化了，每户人家独立居住在公寓式的区域内，其界限被墙和门十分明确地划分出来，这种情况下，捍卫“家”领域的方式就会变得十分局限。主人通常会通过房间的布置、家具、色调、风格以及悬挂在墙上或放置在房间里的装饰物来彰显自己的风格，也就是标上自己的印记。

在举家外出的时候，“家”领地被简化成为汽车、旅馆等暂时的落脚地，人们在进行游玩的时候会自动划出或占据一片区域，将自己的物品放在这片区域中。例如，在海边游玩的家庭，喜欢在海滩上寻找一块适合的区域放置自己的东西，每次在海水里玩耍回来，都会继续回到这个区域。

在社交生活中，我们必须遵守不成文的规定，不得随意闯入他人的“家”领地或是带有同样性质的临时性领地。

即使有必要进入，也必须遵守主人的规定，凡事都要在主人许可的范围内进行，这是一种起码的尊重。

个人领地的防御

在拥挤的现代社会，想要在公共场合制造空间感很强的舒适的个人领地存在很大的难度。

在工作的过程中，这一问题可以通过“格子”来解决，有一些心理学家或行为学家称之为“作茧”，即使用带有隔板的办公桌，给每一位正在工作的人狭小但是相对独立的空间，以此来标识个人空间的范围和界限。

还有一种方法就是确定喜爱之物。在共用的区域，当人们没有办法明确地划分各自的领地时，常常会通过长时间使用某件物品或是在某处摆放自己的物品来使本没有所属权的某一小片区域变成某个人的专属。例如，一个人在开会时喜欢坐在某个位置，每次开会他都坐在那里，久而久之，那个位置就变成了他的专属。其他人也就逐渐默认了这种专属。

很多情况下，人们会选定自己的喜爱之物，并通过长时间的使用使之变成自己的专属，这种专属并非真的归他所有，而是在人们的习惯中所有。或是使用个人标记，将自己的东西放在自己喜欢并经常待的地方，这就是我们日常生活中最常见的“占位子”。在公共场合，当别人发现这个位置上有其他人的物品，则知道这个位置已经有了暂时的所有权，就不会轻易使用了。

另外，当人们没有办法主动掌控对某一区域的所属权时，通常会在自己力所能及的控制范围内将自己的区域与外界区域隔断开来。就像一匹马对其他马的反应太过敏感时，主人会在它的眼部设置遮蔽物，人类在一些情况下，也会采取这种做法来框定自己的区域，这就叫作障眼姿势，即用双肘撑在桌面上，单手或双手张开手掌放在额头部位，将视线切断，像是戴了一副眼罩一样。

使用这种方式不仅能够有效并有力地捍卫自己的个人领地，而且能保持对他人足够的威摄，尽量

减少纠纷。

人与人在交往过程中，如果能够真正做到互相尊重各自的个人领地，生活将会变得更加有秩序。当然，在占据空间时，每个人都应该考虑到别人的利益，如果单纯以自己的利益为重，肆意占领公用空间，冲突和纠纷则难以避免。

人类的躲藏行为

躲藏是人类在遇见危险时的下意识行为，选择的阻挡物可能是某种物质性的东西，也有可能是熟悉的可信的人。有时，即便是在没有危险的情况下，人也会将自己象征性地躲藏起来，或掩面，或转身。这种行为也是孩童时期恐惧感和害羞感的延续。

人类在孩童时代，当遇见一个陌生人出现在面前时，只要是不确定这个人会不会对他们造成威胁的时候，他们就会躲在母亲的身后，然后探出头来偷看这个陌生人即将采取的行动。如果母亲或其他亲近的人不在身边，孩子们则会选择躲在桌椅或其他什么家具后面。如果陌生人进一步靠近，他们会选择用双手把脸捂起来，然后在指缝中看对方的反应。如果陌生人还是毫无停止之意地继续靠近，他们就会转身逃离；如果实在无处可逃、无处可躲，就只能选择号哭或是向母亲求救了。

长大以后，人的胆量和勇气逐渐有了成年人的倾向，危险的标准也逐渐降低，躲藏行为也变得没那么明显了。但是躲藏的痕迹还是随处可见，例如，当一个少女处在尴尬或是害羞的局面中时，可能也会用双手捂住脸，或是用手头的书报挡住别人的视线，即便是更加成熟的女性，在害羞的时候，也会低头或是随便用手遮挡一下面部。当然在更加正式的成人交际生活中，男性害羞的场面要少于女性。

在成年人的日常交往中，人们已经有了足够的能力控制自己遇到轻微的威胁时想要躲藏的行为欲望，但是这种行

为欲望是通过另一种较为柔和、内敛的方式被表达出来的。

例如，在一次酒会上，当你遇到因为某种原因而不愿打招呼的人时，你并不会像小时候那样拔腿就跑，或是哭喊着求救，而是在保证表情和身体没有太大动作变化的情况下，转向远离他的区域，尽量让他看不到你或是注意不到你。实际上，这也是一种躲藏行为的延续，是较为常见的一种方式。

通常情况下，越是正式的、不熟悉的场合，对象越是陌生，人潜意识里的躲避欲望越是强烈，但是受理性控制的建立更大交际圈的欲望战胜了这种潜意识里的躲藏行为。因此，越是善于社交的人，越是能够有效把握和控制这种躲藏行为。

熟练的挡身动作

人在不知情的陌生环境中常常会感到不安，在这种情况下，就会做出下意识的挡住自己身体的行为，即身体向后退，将手臂或手掌挡在身体前面，形成一个暂时的“栏杆”，为自己的身体搭建一个“护栏”。这个挡身的动作通常是无意识的，做出这个动作的主体这时候通常不会记得自己做过这个动作。然而这个动作又是隐藏在某种形式之下的，它不会赤裸裸地展现主人的躲避或退让的意图，而是以某种伪装的形式出现，伪装的具体情况应具体分析。

在一些重大的外交或高层交往的场合，常常可见一个身份显赫、很有派头的人在面对记者的镜头时，将双臂交叉垂在身体前面，或是将右手横在身体正前方，像是在整理衣服或检查纽扣一样。这个动作并不是一直保持的，而是时而停止时而继续，手臂移动的速度较慢，幅度也很小，因此不会引起他人的注意，还会给人造成一种准备好握手的错觉。而实际上，这是他在陌生场合中的一种自我保护意识的展现，是人类挡身动作的演化和变形。

女士可以更加隐性地做这个挡身动作。很多时候，女性出现在公共社交场合时会有挎包、手包等饰物，在上述场合中，女性可以通过拨动或调整挎包的位置来保证自己有能力做出挡身的动作而不被其他人注意到。披肩或围巾也是很好的掩饰物，女士在整理披肩或围巾的造型时，披肩和围巾通常没什么问题，只是女性借助这样的动作实现自己的挡身意图罢了。

很多情况下，完全的挡身动作是做不出来的，它会受到很多因素和场合的限制，而半阻挡的挡身可以隐藏在很多伪装的行为之下，因此更容易被人们运用出来，例如整理衣服或配饰、抬起一只手放在身体前面做一些接触身体的小动作等。

另有一些挡身动作十分常见，但却是没有掩饰和伪装的挡身动作，一般情况下可以说明，此人缺乏足够的社交经验，例如，一男子在穿过一处人群密集的地带，可能会在走路的同时，双手合掌来回摩擦掌心，像是在洗手一样，这是一种对直接挡身动作的低级改造。而女性则是在走路时，一只手臂自然下垂，另一只手握着相反一侧的肘部，这个姿势表现出十分明显的柔弱气息，证明自己是害怕受到伤害的。

迎接场合的挡身动作

在迎接场合，主人对当时当地的环境十分熟悉，而客人则是初来乍到，内心难免紧张，就会自然而然地做出挡身行为。

实验表明，在双方相向走来的情况下，两方同时做出挡身动作的可能性较小，这是由两方不同的身份地位或对环境的熟悉程度和适应能力决定的。首先做出挡身动作的人一定是新到的人，他对环境的熟悉程度几乎为零，自己完全没有适应这个新环境的氛围。而另一方，即便也是初来乍到的陌生人，也会因为先到，适应能力、应变能力强或是善于社交等原因，暂时地对这个环境产生“领地权”或归属感，因此在会面的场合中，有“领地权”的一方会不由自主地成为“迎接”新到的一方的“主人”，从而将做挡身动作的必要让给了新到的一方。

只有在双方地位悬殊，而地位高的一方作为新到者时，这种情况可能被改变，作为“主人”的一方，也就是身份地位较低的一方可能做出挡身动作，而这一动作通常不会被对方注意到，即使发现，对方也不会理会。

在双方的身份地位都处在均势的情况下，在出现了上述的“主客”之分后，暂时作为“主人”的一方会表现出迎接的姿态，再次明确地表示自己在当前环境中不容置疑的“主位”和“主动权”，他此时的行为举止会有“张开双臂”的意味，因此不会用挡身动作来把“客人”拒之于千里之外；而作为“客人”的一方，因为

自己初来乍到的拘谨和陌生感，自然而然地利用挡身动作将自己放在可保护的范围内，或是将手横在身体之前做一些小动作，或是单纯将手臂来回移动，这不仅可以使他达到挡身的目的，还能缓解紧张和局促的心情。

而在迎接活动结束后，当人们站着交谈时，之前经过变形的挡身动作，例如将手放在纽扣处抬起又放下的动作,会在这时变为一个持续静止的姿势。这个姿势是在说明，他对当下两个人之间的空间距离是表示满意的，但是他不能接受对方再进一步了。有的人甚至会将双臂缠绕置于胸前，这是一种完整的挡身信号。很多做门卫工作的人最喜欢这个动作，就是在习惯性地表示不欢迎。

坐姿中的挡身

人对自身的防御是随时随地的，不受任何环境、场合、时间段等外界因素的限制，也不受身体姿势、心理状态、思维动态的控制，很多时候都是无意识的。坐姿中，也有很多可以作为挡身动作的姿势。

在公共场合中，很多座椅并不是独立的，当一个人坐在长排座椅上的时候，如果旁边的人过于靠近，只要不是特别亲昵的关系，无论是熟悉还是陌生，这种近距离都会让人觉得很不舒服，从而产生挡身的冲动。

在并排坐的情况下，最常见的挡身动作还是双臂缠绕放在胸前，或是抱紧双臂。有的人也喜欢在面对这样的情形时，跷起二郎腿，向上的腿朝向身边的人，做出一种踢他的假象，以此来表明自己的反感情绪。有的男士甚至会摆出“4”字形的腿部姿势，用腿形为自己的身体搭建护栏。

有时，男性还喜欢将两腿微微分开，两只手分别放在膝盖上，这就相当于为自己建造了一个立体的护栏，从身体的前方和左右两方分别保护了自己的身体，如果身体再加以颤动，这就相当于是将自己做出的挡身动作不停地告诉身边的人——不要接近我，我正处在防备的状态。

然而这种只能让人意会的姿势在实际生活中很难被人彻

底地看懂，很多不注重社交知识的人根本不会理会这种姿势，例如在候车室等鱼龙混杂的地方，这种情况十分常见，这种姿势也完全起不到挡身的作用，这就只能用言语对对方进行适当的提醒了。

在职场中，每个人的自我保护意识都极强，每个人都希望自己得到有效的防护。其实办公室中的办公桌能起到极好的作用。工作的人坐在办公桌后面，双腿隐藏在办工桌下面，只有胸部以上可以直接被人看到，但是却保持着相当一段距离，那就是桌面的距离。

职员们在通常情况下不必站起身来，而只需隔着办公桌进行简单的言语沟通和交流，这就使得人与人之间的距离保持得十分固定，每个人都不必担心自己的工作空间或领域被侵入或占领，因此不必处在时时警惕的防御状态之下，能够更全身心地投入工作。

尖叫的防御作用

人在遇到危险、惊吓或是遭受痛苦的时候很容易发出尖叫，这也是一种下意识的表现。这种尖叫并不是人类的特权，几乎所有哺乳动物都会在危险或痛苦的情况下进行尖叫。这既是一种下意识的行为，也是在处于危险或绝境中时对同伴发出的求救信号，同伴在听到这样惨烈的尖叫声后，会赶过去进行帮助。

在人类的现实生活中，男性在处于危险、痛苦或受到惊吓时，尖叫的次数会明显少于女性。例如，在游乐场中的一些惊险游乐设施上，我们听到的尖叫声主要是来自女性的。很多人认为女人受到惊吓尖叫的直接原因是大多数女人生性是弱者，胆小，而大多数男人处事不惊，相对沉稳一些，认为勇敢是男儿本色，只有少部分女人才会像男人那样临危不惧。

尖叫可以释放胆怯害怕的感觉，从而不会因为压抑而使局势更为紧张，让自己无法释放恐惧。另外，女性的音高相对高于男性，音色和音频也都会加强尖叫时的分贝，因此女性的尖叫更容易被捕捉。

从生理角度来讲，肾上腺素升高是关键。一般人在恐惧或受到惊吓的时候，肾上腺素会加快分泌，肾上腺素的分泌会引起心跳加快，呼吸的深度、频率的变化。这是绝大部分人在受到惊吓后的共同生理反应，在缓解下来之后，人会产生乏力感。而尖叫以及尖叫程度的不同则因个人的习惯不同而异。

平息攻击的方式

心理学家研究表明，在一个人受到攻击或面临人为的危险的时候，一般情况下会有五种应变的措施：躲藏、逃跑、斗争、求援或设法平息攻击者。躲藏和逃跑是相对比较被动的手段，斗争属于积极对抗，求援则是在其他人有可能介入的情况下才能实现，而当攻击者太强难以与之对抗，或是被动的躲藏与逃跑受到空间或条件的限制，又没有第三方可以介入的情况下，设法使攻击者平息下来就是唯一的应对办法。这就需要人做出谦卑的行为。

当面临危险或被对手逼入绝境时，用一副可怜相来求饶几乎是包括人在内的所有动物的本能，这是在弱肉强食的现实生活中求得生存所必须要面对的。动物在这种情况下可能会将自己的身体尽量缩小，表现出一副柔弱的态度，去承认对方的强大和强者地位，这一点，人类也会做到。

动物在表现可怜的时候，会通过发出呜呜咽咽的呻吟声来告知对方自己意识到了他的强大，以此来表示让步或认输。而人则会用语言来为自己辩护或是求饶。这种行为就是在明显地显示谦卑。人际交往中，将身体微微前倾再加上“点头哈腰”就可以十分明显地表示谦卑。

人在表现谦卑时，最重要的一点就是强调自己的弱小，以此来烘托对方的强大，也就是承认自己在这场针锋相对的较量中，处于劣势，没有能力再和对方抗衡了，希望对方不要再咄咄逼人。

在这种心理状态的影响下，谦卑者的身姿和体态都会相对靠下，希望能够以仰视的目光看胜利者。这种情况在现实的人际交往中有了一种表现双方身份的象征性翻版。长期失业者、社会生活中地位权力较低的人以及精神生活受到一定摧残或打击的人，走路的时候，总是弓着腰、低着头、耷拉着肩膀。造成他们这种状态的原因，并不是身份地位较高的人直接给予的打压或威胁，而是他们在日常生活中无形养成的习惯。每当遇到对抗的场合，他们这样的身体姿态已经明显告诉对方，双方力量的高低强弱已经十分明显，较量已经没有什么价值了。

抱臂防御

腹部几乎是人体最脆弱的地方，因为整个腹部包含了人体得以正常运行的绝大多数器官，但却没有骨骼，只有一层可以囤积脂肪的皮下组织。偏上方的胸骨和十二对

肋骨可以对心脏进行适当的防卫和保护，背部则有脊椎骨和较粗的肋骨组成保护框架。

但是值得庆幸的是，腹部保护起来相对方便一些，因为两侧的双臂很容易成为保护腹部的“栏杆”，人类在漫长的进化过程中，已经学会了利用多种手段来保护自己脆弱的腹部。

双臂可以在力所能及的情况下保护身体前侧的大部分身体组织和部位，如咽喉、胸部、以肚脐为中心向四周展开的太阳神经丛以及生殖器等脆弱部位。抱臂是防御腹部十分有效的姿势，实用性和适用性都很强，可以不受时空的限制，也可以用手中或临近的其他物体代替，具有很大的灵活性。

行为学家将抱臂防御姿势分为积极和消极两种。

积极的防御状态是做好战斗准备的防御反应，即挺直躯干，昂首挺胸，双腿稳固跨立，脚掌舒展。这种防御姿势是较为自信和强势的人经常采用的，证明发出危害的一方与主动防御的一方势均力敌，防御一方也在积极等待斗争的开始，这种情况常常会引发较长时间的冲突。积极的抱臂防御整体上会增强行为人的气势和威慑力。

而消极的抱臂防御则是防御一方遭到对方较大程度的威胁，产生了恐惧、紧张、惊吓等消极情绪。

这时，行为人的脊柱会尽量弯曲，头部低垂，缩肩，双腿紧闭，表现出一种与积极抱臂防御截然相反的姿势。这就说明，他在潜意识里对对方充满惧怕，同时害怕冲突的发生。

此外，女性的抱臂动作常常可以显示较弱，从而引起男性的保护欲。这是因为抱臂动作与双手叉腰的动作完全相反，是一种减少自己身体所占物理空间的方式，这样一来就会给人留下弱小的印象，可以衬托男性的勇猛和强大。

象征性阻断

人在看见惨状、恐怖局面或不愿看见的事物时，会下意识地闭上双眼，主动切断或阻断自己的视线接收自己大脑不愿接收的信号，这种行为可以被称作“阻断反应”。阻断反应也可以是指通过某种具体的物体在景象和自己面前建立屏障。

例如，人在害羞的时候会害怕他人看见自己，并希望减少被关注的程度，这时就会用手掌或手中的书本等物挡在自己的视线之前，避免自己看见大家的目光，实际上这并不是对他人的阻断，而是一种阻断自己的象征性方式，可以为自己造成错觉，从而减轻心理的不适。

眼睛在象征性阻断中最为常见，因为只要将眼睛闭上，就达到了最简单的阻断，也就是我们所说的俗语："眼不见为净。"因此，通过行为学的观察和研究，当人将手放在额头处遮住额头或眼睛，或是用手来摩擦额头或眼部的皮肤，实际上就可以被理解为是在试图阻挡你给自己的视线，阻断外界对自己的关注，从而减少自己被挖掘或看透的可能性，这种阻断就被称作"视觉阻断"。

嘴部的阻断反应大多是针对自己说过的话或是发出的声音而言的，也可以适当地表达惊讶或是恐慌，即遮住自己因慌张而张大的嘴，同时避免自己发出惨叫。

脸部的阻断行为表现得较为彻底，即将整个脸部用手掌遮起来，除了表达自己不敢相信或是不愿相信的心理状态，也可以表达无奈和自责，认为自己"无颜"面对眼前的人，因此象征性地将自己的面部遮挡起来。

收回手臂的征兆

手臂是人体当中灵活性极强的肢体部位，可以在人体的躯干或头部等需要重点保护或是柔弱的部位受到危险时及时予以保护，也能在遇到消极情绪干扰时，及时表现信号。不同心理状态支配下，手臂的姿势也千差万别。比如，当人们受到责罚或训骂时，双手会垂直耷拉着，当人们受到侵害或面临危险时，手臂会交叉抱住身体；当人们遭受虐待时，手臂会交叉搭在肩上，以使得手臂的保护面积增大。这些都属于手臂参与的有效的生存策略。

另外，当人们插手一件事情但又觉得不妥时，手臂也会体现出无措的样子，例如，当孩子和年龄稍大的小伙伴们一起玩耍时，站在一旁的母亲会感到很担心，这时的她很想介入其中，可她又不希望孩子受到干扰，这时，母亲的手臂可能会交叉于胸前，也或是将双手合掌来回揉搓，这些都是她在通过手臂控制自己情绪的表现。

在相互争执的过程中，两个行为人可能都会做出收回手臂的动作。因为或许连他们自己都意识不到，这种与争执

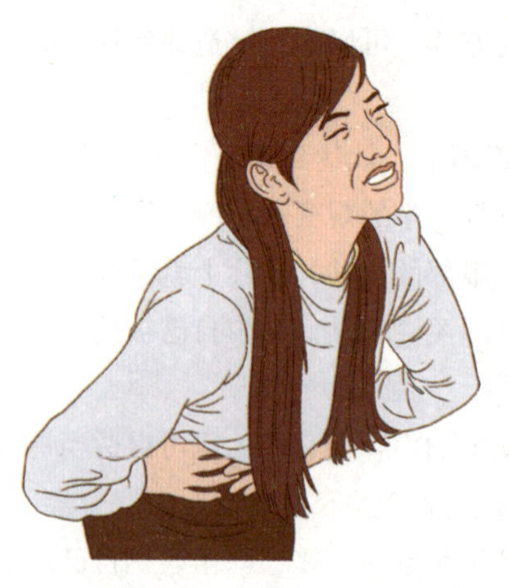

气氛不相符合的不具挑拨性的动作能够起到一定的保护身体的作用。

从本质上讲，他们是在受潜意识的控制，也是在无意识地抑制自己的身体，因为伸出手臂可能会被理解为攻击，而率先出手的人就意味着需要承担“主动出手伤人”的责任，并且一旦出手，双方的争执即会上升为冲突甚至是斗殴，伤害便不可避免了。

手臂的自制不仅是一种有效的自我防御的手段，而且还能在一些情况下给自己带来安慰的感觉。例如，人们在身体的任意一处受伤时，都会极力限制自己的手臂动作的幅度，即便伤口不在手臂上，这是自我疗伤和安慰的一种方式，减小手臂的活动幅度可以减小整个身体的活动幅度，从而在心理上减少疼痛。如果你患上了肠道疾病或胃部不适，你很可能会将手臂缩到腹部去轻揉或放在疼痛的部位，因为在这种情况下，人体的边缘系统会要求手臂尽量不要远离，以便及时满足身体的需要。

脱掉外套的人

我们在很多影视作品中看到过这样的场景，在前去迎接挑战的人上场之前，他会脱掉自己的衣衫，然后摩拳擦掌准备大干一场。准备打架的人也会这么做。但这又是为什么？是单纯为了让肌肉得到完全的放松吗？是不希望衣服在争斗过程中损坏吗？还是希望对手在动手的时候找不到着手点呢？这些原因可能都有。这种情况在行为学中也有科学的解释。

美国联邦调查局曾经公布过这样一个案例，两名男子因为一点小事起了争执，他们互相攻击的过程具有十分戏剧性的特点——他们赤裸着上身，像大猩猩一般互相撞击着胸部，这是一幅十分典型的肉搏画面。

经过心理学家的分析，这两名男子的行为有了这样的解释：男性的胸肌本身就代表了强壮、勇猛和力量。他们在斗殴过程中将自己的胸膛露出来是在向对方显示自己的力量，可以理解为一种示威方式。此外，人在承受压力的时候，呼吸强度和深度都会提高，这就直接使得胸膛起伏和扩展收缩的幅度增大，也会让男性的胸膛显得更加坚实有力。另外，现代服饰的复杂性会在双方打斗的过程中显示动作和力度，因此，脱掉外套也是希望自己能够全身心地投入这场“战斗”中去，不要受什么东西的牵绊，为取得胜算增加一分把握。

久而久之，通过这种方式显示自己的实力开始被越来越多的人采用。有的人因为受到条件或环境的影响，不能肆意脱下上衣，他们便将这种动作做了象征性的改变，那就是挽起袖子，以此来代表脱下外衣的效果。在现代社会总有同样的效用。

因此在日常交际中，如果有人在气氛有些紧张的谈话过程中脱掉外套或是挽起袖子，如果不是说在兴头上让他大汗淋漓，就一定是什么东西引发了他的愤怒情绪，他有可能要大打出手了。

第五章

你的神经绷紧了吗：紧张与放松

紧张感是如何产生的

紧张是人们经常出现的一种感受，不仅表现为心理上的焦虑不安，往往还会引起一系列的生理反应，例如心跳加速、手心出汗、脸色发白等。这些反应都与产生紧张感的生理机制有关。

人的身体在振奋时，身体机能就快速地运转起来，并准备接受下一步运动的指示。而当人放松下来时，身体就像汽车退到慢档一样，慢慢缓和下来。这些变化是由自发神经系统来控制的。

自发神经系统包括两个相互对立的部分：交感神经系统和副交感神经系统。交感神经系统的能动性较高，是司动者；而副交感神经系统的能动性较低，是司静者。当身体处于普通的活动状态时，交感神经系统和副交感神经系统之间保持着一种平衡。交感神经系统使身体继续活动，并保持一定的强度；而副交感神经系统将身体的活动强度控制在一定的范围之内,从而保存体力。两个系统的力量基本相当，因此使人体维持适当的、中等程度的活动。

日常生活中，大部分时间我们的身体都处于这样的状态。但如果受到某种刺激，需要做出紧张或强烈的运动时，交感神经系统就会活跃起来，压制住副交感神经系统。这时人体就会出现一系列的变化，首先血液里的肾上腺素增加，心跳加快并变得强烈，血液从表皮和内脏向脑部和肌肉转移；消化系统运动减弱，唾液分泌减少，使人感到口干舌燥；肝部贮藏的碳水化合物融入血液，因此血糖升高，呼吸加速，身体大量地出汗。

身体上的这些变化都是为了进行下一步更强烈的活动，也就是说身体已经跃跃欲试。大脑的血液增加，以备随时都能做出敏捷的反应，肌肉则绷紧准备进行激烈的运动，肺也努力地扩张以便吸入更多的氧气，皮肤加速排汗有利于热量的散发。如果这些准备得到了释放，身体采取了进一步的行动，那么就不会产生紧张感。但是，在很多情况下出于一些外部的原因，身体上的行动会受到抑制，肾上腺素已经释放，身体已经做好了充分的准备，但是却没能进行下一步的行动。在这种情况下受到压抑的身体就会产生紧张和压迫的感觉，身体出现的上述变化则能成为紧张的信号。这样生理方面所做的准备都成为多余的，于是导致自发神经系统产生了不平衡的状态，交感神经系统和副交感神经系统都开始活跃起来，身体便处于一种矛盾的状态之下，紧张感便产生了。

为什么紧张难以隐藏

当身体已经做好活动的准备，但受到某种因素的制约而不能做出行动时，就会出现身体上的矛盾状态。

例如，有的人害怕某种事物，但又没办法逃避；对某种事物感到很愤怒，但又没办法发起攻击。这时候他们的交感神经系统已经变得很活跃，但又不能转化为身体上的行动。处在这种矛盾之中的人，往往不想使自己紧张焦虑的情绪暴露给他人，于是努力装得若无其事，但是身体的各种表现很容易就出卖了他。

比如，一个要接受电视采访的人，不可避免地会感到紧张，因为他马上就要出现在成千上万的人眼前。在等待采访时，他心里便产生了恐惧感，于是身体就自发地做好了随时逃走的准备。当他坐到摄影机前接受采访时，他做出很大的努力想要表现得轻松自在，但他的身体依旧处在准备逃走的状态里，因此不管他怎么努力，身体仍然会显露出各种紧张的迹象。首先是呼吸加速，这是最难控制的，即便这个人是受过动作方面训练的职业演员，他在感到紧张时也会不可避免地呼吸加速，胸部会快速地起伏，频率比平时更快也更明显。这时他如果刻意想表现得轻松而随意地斜靠在椅子上，那么这种剧烈的胸部运动就会显得与他的姿势很不协调，只有穿十分宽大的上衣才能隐藏。

除此之外，血液循环使身体表皮的血液转向了肌肉和大脑，他的脸色会由于缺血而显得苍白。而唾液分泌的减少会使他感觉到口干，因此他在说话时，为了使嘴唇变得湿润，就会伸出舌头来舔嘴唇或做出其他的唇部动作。肌肉为了逃走而准备的过量血液得不到释放，就会使他的躯干变得僵直，而四肢会不知道该怎么摆放似的不停地移动，或者交叠在一起。他不是两手紧握就是跷起二郎腿，或者同时做出这两个动作。

为了高强度的运动，他的身体也在加强散热功能，因此他出的汗要比平时更多，额头、鼻尖、腋下、手心等部位都冒出了汗珠，因此他不时会做出抚摸额头、摸鼻子等动作，而摩擦大腿这个动作非常有用，因为不但可以擦去手心的汗，还可以起到安慰作用。由于身体根本没有做出强力的动作，没有产生多余的热量，因此这时后排出的汗都是“冷汗”，这也使他可能会打寒战。这么多无法控制的身体反应暴露在众人面前，可想而知想要隐藏自己的紧张感是一件多么困难的事了。

紧张时眨眼频繁

眨眼和呼吸一样都是人在生活中最必不可少却又最容易忽视的生理活动，只有在感到异常时才会注意到这些活动的进行。正常人每分钟大约要眨眼十几次，平均 2 ～ 6 秒眨一次眼，每次眨眼需要 0.2 ～ 0.4 秒的时间。如果一个人眨眼次数过多或频率过快，则属于不正常的现象。造成这种情况的原因有很多种，例如眼内有异物进入造成眼睛不适而频繁眨眼，或者阳光过强而使闭眼次数增多，这些都属于正常的保护性反射动作。

排除这些外界的原因，非正常情况下的眨眼过快则属于异常现象，要注意是否有心理压力或者过度紧张。心理学家研究发现，眨眼的频率与内心的紧张程度有着密切的联系。很多人在紧张或者注意力过于集中时就会频繁地眨眼，这种眨眼不受自身控制并且没有规律性。儿童如果心理压力过大，就会频繁眨眼。家长如果发现了这种状况，在排除了眼部疾病的情况下，就要注意孩子的心理状况。

例如，有的孩子从农村来到大城市生活，生活和学习的环境都发生了巨大的改变，不能及时地融入新的生活环境，给儿童造成很大的压力。除此之外，平时父母缺少对孩子的关爱，只是一味地抓紧孩子的学习成绩，很容易使儿童心理压力过大，得不到缓解，从而出现频繁眨眼的状况。家长要多多关心孩子的心理健康，营造一个轻松、温暖的生活氛围，使孩子能够健康快乐地成长。

成人在感到非常紧张时，也会不住地眨眼。有专家发现，1996 年克林顿与戈尔的竞选辩论中，克林顿平均每分钟眨眼 50 次左右，而对手戈尔的眨眼次数则达到了每分钟 100 次之多。因此，克林顿给人的感觉轻松自如，让人觉得他自信满满，而戈尔则显得紧张不安、缺乏信心。竞选结果自然是克林顿胜出。

心理学专家还对美国历年总统辩论的候选人眨眼的频率进行了研究，结果发现眨眼次数多的人往往遭到了失败。这说明，当人感到巨大的压力和紧张情绪时，眨眼的次数就会出卖他。这种神经紧张型的眨眼与心态有关，只要多进行心理调整和暗示，加强自身的心理素质，是可以缓解这种状况的。

会叫的狗不咬人，脸红的人不动手

人们在打架时，往往会表现出身体上的矛盾情况。如果一个人的恐惧感和攻击的欲望交织在一起的话，也就是说这个人既想逃跑又想要进攻，那么他在威胁对手时就会表现出矛盾的信号。

在打斗时，需要特别留意对手的脸色，如果他脸色发白而不是发红，就说明他更加地危险。因为脸色发白是由于交感神经系统导致的，使血液从表皮流向肌肉和大脑，从而做好激烈活动的准备。因此脸色发白的人不是准备逃跑就是准备进攻，所以，如果他不但脸色发白，而且又气势汹汹地向你逼近的话，就说明他真的准备发起进攻了。而如果他的脸色又变为了红色，则说明副交感神经已经起作用了，不论是由什么原因导致的，总之他已经不再处于准备进攻的状态了。平时我们在描述一个人感到很愤怒时总会说他“满脸通红”，好像是说这个人很危险，正在随时准备进攻。

当然这样的人是值得警惕的，因为他的自发系统有可能随时回到交感神经系统的控制之下，使他发起进攻。但是他发红的脸色却暴露了他内心有着激烈的冲突，因此尽管他不停地大声叫骂、暴跳如雷、气势逼人，看上去让人感到很可怕。但实际上，像我们平时总说的一句俗话一样：“会叫的狗不咬人。”狗的比喻其实非常的准确，被咬过的人都能证明，那些汪汪乱叫的狗通常不会真的去咬人。同样，面红耳赤、大声叫骂的人一般也不会真的动手。

另外，一种动物身上常见的紧张信号也是有一定作用的。就是当哺乳动物血液中的肾上腺素突然增多时，就会使这个动物的毛竖立起来。这是散热系统的作用，为了让更多的皮肤暴露在空气里，起到散热的效果。因此在动物的世界中，颈部、头部的毛发竖起表达了威胁的含义。动画片中，被激怒的猫咪往往被画成全身毛像刺猬一样立起的形象。虽然这种现象对于毛发稀少的人类来说并不太明显，但是人在受到惊吓时，身上的体毛也会竖起来，这时我们就会觉得脖子后面的皮肤上，好像有小虫子在爬一样，撸开袖子也会发现胳膊上起了一层鸡皮疙瘩。这种反应虽然不能让别人看出来，但我们自己能够感受到身体正在发生的变化。

缓解紧张时的呼吸加速

人在感到紧张的时候，会心跳加快，从而使血液循环加速，新陈代谢也随之加快，因此需要更多的氧气，导致呼吸变快而且变浅。而人在放松时呼吸往往是深且慢的，例如，在熟睡中的人进行的都是深呼吸。紧张时的呼吸加速虽然是常见现象，但如果不及时进行调试，呼吸加快很有可能造成过度呼吸症。

在紧张时由于呼吸加快，所以吸入的氧气增多，相应吐出的二氧化碳也过多。二氧化碳呈酸性，在身体里起到保持酸碱平衡的作用，而突然的减少会导致体液转变为碱性，从而引起呼吸性碱中毒，出现头晕、胸闷、气短等症状。一些大公司里的白领女性，工作压力大，当遇到紧急的状况时很容易由于紧张而导致过度呼吸症的发作。

大多数人普遍认为深呼吸可以缓解紧张的情绪，但是据科学研究显示，这一观念并不科学，正确的解决方法恰恰与之相反。当人们因惊恐或焦虑等原因感到紧张和窒息的时候，最好利用浅呼吸进行缓解。这是因为紧张时人呼吸急促，排出了过量的二氧化碳，导致头晕目眩等症状，此时如果再进行深呼吸，反而会加速二氧化碳的排出，加重不适症状，甚至导致出虚汗、心悸、四肢麻木等严重的后果。

专家的建议是，在紧张时应该顺着自然的呼吸节奏，逐渐让过快的呼吸减慢、变浅，普通人一分钟呼吸 10 ～ 15 次。正确的深呼吸方式是采用腹式呼吸，吸气时使横膈膜也随着扩张，腹部逐渐鼓起。吸气和吐气的时间保持 2 ： 3 的比例，2 秒钟吸气则 3 秒钟吐气，或者 4 秒钟吸气 6 秒钟吐气，这样使呼吸时间延长，使心跳减速，调节气息，缓解紧张情绪。

紧张时可以用这样一些方法来进行缓解：首先是做呼吸操，顾名思义就是让呼吸保持一定的有规律的节拍，就好像做操一样。同时使目光聚焦在一个点上，专注地调整自己的呼吸。第二种方法是“意念柠檬”，想象一个柠檬并将全部意念集中，再想象拿一把小刀把它切开，柠檬汁散发出浓烈的香味，这时再想象着咬上一口，也许会发现自己流出了口水。专注的想象可以缓解现实带来的紧张感。还有一种非常简单的方法就是嚼口香糖，研究发现嚼口香糖能够缓解人的焦虑和紧张。例如，NBA 球员在比赛时喜欢嚼口香糖来缓解压力。平时还可以通过练习瑜伽来锻炼自己的呼吸，采用腹式呼吸或者完全呼吸的方法，加强自己的心肺功能，缓解紧张时呼吸加速的症状。

紧张的面部表达

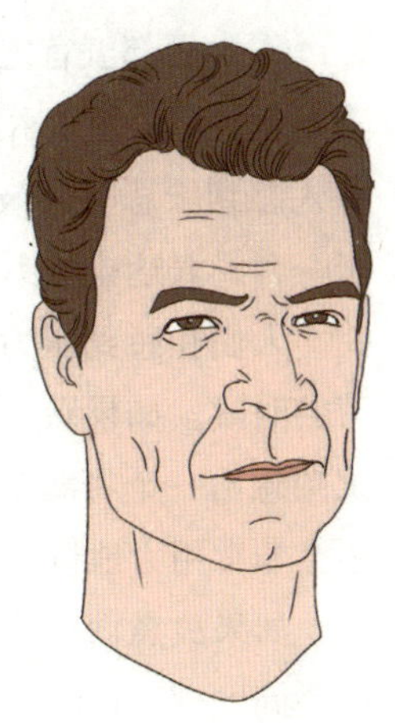

厌恶、反感、不悦、恐惧和恼怒等消极情感会使人产生紧张的感觉。这种紧张感会通过不同途径表现出来，最常见的表达方式是脸部表情的变化，当人感到紧张时，他的脸会呈现出这样一种状态：颚肌收缩、鼻孔扩大、眼睛眯起、嘴巴颤动或者紧闭嘴唇。如果再进行更加仔细的观察，可以发现，紧张时人的目光焦距锁定在某个点上，一动不动，而脖子也呈僵直的状态，好像故意梗着脖子一样，头一点都不会歪斜。

这些非语言表情是不会撒谎的，一个人可能嘴里会说自己不紧张，但他脸上反映出来的情绪却出卖了他，这些表情很难受到主观意识的控制，并且平时人们在说话时一般也不会注意到这点。

因此一个人如果露出这样的面部表情，则可以说明他的大脑正在处理一些消极的情绪，这种指示信号在全世界都是通用的，因此对它们进行观察对于判断一个人的内心情绪是非常有意义的。例如，在聚会上一个男人说他的孩子们毕业后都找到了很满意的工作，他感到很高兴。说话时他的脸上带着刻意的微笑，但颚肌却明显地收紧了，这就使他的话很值得怀疑。果然，他的妻子后来承认，他们的几个孩子只是勉强过活而已，并不能让人满意。

人们往往对这些面部信号重视得不够，或者很容易忽视掉它们。原因当然是多方面的，可能是观察者缺乏经验，也可能是因为这种表情本身并不那么容易捕捉。当一个人感到紧张焦虑时，他的脸上通常都会出现上述的表情，但是这种表情有的时候是非常明显的，有的时候可能是模糊的，有的时候可以持续很长时间，有的时候只是短短的一瞬。电影中演员经常利用表情来传达角色的内心情感，使观众一看就明白其中的含义，但演员是经过专门训练的，而且做出的表情都是设计好的，表现得较为明显，持续时间也较长，好使观众们能够准确地捕捉到。但现实生活中就没有那么容易了，人的表情是很微妙的，想要准确地捕捉不是一件简单的事情，需要非常细心地观察。

就算我们已经知道颚肌缩进是一种紧张的信号，但生活中也往往不那么容易注意到这一点。面部表情经常被忽略掉，也是因为我们的社会习俗教导我们与别人交谈时不要盯着别人看，这是不礼貌的行为，而且我们往往更关心人们说话的内容，而不关心他们说话的方式。

揉捏鼻子释放压力

作为面部五官之一的鼻子，虽然传递出的信息不如眼睛和嘴巴那样丰富，但也能为我们提供一些有用的心理信号。例如，一个人在表示不信任时会歪鼻子，对某事或某人感到厌恶时会皱鼻子，紧张时会不由自主地抖动鼻子，发怒或者恐惧时鼻孔会一张一合，表达排斥不懈的意思时会哼鼻子，而闻到气味时会嗅鼻子。

人们在感到压力和紧张的时候会习惯性地用手揉捏鼻梁，比如思考难题或者很疲劳的时候。如果别人问了一个非常难回答的问题，这个人为了掩饰内心的紧张与不安，试图想出一个答案来应付的时候，他的手就会不自觉地放到鼻子上开始揉捏，有可能还会非常用力地挤压鼻子，好像想把内心的压力通过鼻子释放出去。

如果故意向孩子提出很难的问题，他常常也会做出摩擦鼻子的动作，这说明他对这个问题感到困惑，不知道应该怎么回答。实际上内心在感到压力和紧张时会使鼻子产生一种酸痒的感觉，因此我们不得不用手来缓解这种感觉，用各种办法来抚慰鼻子，好使它变得轻松舒服一些。

在思考难题的时候，由于紧张和压力会使鼻窦部位产生微微的疼痛，因此我们就会用手捏鼻梁来缓解这种感觉或者只是疼痛下意识的反应。值得注意的是，人在撒谎时由于“皮诺基奥效应”鼻子内的血液流量会上升，从而使鼻子肿胀变大，就像《木偶奇遇记》中因为撒谎而鼻子变长的木偶匹诺曹一样，因此人在撒谎时也会不时用手触摸鼻子来缓解这种症状。但撒谎时触摸鼻子的动作是非常快速和轻微的，而且往往是反复摩擦鼻子并没有其他的动作。而由于压力导致的揉捏鼻梁的动作一般会比较用力，而且是长时间的按压和揉捏，与撒谎时轻微的动作有明显的不同。在判断一个人是撒谎还是普通的鼻子痒时这一点是很好的依据。

在思考问题时，人们通常会不自觉地摸鼻子。如果在谈判过程中，对方听完你的发言时触摸鼻子，说明你的意见很有可能会被接受，他摸鼻子代表他正在考虑要不要接受。这时你只要恰到好处地推动一下，很容易就能达成协议。而捏鼻梁和摸鼻子表达的是完全不同的意思，捏鼻梁表明对方在仔细考虑你说的话，内心处于压力和冲突的状态。所以在谈判过程中，做出这个动作的人表达的意思是“不要催我，让我再仔细考虑考虑”。

抚摸颈部寻求安全感

人的颈部有许多神经末梢，在感到紧张和有压力时，稍微按摩一下，就能够起到降低血压和心跳的作用，从而缓解紧张感。此外，按压额头或者抓挠耳朵也有同样的含义，都是感到紧张时会做出的动作。

这些动作可能会变形为其他不那么明显的样式，例如男士整理领带，或者女士玩弄自己脖子上的项链等，看到这样的动作不要以为是无关紧要的，它们很有可能表露了对方内心隐藏的想法。专家通过观察得出结论，人们在抓挠脖子时，食指通常会抓五次，很少有多于五次或者少于五次的情况出现。

说话时习惯用手抚摸颈部的人，一般对他目前所说的话不太自信，或者正在试图缓解紧张情绪或者释放压力。这是一种有效的信号，说明此人内心存在某种消极的情绪。一位女士在和别人打电话，边走边聊，并没有什么异常，但是她的手突然放到了颈窝处，脸上露出忧愁的神色。事实上，电话是这位女士孩子的老师打来的，告诉她孩子发高烧了，让她尽快赶到学校。当遇到不愉快的事情时，人就会下意识地将手放到颈部，来寻求某种意义上的安慰。抚摸颈窝是一个很典型的寻求安全感的动作，人在感到巨大的压力时就会将手放到颈窝部位，在女性身上尤为明显。美国警方经过调查发现，受到过侵害的女性在叙述案情时大多会做出抚摸颈窝的动作，即使是很多年后回忆起来也会做出这一动作。

抚摸颈部表现出了疑惑和不确定的意思，在交谈中，如果对方做出了这个动作则表明他并不确定自己是否同意你的意见。虽然这样的动作并不能说明欺骗，但是人在言行不一时感到的压力会导致人做出这样的行为。当说出的话和心里的真实想法不一样时，就会做出这个动作，比如，有人说“我非常同意你的观点”，但同时他却将手放到了颈部，则可以断定，他并不像他说的那样“非常同意”，而是存在着一些疑虑。

拉扯耳垂：焦虑和犹豫

当人们对某一件事感到焦虑或者犹豫不决的时候，就会下意识地用手去拉扯耳垂。同抓挠脖子一样，拉扯耳垂也是焦虑的表现，因为脖子、耳朵等部位的神经比较敏感，

在紧张不安时，这些敏感的地方就会感到不适，因此会通过抓挠它们缓解这种感觉。

例如，在下棋时，如果一位棋手不知道下一步要怎么走的时候，就会拉扯耳垂，说明这位棋手很焦虑。有时棋手会将手伸向某颗棋子，但是半路又突然停下，用手拉扯一下耳垂，继续思考，这说明他对自己刚刚的那步棋持怀疑的态度。如果棋手对自己的这步棋感到非常满意，他就会在下完棋后将十指合在一起，显得信心十足。如果棋手不希望对手走这步棋，当对手将手移近这颗棋子时，他就会下意识地拉扯耳垂，说明他对这步棋感到很焦虑，心里不希望对方走这一步。

虽然拉扯耳垂并不说明对方一定在说谎，但这个动作可以说明说话者内心的紧张与不安。例如，在交谈中，你发表观点后询问对方的看法，对方回答“我觉得不错”，但同时他还用手拉扯了一下自己的耳垂。这就说明他说的并不是内心真正的想法，其实他的观点和你并不一致。这时拉扯耳垂的动作一方面是由于心口不一导致的紧张，另一方面是因为对方并不想继续听你的观点，这些都说明他并不同意你的意见。

儿童在听到父母或者老师的责骂时，为了逃避会用两手捂住自己的耳朵，而成年人则会用抓挠耳朵来表达同样的意思。抓挠耳朵说明这个人正处在紧张焦虑的状态中。

在日常生活中，做出拉扯耳垂动作的通常是男性，因为男性的短发使他们的手更容易碰触到耳垂。而大多数女性留长头发，这样她们的手就不是很容易接触到耳垂，而且很多女性佩戴耳饰，也不方便她们做出拉扯耳垂的动作，所以女性在感到紧张和焦虑时往往会玩弄自己的头发，这种做法其实是拉扯耳垂的变形。

抚摸胸腹的安抚作用

胸腹部位的内脏都是最脆弱同时又是最重要的器官，因此长期的进化使这个区域的皮肤变得非常敏感，以便更好地保护脆弱的内脏。这个部位通常都有衣服包裹，不太容易直接受到刺激，但是抚摸这个部位的皮肤也能产生良好的安慰和缓解作用。

例如，人在感到害怕的时候，通常都会不自觉地用手轻轻拍打心脏部位，好像在安慰自己说：“不用怕，没事的，一切都过去了。”快速跳动的心脏仿佛不听话的孩子受到安抚一样真的会慢慢平静下来。而人在感到紧张时，往往会习惯性地抚摸胸部或腹部。例如，我们想劝慰一个发怒的人，就会轻抚他的胸部并劝他说“消消气，消消气”；人在感到焦虑不安时也会将两手收到腹部，好像肚子疼一样轻抚腹部，从而缓解自己压抑的情绪。胸部和腹部的皮肤在受到按摩的同时，还可能直接影响到内脏的运动和血液循环，从而改善身体的状态，最终达到改善精神状况的作用，缓解内心压力。

一些情况下，人们可能不会直接做出抚摸胸腹的动作，而是会采用一些较为隐晦的变形动作。例如，用手抓住衣服的领口或者胸口的部位，向外拉伸前后抖动几下透一透气。客观上会使衣服内部的身体周边的空气产生微循环，气流造成的轻微刺激可以使敏感的皮肤感到舒适，从而缓解紧张情绪，同时还可以降低由于血液流动加快而升高的体温。

当然，一个人做出抚摸胸部或腹部的动作，并不能说明他一定感到了紧张，有可能是真的感到身体不适。在排除了这种可能的情况下，尤其是当出现负面的刺激之后，做出了这种动作就说明这个人心里感到了压力。出现这些安慰行为并不能说明一个人肯定在说谎，千万不能生搬硬套，很多动作很可能只是个人的习惯。需要观察者根据情境，判断这些动作是否是应激反应，才能确定这些动作是否有分析的价值和意义。

不能克制的手部颤抖

人的手和手指在身体肌肉的控制之下，能做出各种复杂的动作。而当我们感受到压力和紧张时，神经递质和肾上腺素等激素就会增加，从而引起手的颤抖。当人看到或者想到一些不好的事情时，就有可能引起手的颤抖。而如果手里还握着某样东西，这种颤抖表现得就会更加明显。手就像电报一样告诉他人“我心里充满了压力”。手里拿着的是细长的或者很轻的东西时，这种颤动就会尤为明显，因为手中的物品会随着手而抖动起来，让手部轻微的抖动扩大到很容易察觉的幅度。例如，男人在向另一半解释昨晚为何夜不归宿时，如果手里正好夹着香烟，那么他要是撒谎就能从颤抖的香烟上被妻子捕捉到。学生在考试时，如果感到紧张焦虑，那么拿着笔的手就会很明显地表现出抖动。

美国警方在调查间谍活动时，有过这样一个例子。一名有重大嫌疑的男子接受审问，但是目前没能找到任何可以指控他的证据，既没有目击证人也没有重要线索。在审问过程中，这名男子点了一支香烟，警察问了他许多和本案有关的人的名字，他都没有什么明显的表现。但当提到一个特殊的名字时，他手里的烟突然抖动了一下。

为了确定这个动作是随机的还是真的具有某种特殊意义，警察继续提及其他很多人的名字，发现他手里的烟没有再抖过。但是每当提到那个特殊的名字时，他手里的烟都会抖动一下，一共重复了四次。这就足以证明这个男子和这个特殊的名字之间肯定有一些重要联系。颤抖的烟表明那个名字使这个男子感到紧张不适，是一种感受到威胁的反应。

警察根据这一点坚持不懈地进行调查，终于证明这个男子和那个特殊名字的人曾经在间谍活动中有过接触，最终将罪犯绳之以法。

除了紧张、焦虑、不安等消极情绪之外，兴奋、激动等积极的情绪也能引起手部的颤抖。比如中了大奖的人、牌桌上赢牌的人，还有在机场等候亲人归来的人由于期待和兴奋而双手颤抖。

在这种情况下，人们为了控制手的颤抖，往往喜欢抓住别人的手。例如，明星巡演与粉丝握手的时候，激动的粉丝会将心爱的明星的手握得生疼，这是因为他们面对偶像过于激动，为了扼制这种颤抖所以将明星的手握得非常紧。

焦虑时的手部表现

人在感到自信时会做出十指自然搭在一起的“尖塔式手势”，而当人的信心发生动摇或者产生怀疑时，双手就会十指交叉在一起紧握双手形成祈祷状，这是一种常见的在感到紧张或者焦虑时做出的动作。发生重大的事件或者变故时，人们也习惯将手指交叉紧扣，这是感到紧张和压力或者自信度较低的表现。这种动作看上去像是在做祈祷，是一种全世界范围内的安慰行为。随着手部扣紧的力度加大，手指的颜色可能会发生变化，局部皮肤会由于血液在压力下转移到其他地方而变白。如果这样的情况出现，则说明事态变得更加糟糕了。

在处于紧张焦虑或者怀疑的状态下，人们往往会用一只手的四根手指去摩擦另外一只手的手掌。如果情况变得更加严重，心理压力加大时，这个动作就会变成十指交叉并且反复摩擦双手。

十指交叉是一种苦恼的表现，在法庭的审讯中经常看到被告做出这样的手势。当提到一些敏感、尖锐的问题时，嫌疑人的手指就会向上伸开，然后上下搓动双手。人们之所以喜欢用搓动双手的方式来缓解紧张和压力，可能是因为这种手与手的接触能够起到一定的安慰大脑的作用。

一些性格内向容易害羞的人，在公共场合演讲或者说话

时，很喜欢搓动双手来缓解压力。这种动作会给听者留下不好的印象，显得主讲人缺乏自信，使他演讲的内容和观点缺乏说服力，不能达到发言预期的效果。所以有这种习惯的人可以通过一些方法来锻炼自己，从而改掉这个搓手的习惯。

在人多的场合做演讲或者汇报时，手的作用其实是很大的，可以用一些手势来表现自己的自信，或者强调自己的观点。可以看一些演讲者的视频，学习他们的手部动作，例如，在说到数字时可以用手势表示出来，形容上升和下降时，也可以用手势来形容。在不需要用到手势的时候，可以五指相抵做出代表自信的“尖塔式手势”，手臂弯曲，将手放到腹部的高度。

而在私人聚会的场合，可以用手自然地捧着杯子，或者将双手交叉放在腿上，强迫自己做一些其他的动作，有意识地克制搓手的习惯。如果是正式的场合，例如面试，搓手会暴露自己的不自信，那么最好身体挺直坐好，将双手叠放到大腿上，表现出严肃认真的样子。

搓腿也可以平缓情绪

当我们很自然地坐着，两腿分开，经常会做出搓腿的动作，这个动作比较隐蔽，因为腿常常会处于桌子下方，不容易被其他人发现。如果一个人将手放在腿上，反复地摩擦或者揉搓腿部，说明他此时感到很焦虑，正试图通过搓腿的动作来寻求安慰和安全感。还有可能是因为紧张到手心出汗，而反复摩擦腿部可以擦干手心的汗来舒缓紧张情绪。

在交谈过程中，有的人会做出这样的动作，双手放在腿上，然后慢慢在大腿上向下摩擦直到膝盖处。有的人只做一次，但是大多数人会反复地摩擦腿部。这种非语言行为非常值得注意，因为这种动作表明对方想要缓解内心的紧张和不安。

警方在审理案件的过程中，可以通过观察嫌疑人的手部或腿部是否露出不安的迹象来判断他是否在说谎。如果在谈到某个问题时嫌疑人做出了摩擦腿部的动作，则说明这个问题给他带来了困扰，使他感到焦虑不安，不知道该如何做出回答，那么这个问题就可能是破案的重大线索，可以从这里下手寻求突破。或者当嫌疑人看到确凿的证据（如犯罪现场的照片）时，也会做出这种动作，因为摩擦腿部可以一箭双雕，既能擦干手上的汗，也可以通过反复接触起到安慰的作用。警察在办案时，不单要注意是否会出现这种动作，还要观察这种动作是否会随着问题的难度而改变，当问题变得尖锐时，如果搓腿的动作频率加快或者是幅度增大，都可以说明这个问题令他感到不适，或者他在说谎，又也许这个问题是他不想或不能谈论的。这种搓腿的动作还发生在被问者对他需要回答的问题感到焦虑时。

面试过程中很多考官也根据这个动作来判断应聘者说的是否是真话。例如，一位年轻人去参加面试，前半段进行得非常顺利，他和面试官谈得非常愉快，觉得自己对这份工作已经十拿九稳。可就在快要结束时，面试官问他平时有没有上一些社交网站，因为很多员工在工作时沉迷上社交网站非常耽误工作。这位年轻人急忙否定了，但是回答这个问题时他的双手在不停地搓腿，这一行为引起了考官的怀疑。

面试结束后考官在一些实名制的社交网站上果然看到了那位年轻人的资料，证明他当时确实在撒谎，结果这位年轻人当然没有得到这份工作。

从抖腿到踢腿

人在焦虑和紧张时，经常会做的动作有摇动腿部、用脚尖拍打地板或者抖动腿部，这些腿部动作都是为了摆脱焦躁不安的感觉。人们之所以习惯用脚部来表达焦躁不安，首先是因为在人员较多的公共场合，人们通常不愿意把心里的紧张焦虑表现在面部表情上，或者是用手臂做出大幅度的动作，这些动作都太容易被他人发觉，所以就会选用离其他人目光最远的、别人最不容易察觉的部位——脚部来表达。例如，考生在等候面试考试时，常常会坐在座位上低垂着脑袋，双腿并拢并不停地上下抖动，好像要把自己的紧张情绪都抖落到地上一样。

在警方的一次审问中，一名犯罪嫌疑人不停地摇动双脚，双手也有些紧张地缩在身旁。当问到与案件相关的财政问题和投资失败时，他的脚就由摇动变成了踢。动作的转换非常突然，虽然这并不能表明他在说谎，但可以肯定的是这个问题刺激到了他，使他产生了紧张的情绪，这个动作体现出他内心对于这些问题的抵触与反感。

专家研究表明，人的脚部动作从摇动转到上下踢动的时候，一定发生了使他不愉快的事情。例如上述的审讯中，嫌疑人就是听到了自己不想回答的问题所以才做出了这个动作。这种行为完全是自觉行为，并不受人主观意识的控制。由于这种动作是很难掩饰的，所以我们可以利用这个下意识的动作来探寻对方隐藏的真实情感。

美国联邦调查局曾经处理过这样一桩案件，一名女子被怀疑是一起重大犯罪案的目击者，但是这名女子态度强硬，在长时间的审问中没有提供任何有价值的信息。她的腿在审讯过程中一直在左右摇动，嫌疑人在接受审问时经常会做出这种动作，没有什么特别之处。但是当警察问她认不认识一个叫克莱德的人时，她还没来得及回答问题，摇动的腿就瞬间转变成了上下踢动。

这个动作提供了非常重要的线索，说明这个问题让她感到紧张和不悦，这个叫克莱德的人一定对她有着消极的影响。警方顺藤摸瓜，终于让她承认这个克莱德曾经让她卷入一桩盗窃案，她的双腿在不知不觉中背叛了她。

怯场导致声音改变

在正式场合经常能够发现这样的现象，轮到某人发言时，他会先咳嗽几声，清一下喉咙，然后才开始讲话。这是因为焦虑和紧张使喉部产生黏液，堵塞了声道，为了恢复正常的声音则必须先清理喉咙。

还有的人在课堂或者会议上讲话时，会感觉喉咙发紧，说话的时候声音变得很奇怪，和平时说话的声音不太一样。这些声音的变化其实都是由于心理上的紧张导致的，由于人在感到紧张时，会分泌肾上腺素，身体处于应激状态，使得血液流动加快，导致声带充血，改变了声带原有的状态，因此声音会变尖、变细。如果我们想要发出更高更细的声音，就会将声带收紧，憋着嗓子说话，当感到紧张的时候声带就像故意缩紧一样，发出的声音又尖又细。

不习惯在公共场合说话的人，在发言的时候往往会感到焦虑不安，所以说话时不断地清喉咙，而且声音也改变了。声音是很难进行控制的，人们想要掩饰自己的紧张不安时，往往会由于声音而露馅儿。例如，一名员工在公司会议上要进行报告发言，但他事先并没有进行充分的准备，而是临时抱佛脚。他在发言时可能内容上并没有什么破绽，甚至很充分很到位，但是富有经验的领导还是能从他的语气和改变了的声调上看出他的紧张，从而猜测出他准备不足。即使是见惯了大场面的名人在发言时也有可能紧张得变调，例如某著名作家就承认自己第一次到广播节目录音时，由于紧张说话的声音都变了，而且断断续续，使主持人不得不一直喊停。

清喉咙的情况除了紧张，还有可能是说话的人对这一问题犹豫不决，需要拖延时间让自己充分地考虑清楚。

一般情况下，这样做的男人比女人多，成年人又比儿童多。小孩子紧张时一般不会清喉咙，而是说话变得结结巴巴、吞吞吐吐，说一些“嗯”“啊”等暧昧不明的字眼。而故意清喉咙，则是为了向别人发出警告，在表达一种不满的情绪。例如，在安静的电影院里有人在不停地小声说话，坐在他们后面的观众就会凑过去故意咳嗽一声，警告他们不要打扰到别人。

紧张时的声音安慰

声音是一种神奇的事物，适当地运用能够改变一个人的精神状态。音乐有的让人感到兴奋，有的让人身心愉悦，还有的能够让人心生惆怅。夜总会里喧嚣的音乐配合上强烈的节奏，能够强行刺激神经系统，使原本沉闷的身体兴奋起来，通过释放身体的能量，使人精神上的压抑得到缓解和发泄。而优美的旋律和动人的歌词，能够使听者产生内心的共鸣，获得强烈的认同感，使精神得到愉悦。如果是悲伤的旋律则会引发听者悲伤的感情共鸣，使本已忧伤的心情得到强化。因此通过声音可以安慰人的神经系统，调节人的心情，使人在紧张、焦虑、悲伤时得到缓解。

人们在感到有压力或紧张时，可能会通过在KTV里放声高歌或者在没有人的地方吼叫来发泄自己的压抑情绪，从而缓解精神状态，改善心情。黎明或傍晚人迹稀少的时候，走在陌生的街道或者荒凉的地方的人会努力吹口哨，好使自己平静下来。有的人在走路时会自言自语，也是为了缓解内心的紧张感。还有的人在感到紧张或心神不宁时，就会打开话匣子说个不停。除了声音的安慰功能之外，哼歌或者吹口哨的时候，还能够调节呼吸的节奏和强度，这也是非常有效的缓解紧张感的手段。

但是这些声音安慰往往出现在一些特殊场合，日常交往的一般情况下很少会出现哼歌或吹口哨的情况。但是在遇到压力或者感到紧张时，人们有可能将发出声音转化为呼一口气，这种呼气往往出现在负面刺激之后，是一种放松的表现，认为自己已经化解了紧张的局面或者渡过了危险情况。

在一项心理测试中，学生们要求在扑克牌中随意抽取一张并记住花色，然后由测试人员随机进行逼问式提问，例如“你拿的是J吗？”等，最后通过微反应分析出他拿的是哪张牌，并告诉被测者。如果测试人员猜对了，学生就会表现出吃惊的样子，还略带沮丧；而如果测试人员说错了，学生们几乎都会轻轻嘘一口气，用来放松紧张的神经，并有一种侥幸逃脱的感觉。例如，学校里在厕所偷偷吸烟的男生听到脚步声走近，以为是老师来了，结果他们并没有被发现，这时他们就会长嘘一口气，为自己的幸运感到得意。因此在进行测谎时，可以特意设计一些可以使被测者放松警惕的问题，例如“我认为你没有作假的可能性”等，观察对方的反应，如果对方忍不住嘘了一口气，则可以找到相应的刺激源，从而进行深度的探索。

紧张时的咀嚼和吞咽

吃是人类最基本的需求之一，不管吃的是什么，有东西吃就意味着不会挨饿，可以生存，因此做出吃这个动作会使人感到很满足、很愉悦。而咀嚼和吞咽的动作可以把“吃”的信号反映给中枢神经系统，即使嘴里没有食物，但大脑还是会感到愉悦。正因为如此，人在心情不好的时候，吃东西能够改善心情。

在实际交往过程中，人在感到紧张时通常不可能随时随地能够拿东西来吃，更多的情况是人们会做出吃这个动作的变形，例如磨牙、咀嚼（如嚼口香糖）、咽口水或喝水等。在交谈过程中，如果一个人被问到不好回答的问题时可能会做出磨牙的动作，就是将上下牙齿相互摩擦，最常摩擦的是上下犬牙。这个动作表现出来的是一种强势的意味，因为这个动作来自于动物在捕食时的磨牙准备，意思是“一切都在我的掌控之中”。因此这个动作可以缓解紧张的神经，使人感到放松和安慰。

很多运动员在比赛上场之前都习惯嚼口香糖来缓解压力，普通人也有嚼口香糖或者槟榔的习惯。这时就要通过咀嚼的频率和强度来判断一个人是否感到紧张和有压力。在受到外界刺激时，他可能会突然停止咀嚼，但如果这个刺激是负面时，他就可能加快咀嚼的速度或者更加用力地咀嚼。这就说明他感到焦躁不安、不知所措，使劲嚼口香糖是为了缓解神经系统的紧张。但是如果一个人咀嚼时一直比较用力或者速度很快的话，那么可能只是个人习惯问题，而不能作为判断内心情绪的依据。

还有人在感到紧张和焦虑时会不停地吞咽口水，一方面这是因为紧张导致唾液分泌增多，另一方面是因为吞咽的动作可以向大脑传达正在吃东西的信号，从而起到安慰的效果。在正常情况下，口腔内并没有太多的口水，因此做出吞咽的动作是比较费力的，它涉及了口腔、舌头、喉咙以及食管等多个器官的运动。而人在感到紧张时，会不自觉地咽口水来获取安慰，使神经得到放松。

在测谎过程中，可以通过被测人在回答问题时是否频繁地咽口水来判断刺激源，从而寻找到突破口。能引起咽口水动作的情绪还包括恐惧、尴尬或不知所措、过度兴奋等。需要依据不同的场合、不同的情况分别加以判断，不能简单地一概而论。

机场更容易出现替代行为

在对火车站和飞机场进行观察后发现，在飞机场出现替代行为的可能性是火车站的十倍。在乘坐火车的旅客中，只有 8% 左右的人表现出替代行为，但是在一架即将升空的飞机上，80% 的乘客都会出现这种行为。

但是旅客们往往不愿意承认自己的恐惧，所以他们尽管内心焦虑不安，但仍然会努力使自己的行为举止看起来很自然，避免自己的动作看上去唐突而不合时宜，因此在机场表现出的替代行为就会相对隐蔽，或者说相对自然，通常利用一些仿佛有意义的动作来体现。例如，有的人会一遍一遍地检查自己的机票；将身份证、护照等证件从包里拿出来又放回去；有的人反复地整理自己的手提包，好像在确认每件东西是否都安放在自己应该在的地方；还有的人故意把某样东西掉到地上，自己再弯腰拾起来；有的人不停地从兜里掏出手机，好像在检查有没有错过什么重要的电话……

总之，这些感到紧张的游客想要给别人一种他们正在做一项重要的、非做不可的事，伪装得像是在做登机前最后的检查。但实际上，真正的检查工作早就做好了，他们清楚地知道自己的机票、护照放在包里的哪个地方，也知道行李包早在昨晚就打包好了，至于手机根本就没有响过，哪里有什么重要的电话。但是普通人可能会被这些伪装的动作迷惑，以为他们的这些动作真的有用处，但有经验的空中小姐则一看就能辨认出这些动作完全是为了排解紧张情绪而做出的替代动作，只要有可能，这些人很愿意逃离飞机场。这些泄露了内心真实情感的小动作是很难隐藏的，即使是意志力非常强的人，也很难完全抑制住这些动作的发生。

把玩饰物代表心神不宁

一些容易紧张的年轻女子，在约会或其他重要场合中，总喜欢不停摆弄自己的饰物，或者是转动耳环、拉扯项链，或者是不停地开关自己的手镯。这些行为其实都是内心紧张和心神不宁的表现，只不过女人的动作较为轻柔而且比较注重自己的形象，所以使别人不容易察觉到。

人在感到紧张时，由于血液流动加快，会使神经比较敏感的脖颈和耳朵感到不适，于是人们就会用手去抚摸脖子或者拉扯耳垂。而女士可能由于注重形象，并且佩戴着饰品不方便做出这些动作，因此用拉扯项链、转动耳环等小动作代替。

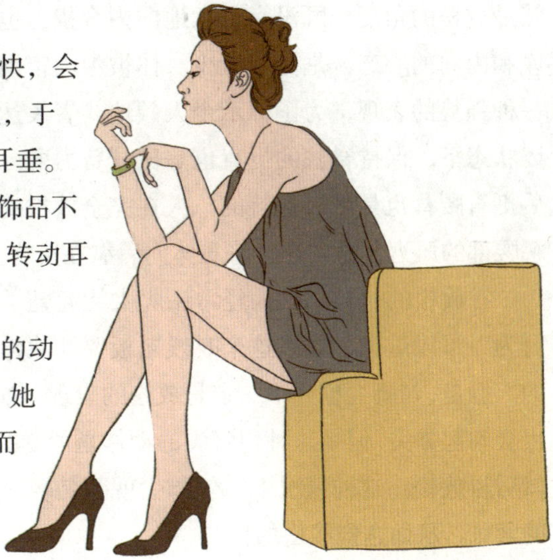

除了身体上不适的感觉之外，这样的动作也有可能是一种紧张时的替代行为，她可能根本没有意识到自己在做什么，而且这样做也没有什么实际的意义。例如，一位等待接见的年轻女子，反复地将自己手镯的钩子打开又扣上、扣上又打开，其实这个钩子一点问题也没有，而且手镯也是好好在手腕上戴着。她不停地开关钩子反而有可能将手镯弄坏。因此她的这个动作并不是真正的在整理装扮，而是替代性整理装扮。她做出的动作与手镯真正松开需要扣紧时的动作完全不同，也与梳妆打扮时戴上手镯的动作不同，因此这实际上是一种替代行为。她心里十分期待得到接见，但同时又感到紧张害怕，想从这个地方逃走。正是这种矛盾的心情使她心神不宁、坐立不安，她根本没办法安静地等待着接见。她高度兴奋，但是又没有事情可做，没办法使自己的兴奋转化为真正的具体行动，既不能冲进办公室，也不能干脆走到大门口离开。在这种进退两难的矛盾状态下，她只能做一些毫无意义的小动作来缓解心理上的压力，填补行动上的空白。她太需要做一些动作了，甚至无论这个动作有没有实际意义，都要比不做任何动作要好。

有经验的人一看到这位女士的动作就能了解到，她反复摆弄手镯表明内心紧张不安，而这种心神不宁则意味着内心的矛盾。所以说，替代行为是一种很重要的迹象，可以使旁观者看出一个人烦躁不安或者摇摆不定的内心情绪。

身体放松时的姿势

人在紧张时身体会出现各种现象吐露出内心的焦虑不安，而在放松状态下的身体似乎不那么有指示性质，但是还是可以从身体的舒适程度判断一个人是否真的感到放松。人在坐着的时候，将双腿并拢是比较费力的状态，最为自然的状态是将双腿打开，两腿之间形成一个八十度左右的角。这个角度是大腿的肌肉在没有依靠无阻挡时最自然最放松的角度，既没有刻意地向内合拢，也没有夸张地打开。双腿向内并拢代表拘谨和内向的心态，是为了减少身体被他人审视和挑剔的面积；而夸张地张开大腿则是一种强势的表现，为了标示个人领地或者表达挑衅的态度。与双腿并拢相同，人在坐姿状态下，保持脊柱的挺直也是比较费力的。即使从小养成了良好的坐姿，坐久了之后挺直腰背也是难以保持的。人在完全放松的状态下，脊柱会稍稍弯曲，而且为了缓解腰部的压力，通常还会将身体向后靠在椅背上。

在放松的时候，女人经常用脚尖钩起鞋子轻轻晃动，这是一种典型的自我表现的行为。可以试想，如果这个时候老板要开除她的话，她恐怕是没有心情做出这种动作的。但是，勾脚尖也并不一定是放松的表现。如果一个人感到有压力，需要得到放松时，也会勾起脚尖，但是这种勾脚尖的动作是紧绷的，随后伴随的动作可能是向前绷直脚尖，然后再放松。这种情况下，勾脚尖就不是轻松的表现，而是通过运动肌肉来缓解身体的紧张，从而达到放松的目的。

人在站立时，双腿并拢直立也是较为费力的，这是一种正式场合的站姿。在社交场合中，如果一个人在交谈时感觉很放松，跟他人的关系比较融洽的话，他会采取一种交叉双腿的站姿，即将一条腿交叉放到另一条腿前面，并用脚尖点地。这样站立时会使重力转移到站直的那只脚上，从而降低了人的平衡感。如果受到威胁，这种姿势是不利于立刻逃跑的，因此做出这样动作的人此时一定感到十分舒适或者自信。

上述这些动作都是人在自己的舒适范围内感到完全不用紧张时的状态，这时心里既没有负面情绪，也没有什么特别值得高兴和兴奋的事，而是处于完全的放松状态之中。

第六章

你怕了吗：压力与惊恐

压力下的安慰行为

人类大脑的边缘系统的功能是保证人类能够生存下去，它能帮助人类避免危险或者不适，从而使我们感到安全，并且随时寻找机会以获得安全和舒适。不论我们感到舒适或者不适，大脑都会通过身体语言将这种情绪表现出来。

一般情况下，在感到舒适时，这种精神上的幸福感反映在非语言行为上就表现为满足和高度自信；而感到不适时，身体就会表现出相应的压力或者不自信的状态。人在感到紧张或者不愉快的时候，大脑的边缘系统为了恢复舒适和幸福的感觉，就会驱使肢体做出一些安慰的动作。

这些安慰行为是为了缓解消极的情绪，使心理恢复到正常的状态，通常情况下这些行为都是可以被观察而且进行解读的。

人类的安慰方式多种多样，儿童时期在感到不安时会吮自己的拇指，而成人之后则变成了许多更为隐蔽、更容易被社会接受的方法，例如将吮拇指转变为咬铅笔等。当人受到负面刺激时，例如遇到一个难回答的问题或者某些压抑的事情，就会触摸自己的脸颊、头部、脖颈、手臂或者腿部。

这些行为都是由于感到不适时大脑要求身体采取某种行动，来刺激神经末梢并且释放能够使大脑镇定的内啡肽，从而使大脑得到安慰。

最常见的安慰行为有抚摸颈部，由于脖子的神经比较敏感，通过按摩这里，能够起到降低血压和减缓心跳的目的，使自己能够平静下来。男性和女性抚摸颈部的方式有所区别，一般男性的力度较大，他们会用力按摩喉结附近的部位或者脖子的两侧和后侧。而女性在感到压力或不安、恐惧、忧虑时，通常会用手覆盖或触摸位于喉结和胸骨之间微微凹进去的部位，也叫作“颈窝”。

触摸脸部也是在人感到紧张或焦虑时一种常用的自我安慰的方式，包括摩擦额头、触摸，或舔嘴唇、拉扯耳垂、玩弄头发等。而鼓起脸颊然后再轻呼一口气则可以释放掉内心的一部分压力。有时通过声音也能起到自我安慰的作用，例如独自走路感到害怕时，就会通过吹口哨或者哼歌来使自己平静。有些处于压力状态下的人会不断地打哈欠，其实这也是一种安慰方式，紧张会导致人的口腔干燥，而哈欠会促进唾液的分泌，从而缓解紧张造成的口干。

比较容易被忽略的安慰动作是搓腿，而比较明显的自我安慰动作则是自我拥抱，一个感到痛苦或者孤独的人蹲在房间的角落用双手环抱住自己是经常能够看到的情景，旁观者也很容易能够看出这个人正经历着痛苦和悲伤。这个动作来自于幼儿时期母亲抱孩子的动作，是一种自我保护的动作，拥抱能够使人得到平静。

眼睛的保护行为

眼睛是脸部最灵活的部位，它的反射性也是五官中最强的，在进化过程中，眼部的肌肉得到了很好的改良，能更好地保护眼睛免受伤害。例如，眼球内的肌肉可以使瞳孔收缩，使眼球免受强光的刺激，如果有危险物品朝我们袭来，眼睛周围的肌肉会使眼睑闭合。

眼睛看到的东西还对人的心情有着重要的影响，几乎每个人都有这样的体验，看到喜欢的东西，心情会变好，而看见不喜欢或者厌恶的东西，心情会变坏。研究发现，如果婴儿每天睁开眼时都能看到父母的笑脸，那么他的心情就会变好，长大后的性格也会比较开朗活泼。视觉上得到安慰确实能够使一个人的心情好转。这种“爱美”的心理也表现在瞳孔的变化中。

研究证明，当人看到自己喜欢的事物时，瞳孔就会扩大，以便获得更多的信息；而当人看到不喜欢的事物时，瞳孔则会缩小，以避免看到过多的内容。

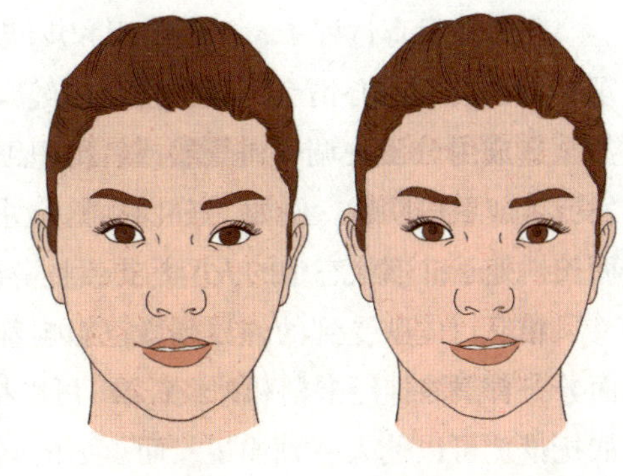

瞳孔的放大和缩小是由平滑肌控制的，物理上的功能是在光线变强时收缩瞳孔，避免光线刺伤眼睛，而光线较弱的时候，就放大瞳孔，尽量获取更多的光线以形成清晰的成像。平滑肌是由自主神经控制的，不是人的意识所能改变的，因此瞳孔的放大和缩小是没办法骗人的，完全是对外部刺激（如光线强度）和内部刺激（内心情感）所做出的反应。当人感到惊讶或者突然发生某件事时，就会睁大眼睛，瞳孔也会扩大，以便能够吸收更多的光线，向大脑传递更多有用的信息。这种反应在人类进化的过程中一直保护着我们。但是当大脑对获取的信息进行处理之后，或者得出消极的认知，瞳孔就会立刻缩小。这是因为瞳孔缩小后，会将面前的一切聚焦，从而对目前的情势看得更清楚，更有效地保护自己。

警察在审讯中或者测谎中，将瞳孔的变化看作一个非常有力的证据。当被询问的人看到与事情有关的图片时，如果他的瞳孔收缩，并且轻轻地眯眼，则说明这幅图片引起了他的消极情绪，他不想看到这幅图片。于是警察就可以针对这幅图片进行进一步的调查，从中找到有用的线索。

眯眼的动作反映出一个人内心有某种消极的情绪或者对看到的东西感到厌恶。如果一个人走在路上时迎面遇到了一个熟人，而这个人在打招呼之后却眯了一下眼，这就说明这个人对另外一个人有所不满，或者是关系不是很好。在商务活动中，如果谈判对方突然眯起了眼，则说明他对某个方面有疑惑，正在进行思考，眼睛表现出怀疑和不适的内心情感。

由于瞳孔比较小，扩大和缩小的过程又比较快，所以很难观察，而中国人黑色的眼睛更不容易进行观察。但瞳孔的信息非常重要，因为它是不可能作假的，只是平时人们都不细心观察，甚至是忽略了它们。

细心地观察瞳孔的变化，可以了解到一个人内心的真实情感变化，能够帮助我们获取大量有用的信息。

触摸肌肤的安慰作用

人体的皮肤具有保护身体免受外界伤害的重要作用，例如它可以接收温度、压力、摩擦等触觉信息，并且通过毛孔帮人体排出汗液。皮肤处于温度和湿度适宜的环境中会使人感到舒爽，而轻拍和抚摸会使人觉得有安全感。

胚胎在发育过程中，神经组织和皮肤组织同样由外胚层发育而来，两者同出一源。现已有研究表明心情会影响到皮肤的健康，紧张、焦虑等消极情绪可能引起应激反应甚至造成内分泌失调，血管壁或者组织细胞会释放出激肽、组织胺，这些物质可能诱发或者加重皮肤病。例如，好胜心强、欲求较高、办事过于较真的人容易患神经性皮炎，而长期处于抑郁状态中的人容易得慢性荨麻疹。

相反，皮肤受到的外界刺激也影响着人的神经系统和心理状态。这是因为皮肤表面分布着很多神经末梢和神经纤维，可以将受到的刺激传回中枢神经。积极的刺激（比如抚摸）可以使人感到愉悦，而负面的刺激（比如疼痛感）会使人产生警觉并且立即做出反应来进行躲避。

中枢神经会通过影响内分泌和微循环起到对皮肤的反作用，由于长时间形成的条件反射，神经系统会造成皮肤饥渴。皮肤和神经系统的相互影响和互动关系，使人们在感到精神紧张和不适时，学会了通过触摸肌肤来进行自我安慰。儿童时期，母亲的爱抚可以使孩子感到安全和舒适，对儿童的心理塑造和性格的形成起到了积极的作用。而长大之后与亲密的朋友、爱人之间的肌肤接触，可以表达内心的情感，并使人感到被接受。老年时期，如果子女能够经常帮老人按摩、擦洗，老人的心情就比较开朗快乐，而不会变得古怪和孤僻。

最为常见的肌肤安慰行为集中在头部和颈部，例如挠头皮、把玩头发、抚摸额头或者脸颊、揉鼻子、拉扯耳垂、触摸嘴唇、抚摸脖颈等。这是因为这些部位离大脑中的中枢神经比较近，而且神经和血管分布较多。

对这些部位的肌肤进行抚摸，较容易使紧张的神经系统得到舒缓，而且如果力度较大的话，还可以缓解血压上升。这种肌肤安慰并不仅仅是一种心理暗示作用，而能够起到客观的生理作用。

除了头部和颈部，触摸躯干和四肢的肌肤也能起到安慰的作用。例如神经末梢较为发达的手部，人在紧张时会搓动双手、按压手指、摩擦手背等。

压力下的双手背后

一些男性政府官员在面对媒体或公众时，都喜欢摆出同一个姿势，即抬头挺胸，下巴微微抬高，双手背在身后并握在一起。除了这些人，警察在巡逻时，校长在学校内巡视的时候，军官在检阅部队的时候也喜欢用这个姿势。任何身份较高贵、地位较高、拥有较大权力的人在面对下属时常常都会习惯性地做出这个动作。这个姿势体现出了一个人的权威、自信和力量，摆出这种姿

势的人将身体较为脆弱的部位，如胃部、心脏等暴露在他人面前，从而显示出自己无所畏惧的勇气。无论从前面看还是从后面看，这种姿势都很能体现一个人的权威和自信。

在压力之下使用这个动作，比如在公众面前发表演说或接受采访时，能够使一个人显得更加有自信，更加权威。例如执法人员在没有佩带武器时大多会做出这个动作，将双手握在背后，并挺直腰板，让自己显得更高大。有时还会以脚后跟为轴心，慢慢地摇摆身体。而佩带枪械的警察则很少使用这个姿势，他们更常将双手自然地垂放于身体两侧，或者用大拇指扣住手枪的佩带。这是由于枪支已经体现出了警察的权威、力量和地位，而没有佩带武器的警察则需要利用双手背后的姿势来凸显自己的身份和权力。

需要注意的是，如果背在身后的双手不是握在一起，而是用一只手抓住另一只手的腕部，那么它所表达的意思就和双手握在背后的姿势完全不同了。这种握手腕的动作体现出这个人内心的不自信和挫败感，他希望利用这个动作来找回控制感。这是由于一只手紧紧抓住另一只手的腕部或者手臂，其实是想利用弯曲的手臂来阻挡和防御外界的伤害。而且握住另一只手臂的那只手所抓的位置越高，这个人心里的消极情绪就越强烈，他感到了更多的挫败感和愤怒。如果一个人手握的位置从手腕移到了上臂，则说明他自我控制的欲望更加强烈，好像内心在对自己说：“管好你自己！”

日常生活中，只要细心观察就能在很多人身上看到这两种双手背后的姿势。例如，法庭外相见的原告和被告，等在办公室门外的销售员，以及在候诊室里等待医生检查的病人。做出这种姿势的人都想通过这样的动作来掩饰自己内心的紧张和焦虑，增强自己的自控能力。

这里给出的建议是，如果你在感到紧张时想要做出这个动作，要记住将双手相握背到身后而不要采用第二种抓手腕的方式，因为双手相握的姿势会让你获得更多的自信和力量。

自我安慰的拥抱

当我们在儿童时期，每当遇到了使我们悲伤难过的事情，或者感到了紧张和害怕，我们的父母或亲人就会将我们紧紧地搂在怀中，或者张开手臂给我们一个大大的温暖拥抱，这样我们的悲伤和不安就会得到舒缓。当我们长大以后，在感到紧张不安的

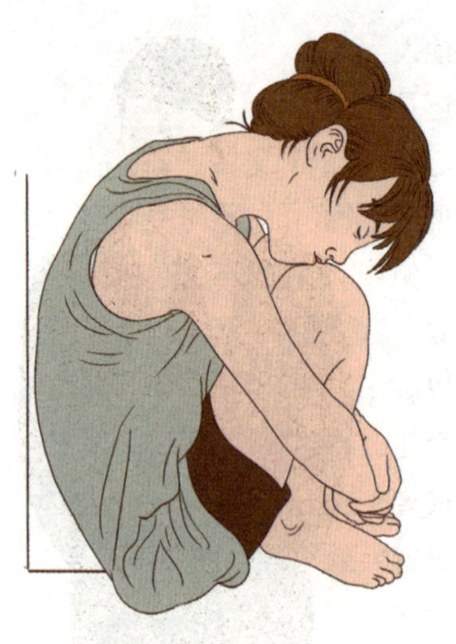

时候，不太可能总是要别人来拥抱我们，因此我们会模仿童年时期父母拥抱我们的动作，自己拥抱自己以获得安慰。

如果我们是单独一个人，就会使用最为典型的自我拥抱的姿势，即蜷缩在角落里，用双手紧紧地抱在胸前，两手抱着自己的肩膀。

但在日常生活中的大多数场景中，人们不会做出这样明显的姿势，让所有人都看出自己内心的不安。而是通常会使用一些比较隐晦的方式，例如将手臂交叉并用双手不停摩擦肩膀，好像是由于寒冷才做出的动作。但其实这是一种自我保护的动作，能够使人获得平静，并产生安全感，起到自我安慰的作用。

女性自我拥抱的动作要更为隐晦，比如一只手臂交叉抱于胸前，这只手臂弯曲然后抓住另一只手臂的手肘部位，在自己和外界环境之间形成了一道屏障，拒绝他人的靠近，这是一种变相的自我拥抱。这种自我拥抱式的手臂姿势，使人仿佛回到了小时候妈妈温馨舒适的怀抱之中。

在社交活动或者工作会议中，有一些人由于个性内向、羞涩或者缺乏自信会采用这种抱臂的姿势使自己与他人保持一定距离，也有的人做出这样的姿势是由于与现场的其他人关系并不太熟悉。而在较为严肃紧张的氛围下，女性摆出这样的姿势是想向周围的人显示她自我感觉非常良好。

男性利用双臂进行自我拥抱的方式与女性略有区别，他们习惯于将下垂的双臂略微向前移动，双手在身体前方相握，这种姿势比女性单手抱臂的姿势显得更加自然和隐晦。很多男性在上台领奖或者发表演说时，都会使用这样的姿势来面对观众。这种姿势也被称为“护短式握臂”，这是因为当男性发现自己的裤子拉链开了的时候，为了避免不雅，也会用双手挡在这里，动作与男性自我拥抱的姿势几乎一模一样。在这种姿势中男性可以通过双手的位置保护自己的重要部位免受伤害，所以这种姿势能够使男性的安全感和自信心增强。

社会名流如何隐藏压力

政府领导人、娱乐明星等公众人物由于身份的特殊，经常会出席各种公共场合，他们的一言一行都暴露在公众面前。他们都希望将自己最好的一面展示给观众，而隐藏起负面的心理。尤其是内心的紧张情绪或者是不自信的心理，他们当然希望藏得滴水不漏，任何人都发现不了。但是他们肯定也会感到紧张和忧虑，这时社会名流就会利用伪装过的交叉抱臂的姿势来掩饰，使观众认为他们始终很自信、冷静。

为了在公众面前隐藏起自己的心理，他们不会像普通人那样直接将手臂抱在胸前来自我安慰，而是会采用一些更隐晦的姿势，例如将一只手轻松随意地搭在另一只手臂上，或者用手去碰手镯、手表、衣袖、手提包等与另一只手臂比较接近的物品。在触摸这些物品时，手臂也会和抱臂的姿势一样在身前弯曲形成一道将自己和他人隔开的屏障，使他们的内心得到安全感，从而缓解紧张的情绪。

例如，查尔斯王子只要到露天场合出席活动，就会习惯性地整理自己的袖口，这已经成了他的标志性动作，其实他只是为了使自己获得安全感。普通人可能不能理解，这些经常暴露在大众面前的公众人物应该早已习惯了这种生活，因此应该已经克服了紧张心理。但是查尔斯王子不经意间做出的小动作却暴露出了他和普通人一样会感到紧张不安。

而女性用来掩饰内心情绪的安慰动作就更加隐蔽，更不容易被他人察觉。如果感觉到自己的外表或者行为有什么不妥，或者是感到不自信的时候，女性就会握紧手提包或零钱包等随身物品，而不用做出其他更为明显的安慰动作。例如，安妮公主每次出席公众活动时都会双手捧一束花挡在身前，而伊丽莎白女王无论到哪里几乎都会握一个手提包或者拿一束花。

人人都可以想到，女王肯定不需要手提包来自己携带一些随身物品，她的手提包其实是向他人传递信息的一种工具。例如当她想步行一会儿，想要停步或起身时，都会用手提包向随行人员做出指示。

用微小的动作来进行自我安慰的方法还有许多，最常见的一种是用双手握住茶杯。如果只想喝水的话，用一只手拿起茶杯就足够了，可是如果用两只手握住茶杯，双臂就在胸前形成了一道屏障，可以将自己和使自己感到不适的外界环境隔绝开来。这样的方式简便又隐蔽，不容易被他人发觉。这种自我安慰的小动作在日常生活中随时都能看到，只不过很少有人认真去思考其中真正的意义罢了。

咬嘴唇隐含的负面情绪

咬嘴唇是日常生活中经常会遇见的一种动作，但它其实蕴含了丰富的含义。在不同场合之下，可以传达出人们不同的心态。内心感到紧张和焦虑是咬嘴唇最主要的原因，比如做错事的小孩在面对父母或者老师的质问时，往往会低下头咬着嘴唇沉默不语。还有内向的人在需要面对很多人发言时，也会做出咬嘴唇的动作。这是人在紧张时的生理反应导致的，紧张会导致人的心跳加速、血液循环加快，因此流经唇部的血液也会随之增多，从而导致嘴唇感到微微的肿胀或者是产生痛痒的感觉，这种感觉会使人不自觉地想要触摸它，但手的动作过于明显，很容易被别人看到，而咬嘴唇是最简单而又最为隐蔽的方法。

当内心感到焦虑不安时，人们也经常咬嘴唇。2001 年“9·11”恐怖袭击发生之后，当时的总统布什一听到这个消息就下意识地咬住嘴唇。后来在许多采访中，只要涉及这一事件，布什都会做出咬嘴唇的动作。而其他时候，当局面使他感到有压力时，他都会做出这个动作来舒缓自己的焦虑。

当人们做错事的时候，在内心压力之下，咬嘴唇就成了一种自我惩罚的措施。例如运动场上的运动员们在失败之后，往往会用力咬自己的嘴唇。还有上进心较强的孩子在考试成绩出来的时候，如果没有考到自己希望的分数，就会使劲咬自己的嘴唇，甚至会咬出血来。这些都是释放压力的一种自我惩罚行为。当人被侮辱或者误解时，内心受到压抑的负面情绪会使他做出咬嘴唇的动作。这种动作表明他心里感到很不高兴，但是又不想爆发出来，所以努力控制自己的情绪，只通过狠狠咬自己的嘴唇发泄心里的不满。当然这种动作也可能代表这个人的情绪马上就要爆发了。除了咬嘴唇之外，人在感到内心有压力时，也会咬笔杆、咬指甲等，这些动作可以看作咬嘴唇的另外的形式，都是寻求释放的安慰行为。

总而言之，咬嘴唇体现出内心消极的压力，流露出负面的情绪，在与人交往时最好改变这种咬嘴唇的习惯，以免让对方看透内心或者给对方留下不好的印象。可以用心理暗示的方法，告诉自己“我不紧张”，很多时候紧张感真的就会得到缓解。还可以采用“脱敏疗法”，就是在每次咬嘴唇的时候，都做一个令自己感到不舒服的动作，比如用指甲掐自己或者咬自己的舌头，出于对不适感的回避，时间久了就可能渐渐改掉咬嘴唇的毛病。

安慰行为可以泄露一个人内心的压力和不安，说明他受到了某种消极的刺激，而且这种信号往往非常准确。通过细心观察这些行为，有助于帮助我们解释一个人的思想和感觉。在审讯或者测谎中安慰行为是非常有帮助的，它能够揭穿谎言或者找到隐藏的信息。

受到惊吓时的冻结反应

远古时期，与原始人类共同生存的有许多大型的食肉动物，这些猎食者在速度和力量方面都比人类的祖先要强大。人类在这种艰难的外界环境下找到了维持生存的方法，在面临危险时，人类首要的防御战略就是冻结反应。当原始人类遇到野兽时，一定会感到万分恐惧，这时大脑会做出判断，最好的应对方法就是静止不动，不要让野兽注意到自己。因为很多动物，尤其是食肉动物对移动的物体很敏感，因此一旦试图逃走，野兽就会立刻扑来，保持静止反而是最安全的方法。

除此之外，静止不动还能够为身体保存能量，获得更充足的时间去观察周围的环境，能够把握时机及时脱离危险。

这种冻结反应从原始人类一直遗传到现代人，至今仍然被广泛沿用，已经是我们在遇到危险时自我防御的首要方法。例如，在马戏团观看表演时，当老虎或者狮子等大型食肉动物走上舞台时，坐在前排的观众就会很自觉地将自己冻结在座位上，不会做出任何多余的手臂动作。这是因为在漫长的进化过程中，人类的大脑已经形成了应对危险的一套行动方案，在危险来临时就会做出相应的反应。美国发生的两起校园枪击案中，就有学生利用这种冻结反应逃过了一劫。很多学生当时离凶手非常近，但他们通过静止不动或者装死躲过了危险。这就是因为这种本能的保护方法——冻结能够让自己好像隐形了一样，将凶手的注意力降到最低。

现代社会，不仅仅在遇到重大危险时，在普通的日常生活中也会出现冻结反应。威胁不一定来自野兽和危险人物，某些让人感到压力和紧张的事也会导致冻结反应的出现。例如，走在街上的人突然想起自己忘了关家里的煤气炉，就会突然停住，用手拍一下自己的脑门，然后转身向家里跑去。当一个人被问到难以启齿的问题时，也会在座位上静止不动，冻结住自己的身体。应聘者在参加面试时往往会控制自己的呼吸，降低呼吸的频率和力度或者干脆屏住呼吸。这种应对威胁的方式非常原始，在感到紧张和有压力时人

就会减弱自己的呼吸。

除此之外，人们还会尽量减少身体暴露的面积来达到自我保护的目的。例如，在审讯过程中，问询对象通常会将双脚藏到椅子下面并冻结住双脚，出现这种情况就说明有问题使他感到压力了。

惊讶时的面部冻结

惊讶一般是由于某件出乎意料之外的事突然发生，对人造成的刺激。这种刺激有可能是正面的也有可能是负面的，正面刺激会引起喜悦的感情，而负面刺激会导致恐惧或愤怒。人在惊讶时面部表情是很明显的：眉毛抬高，眼睛睁大，嘴巴也会不自觉地张开，整个面部在瞬间凝固了，好像呆住了一样，“惊呆”这个词很形象地描绘了人惊讶时的样子。漫画里为了表现得夸张，常常有眼珠子弹出来，下巴掉到地上的情节。但现实生活中一般没有人会做出很明显的惊讶表情，在遇到刺激时，往往只是微微睁大眼睛，有的可能会张开嘴巴，倒吸一口气，而没有更夸张的表现。

而且如果一个人对某些问题已经有所防备或者有抵触情绪，当负面刺激出现时，他表现出来的惊讶反应很轻微并且持续时间很短，几乎令人难以察觉。由于人会努力克制自己的面部表情，不让别人看透自己的想法，因此可能会掺杂许多虚假的表情。在被问到不想回答的问题，并且没想到对方会问这个问题时，吃惊的表情会伴随着皱紧眉头，潜台词是“他怎么会问这个问题”，表现出的是内心的不悦或者厌恶。

惊讶时之所以面部会僵住，其实是大脑在利用短暂的停顿来处理突然接收的信息，并集中全部能量对信息进行处理，试图在最短的时间内找到最好的应对办法。使人惊讶的事，通常都是超出人意识之外的新信息，无法对这个信息导致的变化做出准确的预测。

人类在长期进化过程中形成的本能反应，使我们在受到刺激后，利用停顿的时间对刺激做出判断，并采取相应的应对办法。例如，一个男人在家里秘密与情人约会，突然听到提前回来的老婆的开门声，

那么这两个人最初的反应一定是瞬间愣住，然后才反应过来急忙整理房间或者准备逃跑。一位男子在与别人聊天时谈到自己与某位前女友交往的细节，没想到他现在的女友已经走到了他的旁边，女友听到这些内容时整张脸都僵住了，表现出尴尬和克制的愤怒。

如果受到的是正面刺激，也会出现瞬间的冻结。例如，朋友说他得到去国外工作的机会，你听到时的一瞬间肯定先是愣一下，然后才表达自己的喜悦与祝福。如果听到消息后直接道喜并表现得很高兴，反倒说明这种祝福不是真心的，而是伪装出来的。

或红或白的脸色

受到情绪和心理状态的影响，人的脸色会产生变红或者变白的反应。脸红是较为常见的脸部变化，人在害羞或者紧张激动时，会促使大脑分泌肾上腺素，导致更多的血液流过脸部，脸色就会不由自主地变红，尤其是皮肤白皙的人更为明显。不同情境下的脸红有着不同的引发因素，也有着不同的表现。

人们对于脸红最常见的解读是认为这个人害羞了，确实，当性格比较内向的人与不太熟悉或者比较重要的人交往时，由于紧张就会心跳加快，脸色变红。例如，青少年在与喜欢的人谈话时就会害羞地脸红。

人在尴尬时也会脸红，例如在红毯上不小心走光的女性就会脸上泛起潮红。这种情况是由于羞涩导致的脸红，两颊像扫过腮红一样微红。紧张也会导致脸红，例如一个人被逮到正在做不该做的事情时就会突然脸红，这时往往还伴随着鼻尖和额头微微的汗珠。而愤怒时的脸红，则是满面通红，颜色通常比较深，面部绷紧，有时还能看到暴出的血管。

除此之外，侵犯他人的私人空间也会引起脸红的反应，比如偷偷从一个人的背后靠近他，并将头部伸到他的头旁边，一般情况下这个人就会脸红。

而脸色发白则是由于内心感到惊恐。例如，人在遭遇车祸时就会吓得脸色苍白，在听到亲人出意外事故时也会脸色变白，在审讯中嫌疑人得知警察已经拿到决定性证据时也会脸色发白。

这种情况是不受我们意识控制的，人在感到惊恐时，神经系统会将皮肤表面的血液转移到大脑和肌肉，为了进一步的逃跑或者是进攻做准备，脸部皮肤由于毛细血管内血液的减少就呈现出苍白的脸色。在警察办案中，就遇到过这样的情况，一个人由于被捕而受到惊吓，脸色突然变白，并引起了心脏病发作。

在受到惊吓时，除了脸色发白，脸部的肌肉也会出现僵化，表情缺少变化，好像被定住了一样，即使是眼睛也会显得有些呆滞，只是为了继续观察和收集信息还会轻微转动。这种现象的出现表明这个人受到了负面的刺激，某件事使他感到巨大的压力，内心出现不适并且想要逃走。在审讯过程中如果一个人出现脸色发白和表情僵化的现象，则说明某个问题使他感到不适，因此可以针对这个问题进行重点突破，通过进一步的调查获取更多的有效信息。

虽然这些变化都发生在脸部的表面皮肤，但是它们可以展现出一个人的心理状况，是一种高压的信号，我们不能忽略脸色的改变，而且需要根据不同的情境和表现的不同来确定它们的确切含义。

受到惊吓时身体僵直

在遇到危险情况时，如果不能确定伤害从哪里来、会对身体哪个部位造成伤害的话，我们的第一反应并不是逃走，而是停在原地一动不动，出现身体冻结的反应。这是由于如果不清楚危险来源的话，随意乱动身体反而更容易被伤害到，而冻结住身体则可以将伤害降到最低。例如，在篮球场上，篮球队员在激烈的抢球中将球扔到了观众席，那么一些胆小的观众就会站在那里一动不动，将身体缩紧等着篮球落地。这些人担心的是，如果自己乱动的话，球没准会砸到更重要的部位比如后脑，如果就这样不动就可以判定球的走向，当球砸来时及时做出反应。

除了可能的身体伤害之外，心理在受到负面刺激，例如不好的意外消息等的时候，也会出现暂时的身体冻结的反应。

在学校进行过这样一个实验。为了观察到冻结反应，设计了一个小恶作剧。学生都最关心自己的考试成绩，实验组就从学生名单中挑出了 5 名成绩最好的学生和 5 名成绩较差的学生，这 10 名学生在这次考试中都及格了，然后与教师商量好进行试验。

在教师走进教室的时候，学生们都表现得轻松自在，几个成绩不好的同学显得稍微有些紧张，可能是担心自己的考试成绩。老师先念出挑出的那 5 名成绩最好的学生的名字，然后大训斥道："你们这次是怎么考的，居然都没有及格？！"话音刚落全班同学都顿时安静了，坐在座位上一动不动，将眼光投向老师，想要了解更多的情况。因为这个消息实在是太意外了，所有人都没想到这几个学生平时成绩那么好，这次居然没有及格。这 5 名学生在听到消息的瞬间全都出现了典型的吃惊表情，身体停止了一切动作，好像僵住了一样，面

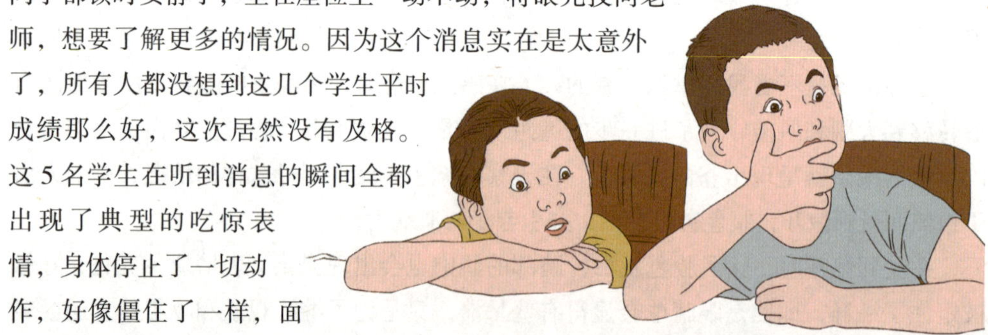

部表情也呆住了。

片刻之后他们脸上的表情先恢复正常，随后又出现了关注和怀疑的表情，有的人皱起眉头。随后老师又宣布另外5名成绩比较差的同学也没有及格，但是班里的同学并没有流露出太多的关注，这5个人也只是微微地惊讶了一下，表情并没有刚才那些同学那样明显，恢复得也更快。也许是因为他们平时成绩就不太好，所以有了一些心理准备，并没有感到太大的意外。最后，当然是老师解释了这个实验的目的，全班同学都恍然大悟，实验结束。

这个实验可以表明，意外刺激的力度越大，冻结反应的强度越大、持续时间也越长，两者是成正比的。但在日常生活中，这样的刺激程度并不常见，因此惊讶时出现整个身体僵住的情况也不多，往往表现为一些更为隐晦的冻结反应。

惊恐之下的呼吸控制

在压力和惊恐之下，人会下意识地控制自己的呼吸，像俗话所说"大气都不敢出"，即屏住呼吸或者降低呼吸的频率和强度。呼吸关系着人体的能量储备，如果呼吸的频率和强度增大，则说明能量储备在增加，准备采取行动，不仅仅是身体上的行动，还包括思考和语言上的。而且运动越剧烈，呼吸的频率和幅度就越大。人在吃惊时的本能反应是大口吸一口气，以备不时之需。但是在感到恐惧时，而且由于一些外部因素既不能逃走也不能反抗的时候，就会屏住呼吸或者将呼吸减弱。

例如，一家公司即将召开重要的会议，一名员工由于公事繁忙竟然忘记派车去接某位重要的领导，好在后来及时补救，会议成功进行。举行庆功宴时，这位领导还是批评了这位员工几句，虽然领导并没有说什么重话，但是这位员工还是很紧张，听领导讲话时凝神静气，一动不动。在场的其他人也都感觉到了紧张的气氛，不自觉地屏住了呼吸，屋里的空气好像凝结了一样。这种"凝结的空气"是在类似场合常常遇到的情况，这是由于在压力之下，所有人都减弱了呼吸，使室内的空气好像没有流动一般。

这种减弱呼吸的做法是人类漫长的进化过程遗留下的躲避危险的本能，当遇见危险时将呼吸减弱，从而不引起敌人的注意。动物在争斗时，弱势的一方如果无法战胜强势的一方就只有逃跑，或者隐藏自己。在隐藏的时候，如果呼吸过于强烈，呼出的气流和呼吸的声音就会暴露自己的位置，从而将敌人吸引过来。因此长期的进化使人类学会在遇见危险时要减弱呼吸甚至屏住呼吸，直到今天，其实除了执行特殊任务的人，例如军人、特工或者犯罪分子以外，已经很少有人需要用这种方法躲避敌人了。但是这种本能却遗存了下来，人们在感到压力时就会有一种"想找个地缝钻进去"的感觉，这就是下意识地想要隐藏自己，在这种心理状态下就会主动减弱或者屏住呼吸，试图减少外界对自己可能造成的伤害。

正常情况下，受到外界负面刺激的人是会不自觉地减弱或者屏住呼吸的。老板在批评下属时，下属一般都会低下头凝神静气地挨训，但是如果挨骂的下属呼吸并没有减弱而是越来越剧烈，就说明他内心并不服老板的批评，甚至想要反抗，在这种情况下就要进一步了解情况了，有可能他确实受到了委屈。

呼吸反应也可以用于审讯中，如果讯问对象在听到某个问题使呼吸突然减弱甚至停止，则说明这个问题使他感到了不安和恐惧。这说明问对了问题，表明刺激是有效的，可以利用这个问题作为突破点，继续进行有效的刺激，测试对方的情绪，以达到突破。

手部约束：不知所措

想象自己站在舞台上，台下坐着数百名观众，他们都在注视着你。这时你会不会产生很不自在的感觉，有没有觉得双手不知道该往哪儿摆？站在舞台上的人，心里都有一种担忧，担心自己不被观众喜欢或者得不到观众的肯定。这种希望被接受的压力就表现在了人的身体动作上，当然脸上可以刻意做出轻松自信的表情，双腿反正需要站直，于是心里的紧张和压力就全部集中到手臂上来了。在这种情况下，双手往往会不知放到哪里好，于是就像被冻住了一样，非常拘束地放在身体两侧。在对局面感到缺乏安全感和掌控能力时，例如担心被否定，或者自信程度低，都会出现手部的冻结。手部冻结最典型的反应是手受到拘束，或者将手藏起来，通常情况下人们都认为这种动作是紧张的表现。

女性常做的动作是双手相握放在身前，如果不拉住双手互相约束的话，两只手就会不知道该往哪儿放了，这种动作通常被认为是羞涩、可爱的表现。而男性常做的动作是双手相握背在身后，做出这种姿势的男性往往被认为较成熟或者有秩序感。还有一些比较隐晦的约束双手的动作，这些动作看起来都有着合理的原因，而且可能显得比较潇洒。例如双手插进裤兜，或者一手拿着东西另一只手插在裤兜里。

这种动作经常在年纪较轻的男性身上看到，他们会认为这种样子站着比较酷。而年纪较大或者地位较高的人一般不会做出手插兜的动作，例如国家领导人在正式场合是绝对不会做出这种动作的。

双手的冻结反应表现出内心的紧张和焦虑，说明一个人这时有些不知所措。向外的肢体动作代表了积极的心理状态，而收缩向内的肢体动作则代表了消极的心理状态，是一种隐藏和示弱的表现。无论是把手背在身后还是插进裤兜，内在心理都是想要减少身体暴露的面积，或者通过减少身体的动作而尽可能不引起他人的注意，从而降低被批评或否定的可能性。对自己感到很自信或者对目前情况具有掌控感的人，一般不会做出约束双手的动作。例如，很有经验的知名主持人就不会在舞台上手足无措，因为他知道自己已经被观众认可了，这个舞台是他的地盘。

老板在公司中也具有掌控感，他们在开会或者训斥下属时，是不会将手拘束起来的，而是会随着语言做出不同的动作来起到加强作用，或者做出叉腰的动作显得更加有气势。除此之外，安全感也会使人放松自己的双手，例如朋友聚会时，人们大多会感到比较轻松随意，如果有人拘束自己的双手则说明这个人可能跟其他人并不熟悉，或者比较内向和自卑，不喜欢参加社交活动。

压力使腿部动作减少

人在感到压力时，往往会减少自己腿部的动作，产生腿部冻结的反应。在站立时，感到有压力的人会将肌肉绷紧，双腿并拢挺直。通常在外界环境施加了压力的情况下，比如面试、演讲的正式场合、接受批评或训斥时等，在这种场合下既不能逃跑也不能彻底放松自己，不会做出叉开双腿或者斜靠在某处的随意站姿，通常会浑身绷紧，双腿直立，克制自己想要逃跑的冲动，被动地接受即将到来的压力。

在这种情况下，人的大脑会认为站着不动比乱动要好，因为不动可以将发生变化的可能性降至最低，同时更容易获取到更多有用的信息，在遇到变化时这种姿势也能够最快地做出反应。而如果乱动的话，就会将未知的变数增加，这样一来就需要处理更多的问题，反而使自己的负担加重。在电影里常常看到这样的情节，高手过招时往往会先一动不动地互相僵持一段时间，原因就在于不动可以降低出现破绽的可能性。

坐姿状态时最常见的脚部冻结动作是，将双脚紧紧并拢在一起，使它们不能随便乱动，更严重的冻结行为是将双脚缠到椅子腿上。在放松的状态下，刻意将两脚别在椅子腿上其实还是有些困难的，而且时间久了会感到疲劳和酸痛。但是在紧张的时候，就会不自觉地做出这种拘束双脚的动作。这样的动作同样说明这个人心里感到了压力，某些事情使他感到不安或者恐惧。收缩的身体反应了消极的心态，控制住双脚，可以减少过多的动作，从而降低受到攻击或者批评的可能。

有的人在将双脚缠在椅子腿上的同时，还会用手在大腿上来回摩擦，这是冻结反应和安慰行为的结合，两种动作同时出现说明这个人内心有着沉重的压力，他很可能隐瞒了什么，或者害怕自己做过的某事被发现。

在交谈过程中，如果对方做出这样的动作，说明他很紧张，并不利于进一步的谈话。应该运用一些提问技巧使交谈对象放松下来，松开自己紧绷的双脚，并恢复到自然的坐姿，这样有利于营造开放和亲切的谈话氛围。

此外，当发现对方有些紧张时，可以走到他身旁的椅子上坐下，与他保持 90 度的夹角，这样可以消除桌子在中间造成的距离感，避免面对面的威胁感，还可以使双方的地位变得平等，使谈话对象慢慢放松下来。

在面试中，来应聘的人大多都会出现脚部的冻结反应，他们在面对面试官时往往双腿僵直，很不自然地站在房子中间，手足无措。这时就需要面试官引导他放松下来，使他发挥出自己的真实水平。

消失的嘴唇

人在感受到压力时，往往习惯将嘴唇藏起来，例如，出庭做证的证人在发表陈述时经常挤压嘴唇，这说明他们感到了很大的压力。在日常生活中，人们经常做出挤压嘴唇的动作，好像是大脑在告诉人们闭紧嘴巴，不要让任何东西进入身体里。挤压嘴唇是一种消极情感的反应，基本没有积极的含义，通常是由压力和焦虑引起的，在现实生活中这种情况是很常见的。这样的嘴唇表明一个人有了麻烦，或者一些事情上出了问题，他心里的压力很大。

正常状态下饱满的嘴唇说明这个人感到比较满意、心情较为愉悦；在遇到压力时人就会将嘴唇隐藏起来或者压扁嘴唇，如果压力增大或者忧虑的感觉加强，那么挤压嘴唇的力度可能会增大到使嘴唇消失；嘴唇被隐藏起来时，如果嘴角下拉形成倒 U 形，那么说明这个人的情绪已经跌落至谷底，自信心也彻底崩盘，而压力、焦虑等情绪占据了上风。

当倒 U 形口型出现时，说明一个人感到了一种极度的悲痛，他内心正经历着难以承受的压力。这种倒U形是很难模仿的，因为它是大脑的一种边缘反应，是不受意识控制的，只有真正感到悲伤和苦恼时，倒U形才会出现

在审问过程中，如果对方挤压嘴或者藏起嘴唇，就说明某个问题使他感到了压力，并引起了他的反感，那么这种线索就可以使警方准确地找到突破点。例如，警察质问嫌疑人“你是否隐瞒了实情”的时候，对方挤压了一下嘴唇，就说明他的确有所隐瞒。

除此之外，人在感受到压力时还会表现出其他的嘴部信号，例如咬嘴唇、抚摸嘴唇和舔嘴唇等。这是因为当内心压力很大时，会使人感到口干舌燥，因此会伸出舌头来舔嘴唇，好使嘴唇保持湿润。用手抚摸嘴唇是为了通过碰触、摩擦来自我安慰，起到缓解压力的作用。

遇到压力时的双脚相扣

当一个人将双脚相扣时，说明他感到了压力，外界的某件事物使他觉得不安全或受到了威胁。接受审讯的犯罪嫌疑人，经常采取双脚相扣的坐姿，表明他内心的压力很大。

日常生活中，穿裙子的女性也喜欢使用这个姿势。但是如果这个姿势持续的时间过长，就很值得怀疑了，这说明这个人正感到不安或者焦虑。人们在感到舒适放松时，会很自然地放松自己的双腿。

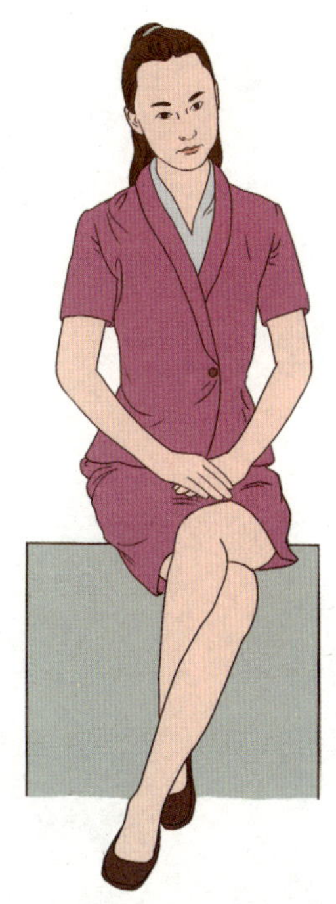

女性在做这个动作时，会将双膝并拢，两脚放在身体的同一侧，双手轻轻放在大腿上。相对于女性而言，男性更少做出这个姿势，因此当男性双脚相扣时，就更值得注意了。男性在做出这个动作时，和女性不同，他们会将双手握成拳头放在膝盖上，或者紧紧抓住椅子的扶手，两腿会张开显示出胯部。

双脚相扣是人们在遇到威胁或者压力时的一种反应，很多情况下一个人双脚相扣时，同时也会出现咬紧嘴唇的动作。这些都显示出他在努力地控制内心的消极情绪，也许是恐慌害怕，也许是焦虑不安，总之是一种压力的体现。

在交谈中，如果谈话对象将双脚紧扣并慢慢移到椅子底下，这个时候他的态度往往也是沉默寡言。如果一个人非常投入地谈话，他的双脚会自然地伸展。隐藏双脚也是压力的信号，当一个人被问到较难回答的问题时，他总会将双脚移到椅子下方，这是因为他感到了不适，想要将自己身体暴露的范围减少

到最小。

调查表明，在法庭的审判过程中，被告做出这个动作的概率比原告要多得多，这是因为将双脚相扣并藏在椅子下方，可以帮助他们抑制自己的消极情绪。另外一项调查表明，在看牙医时，坐上治疗椅的患者比进行常规检查的患者更容易做出双脚相扣的动作，而接受牙医注射的患者几乎全部会扣紧双脚。这说明做出这一动作的概率与内心压力的大小成正比。

需要注意的是，这种行为并不能表明一个人在撒谎，只是在压力和紧张下的一种自制行为。例如，在警察局、海关等处的调查显示，大部分被传去询问的人，在最开始都会将双脚紧扣，但是大多数人是由于紧张害怕，而并不是因为撒谎。在面试过程中，大部分的应聘者也会做出双脚相扣的动作，这说明当时他们心里感受到了压力和不适。

第七章

谁的内心正在被谴责：自豪与愧疚

爱收藏玩具的成年人的小心思

小孩子喜欢玩具，我们不会觉得奇怪。原因很简单，小孩子还小，对外在的一切事物都充满了好奇心，一些花花绿绿的玩具肯定会瞬间吸引住他们的目光，抓住他们的小心脏。

如果有大人在身旁，他们一定会抓着大人的衣角，指着抓住他的心的玩具，央求大人给他们买下来。即便大人不在身旁，你也会看见许多小孩子趴在落地窗外面，眼巴巴地瞅着那些码在商店里的一排排玩具。

但是，许多成年人也爱收藏以前小孩子才吵着闹着要的玩具，这是怎么回事呢？

心理学家认为，成年人的这种行为是出于减压和补偿童年心理。

现代社会生活节奏快，工作压力大。成年人如果无法找到合理的方式来减压的话，肯定会憋出心理问题的，或者会做出许多不理智的事情。心理学家解释，成年人爱收藏玩具，可以视为一种减压的方式。

就像为许多人所熟知的那句话，如果你的上司给了你很大的工作压力或者对你的要求很苛刻的话，那么抓紧买一个人偶放在家里吧，然后把你的顶头上司的画像贴在人偶的脸上，每次回家的时候，就先朝人偶痛打一通吧，心底就想着这是你的顶头上司，你一拳一拳地挥打在人偶的脸上，心里积存的压力也会排泄而出的，然后，第二天，

你又可以精神饱满地去上班了。成年人爱收藏玩具算是一种比较温和的方式，跟其他的方式没有区别，都是为了给自己减压，目的是一样的。

减压是目的之一，补偿童年也是目的之一。成年人都是从小孩子过来的，对于小时候的记忆，有很多都保留着。小时候自己喜欢的玩具，因为种种原因没有得到，但是现在不用担心了，自己有工资了，足可以为自己买下自己童年喜欢的玩具，自己回到童年是不可能的事情了，就当是补偿童年的缺憾好了。

收藏玩具的成年人，如果没有结婚的话，还可以反映出他的另外一个心态，那就是他想结婚了，他已经做好了组立家庭和成为家长的准备，单身的人可以据此来判断一下，决定行动哟；如果已经结婚却还没有小孩，而且一方并没有向另一方说出自己心中想法的话，那这种爱收藏玩具的想法，配偶一定要留意，这是在传达一种信号哟。

爱收藏玩具，还可以传达出许多其他的信号。收藏玩具的人，容易满足，知道分寸，家里是他们最快乐的场所，宁静安逸的生活是他们莫大的享受；他们留恋过去，对曾经拥有过的一切感到自豪，并极力保存于记忆当中，总是用一颗幼稚的心激起兴奋和幸福；他们追求的就是年轻，总是想方设法保持快乐，例如和孩子一起玩，给他们买玩具。

爱收藏玩具的成年人，他们的小心思，要自己在生活中多多留意，说不定会有出乎预料的发现。

良心不安的愧疚心理

想想你自己吧，肯定有过良心不安的时候，而且心怀愧疚，总是在一个劲地自责：我怎么那么愚蠢，我当时怎么能做出那种事呢，我当时应该冷静一下的，这下完了，酿成了无法挽回的恶果……

我们许多人或许都是在这种事情的反思下，渐渐地学会了如何和别人相处得更好，然后自己一步步地走向成熟和包容。我们获得了心灵上的平静，精神上的愉悦，同时还让别人感到和我们交朋友是值得的。我们是他们值得拥有的。

或许有人会说，说谎的人还有什么良心？其实，说谎的人大多都是普通的人，他

们大都是在没有经过思考或者说没有经过缜密的思考，就把话说了出去。他们怎么会没有良心呢？在许多情况下，一般人选择说谎并非是通过深思熟虑，甚至是并非出自本心。

因而，当过了一段时间之后，说谎者发现自己的行为给受骗者造成了不应有的可怕伤害，或发现自己“聪明反被聪明误”，陷入“信誉危机”的可怕境地时，很可能会悔恨自己的行为，会自责心灵中丑陋的一面，或会感到对受骗者所受伤害负有罪责。

当这种因为说谎而造成的愧疚感十分强烈的时候，说谎者心理上会非常痛苦，以至于觉得当初说谎很不划算，得不偿失，终日追悔当初为什么不选择说谎以外的其他方式，甚至当碰到受骗者或别人在谈话中提及受骗者的名字时，也会显得神情不安。有时候，一些说谎者为了摆脱这种心理上的折磨，明知说出真相将受到惩罚，也会全部抖搂出来。

心理学家认为，说谎者说谎后所产生的良心不安的愧疚心理，是与以下几个因素有关的：首先，就受骗的对象而言，如果说谎者所欺骗的是他平素所敬重的人，或者一直信任他的人，他就会觉得自己的行为有违道德规范，产生良心自责。相反，如果说谎者所欺骗的是他平常所厌恶、憎恨的人，特别是那些以往经常欺骗他的人，那他就会认为欺骗他们并让他们遭受损害是合理而正当的，充其量只是个恰如其分的报复罢了，心理上良心不安的自责会减轻许多。

其次，就说谎本身来说，如果说谎者能从说谎中得到好处，而这种好处正是受骗者所失去的，说谎者就会觉得自己的行为不正当、不道德。如果说谎者认为自己并没有从说谎中得到什么好处，或者认为受骗者并没有损失什么或根本没有受到伤害，他就不会产生多么强烈的愧疚心理。

最后，就说谎者本人的特点来看，那些价值观念和道德准则与整个社会大相径庭的人，即使撒下天大的谎，也难以产生丝毫愧疚感，在他们看来，获取利益和成功可以不择手段。相反，容易对说谎感到愧疚的人，大多是那些从小就接受了正常的严格教育，确信说谎是可耻行径的人。

语速比平常快，表示愧疚

一般来说，正常人的语速都是基本不变的，但是当他的情绪出现波动的时候，说话速度也会发生变化，我们也可以由此判断他的情感。比如，你发现一个人说话的速度突然比平时快，那就是他心里有事情了。有时候有的人说话语速比平常快很多，通常情况下这是表示愧疚。因为他内心中有一丝愧疚感，对你说话的时候会变得有些紧张，想尽快地把话说完来掩饰自己的愧疚感，所以才会不自觉地加快语速，尽快地说完自己要说的话，这样就不会让人发现自己的紧张。

愧疚的人的语速为什么会不自觉地加快呢？这一点主要受内心的真实情感的支配。因为一个人若是心怀愧疚，心里会承受较大的压力，会不自觉地加快语速，压力也能通过加快语速迅速释放出去。

想象一下吧，如果你自己心里有一件让你感到非常愧疚的事情，而且你心底已经下定决心，要将这件事情说出来，那么你肯定会选择尽可能快地说出来，而不是还像平时那样慢悠悠地说话一般。

如果一个人做了对不起你的事情，在别人眼中也确实是他做了对不起你的事情，但是他在向你叙述时，还是像以往一般，慢条斯理，那么你就可以确定，这个表面上在向你道歉的人，在心底根本没有一丝愧疚之意，他肯定还是觉得他并没有做什么对不起你的事情，只是迫于某种外在的压力，比如同事的眼光、上司的命令，才不得已向你道歉的。

所以，在日常的生活工作中，语速快与不快，是确定一个人是否心中愧疚的一个标准。

妻子不与丈夫比肩而坐，表示愧疚

一言一行，都在释放着大量的信息。只要我们平时留心观察，仔细总结，总会发现那些举动中具有的其他含义，然后我们在心中就可以做出判断，从而选择行动的方向和重点。

愧疚不仅仅会产生在工作中，生活中也能处处发现它们的影子。愧疚，不光是可以看出一个人的性格倾向，还可以从愧疚中看出两个人关系的从属和主次，还可以看到事情发展到哪一阶段或哪种地步。

现实生活中小情侣之间的很多小动作或者小习惯通常能透射出他们之间的感情程度。比如说女生调皮地对男生扮鬼脸撒娇那就是表明

两人还是在热恋中，总是爱玩。其实不光是情侣间的习惯动作能透射出他们的感情程度，从结婚之后的夫妻间的某些动作也能折射出夫妻间的感情疏密。如果有的时候妻子不是和丈夫在一起比肩而坐，而是自己远远地坐在丈夫的侧位，那么这种现象通常会说明妻子对于丈夫是很敬重的，家里也是以丈夫为主心骨，家庭里的大事都是丈夫说了算的，妻子对于丈夫是言听计从的。由于丈夫做的事情多，承担的责任也多，所以妻子对于丈夫常有自愧不如的内疚感。但是如果妻子和丈夫比肩而坐的话，那就是妻子在家里就是一个“管家婆”的形象，高居丈夫的上首，对于丈夫总是指手画脚，言谈也总是十分的犀利。这样的丈夫便是典型的“妻管严”，对于妻子言听计从，十分惧内。

和谐的家庭关系不仅需要我们平时所熟知的包容、理解、信任，同样也需要我们正在提及的愧疚。家庭的关系在法律上是平等的，不过这种平等是人格意义上的平等。家庭关系绝对是有主次之分或者是有明确分工的。

比如平常我们所说的男主外、女主内，表面上是分工问题，其实还含有主次问题，一般来说，这种家庭是以丈夫主导的家庭关系，在许多事情上都是需要丈夫拿主意的。反过来说，如果是女主外、男主内，那么家庭关系的主导人也会调换过来，是以妻子为主导的。

容易产生愧疚之情的一方，大多数情况下是处于弱势或者说处于从属地位的一方。在家庭关系里，处于弱势的一方，总会以处在主导地位的一方马首是瞻，有些事情即便是处于主导地位的一方做错了，处于从属地位的一方也会经常伴随着愧疚情绪的产生，在内心深处责备自己。

举个例子来说，丈夫和妻子吵架，如果两方各不相让，那么一定会越吵越凶，以至于最后可能会弄得一发不可收拾。如果一方愧疚意识比较强，肯定不会跟对方吵，或者是会及时止住，将更大的风险扼杀在萌芽状态。当然，和谐的家庭关系肯定不止需要愧疚意识来维系，还需要我们上文提到的理解、包容和信任。还不只是这样，一方产生愧疚后，另一方也要及时产生理解、包容和信任，否则的话，两个人的僵化局势还是得不到及时的解决，还是会遗留下问题的。如果是这样的话，愧疚也就没有了意义，这种家庭也不会有真正的和谐。

用双手按住双颊

用双手按住脸颊，是愧疚的一种表现。那么捂住脸颊的依据在哪里呢？捂住脸颊要传达的意思又有哪些呢？其实，我们可以这样解读，我做错了事，我知道错了，我很后悔，我很愧疚，我想静静地一个人待会儿，你们不要再说了……

捂住脸颊，遮挡了愧疚者的视线。愧疚者使自己陷入了黑暗中，眼前不再有那些熟悉的晃动的身影。愧疚者把自己放逐进了黑暗中。黑暗无边无际，足以容纳他海量般的愧疚。黑暗中静无声息，是一个让人很好地放松自己、反省自己的地方。最起码，愧疚者双手捂住脸颊，暂时营造了一个属于自我的小环境。一个人容纳的愧疚量是有一定限度的。

一个人捂住脸颊，那就表示自己知道错了，自己现在很愧疚，如果这个时候再有一个人在一旁唠叨不休，那么这个人所遭遇到的愧疚量就会大增，如果超过了他的容纳极限，那么他很有可能会做出一些不理智的事情。

当然，这个也不是绝对的。也有的人有这种想法，我很愧疚，你说我几句或者骂我几句吧。

表示愧疚，捂住脸颊，是某些人表示愧疚的一种习惯。有的时候有的人在发现自己犯了错误的时候，会不由自主地用双手压住自己的双颊，很多人会说这是什么意思呢？其实这种类型的人做出这种动作的原因是因为自己做错了事情，心里表示懊悔和内疚，同时这种现象也表示他们希望能够得到别人的宽容和安慰，希望能给自己一次机会去改正错误。

愧疚时候的生气和焦急

“恼羞成怒”这个词可谓是家喻户晓。这个词怎么理解呢？可以这样理解，一个人所承受的怒气超过了他/她所能承受的极限，如果再不朝外宣泄或者释放，垮掉的肯定是他/她自己，这种情况肯定是不容许发生的，所以这个人“恼羞成怒”了。

每个人的承受量是不同的，有大有小。当然，承受量可以经过后天有意识的培养来逐步地放大。如何培养和放大，我们姑且不论，我们来讨论愧疚时的生气和焦急。

愧疚朝生气和焦急转变有愧疚者本身的因素，有外在刺激的因素影响。愧疚是内在的,别人是不是能够感受到，那是别人的事情，但首先愧疚是自己的事情，从头至尾，你的心都能感受到愧疚的变化。

生气和焦急，别人是一定可以感受到的，因为生气和焦急，都写在了你的脸上，你在向别人展示你很生气，你很焦急。你展示的对象如果不是傻子，肯定能够体会到你的情绪。

愧疚朝生气和焦急转变要么是愧疚者自身故意为之，要么是受到了外界的刺激性因素。我们在前面提到过，愧疚是由内心生出，但是生气和焦急就可以受到主观意识的支配，所以生气和焦急是可以伪装的。至于你是不是能够看出来，一是看你自己的功力如何，二是看愧疚者自身伪装的功夫如何。至于外界的刺激性因素，起到了催化剂或者说转化剂的效用，成功地将愧疚者内心的愧疚点燃了，化为了滔滔的愤怒和焦急之火。

通常情况下，人在说谎的时候多多少少会有一些跟平日不一样的地方，因为说谎的时候自己内心是知道自己在说谎的，大脑潜意识里也会一直强调自己在说谎并且心存愧疚感。

有的人在说谎的时候为了避免被人识破，外加自己内心因为说谎而产生的愧疚感，他就会做出一些和平常说话不一样的动作，比如他们在说谎的时候会常常强调一下自己的消极情绪，例如他们会生气、会焦急等。他们这是在转移自己和别人的注意力，这样可以减少自己的谎言被戳破的概率。所以说，人在说谎的时候会心存愧疚并且会生气。

愧疚是本心在支配，而愧疚时的生气和焦急或者是自然而发，或者是愧疚者故意做作，从而使对方的注意力转移。如果是自然而发，那就是完全由本心支配，生气是真生气，焦急是真焦急；而如果是愧疚者故意做作，那么就是本心和大脑综合作用的

结果，如果是这样的话，愧疚者的肢体动作肯定会有不协调的地方，如果细心留意的话，肯定会发现蛛丝马迹的。

因为愧疚而生气和焦急，只是一种情况，因而愧疚还有可能转化为更高级的愤怒，然后是更为激烈的报复行动，或者是自残或者是对别人的身体进行伤害。这个问题又要转化到个人的素质问题上了，逐一展开的话，范围就很大了。

那么如果你发现了一个人本来是愧疚，却偏偏伪装成生气和焦急怎么办呢？最好不要流露出一副鄙夷或者“我知道你在装”的表情，这样容易诱发不好的结果。

愧疚的“抵消效应”

因为愧疚，一些人会主动去做一些事情，来让自己的内心舒服一些，来中和那种让自己不舒服的愧疚感，这种行为可以称为“抵消行为”。

通常情况下讲的“抵消效应”指的就是用象征性的事情来抵消已经发生的不开心的事情，用来补救让自己很不舒服的一种心理防卫术。

正常人通常会用这种方法来缓解自己的心态，比如有的时候做了某件事情有罪恶感、内疚感。有的时候也会用来维持自己良好的家人关系。比如说小孩子会用说对不起或者是安安静静变乖的方式去弥补自己做的错误事情，这样大人会原谅他，慢慢地他就会在做错事情时不由自主地说“对不起”。

当这个孩子长大之后，在做错事情的时候会用说对不起的方式去和别人道歉，来达到让别人原谅的目的。或者有的时候丈夫在外边玩得很晚，一般就会给妻子带一件礼物用来消除自己的愧疚感。如果在过年期间打碎了东西的话，老一辈的人通常情况下会说“岁岁平安”取其中的谐音，这也是一个抵消效应的应用。

这里面的道理是怎样的呢？通常是因为生活中一些不幸的事情使我们感到愧疚和悔恨，所以就会用一些象征性的事情来做弥补，用来缓解自己内心的不安，使自己心中减少不幸的事情对我们的影响，这就是所谓的抵消效应，企图去抵消已经发生了的不好的事情。

抵消行为本身并没有好坏之分，只能是具体行为具体分析。但是它对于愧疚者来说却像是一剂止痛药，它能够有效地缓解愧疚者不舒服的心态，直至心态慢慢地恢复平衡。抵消行为不是从来就有的，首先要产生的必须是愧疚，接下来，才有可能会产生抵消行为。

吸气或者捂住下巴表示愧疚

在影视剧中，我们经常会看到这样的情景：B撞破了A正在做的坏事，A要求B保守秘密，B答应了，但是当有人追问B的时候，B可能会不经意之间说漏了嘴。当B突然意识到自己说的话泄露了秘密时，就会吸一口气，或者把嘴巴捂住，以此来表示自己说错了话，来表示自己的愧疚。在做完这个动作之后，他通常都会否认自己刚才所说的话，让别人不要把他的话当真。而事实上，他做出这个动作，就说明自己刚才说的是真话。

在现实生活中，有的人在觉得自己做错事情的时候，就会捂住嘴巴，这就说明这个人非常愧疚，可能是做了什么亏心事。如果你想知道真相，不妨继续追问，一定会得到答案的。

第八章

继续下去还是适时停止：喜爱与厌恶

别让对方皱眉

眉毛的基本作用是防止汗水、灰尘或雨水等落入眼睛。在行为学中，眉毛的变化也具有十分鲜明的指向性。众所周知，皱眉是在表示不愉快。但是在不同的情景中，皱眉所代表的含义还有一些细微的差别。

小孩子总是喜欢向父母提出各种各样的要求，例如买新玩具或新衣服，去游乐场或是和小朋友玩等。父母可能并不需要用语言来表达他们的答复，眉宇之间就可以回答孩子的请求。如果父母这时轻轻微笑，眉头舒展，孩子的愿望多半可以达成；但如果父母眉头微微皱起，孩子则会识趣地慢慢走开，因为他们知道自己的愿望实现的机会已经很渺茫了。这种情况也适用于职场等成人交际社会中，如果你向老板提出请假的请求，老板眉头紧皱，半天低头不语，那么批你假的可能性就不大了。

我们常常会在早晨的公交车、地铁里看见很多眉头紧皱的上班族。他们皱眉可能有多种具体原因，可能是因为车厢里太过拥挤；可能是起得太早，还很困倦；也可能是工作任务繁重，毫无头绪。总之，皱眉传递着一种不太好的信号，证明他们现在的状态是不好的、消极的。

人们在冥思苦想的时候也会紧锁眉头。在安静的咖啡馆或是图书馆里，常常有人皱着眉头看着电脑或是手中的书，这时他们的心理状态并不一定是烦躁或不愉快，只是在专注地思考问题。在对话中，这样的皱眉也经常存在，在讨论双方就某一问题展开激烈的讨论，双方都能做到积极引导对方思考的情况下，聆听并思考的一方也有可能会皱起眉头，他可能会有不同意见，但这并不意味着厌恶和反感。如果聆听的一方十分消极地听着，没有积极地回应和互动，则可能是处于厌恶和反感状态了。

因此我们在日常的交际生活中，应该尽量避免让对方皱起眉头，要懂得察言观色，如果对方不是因为思考而皱眉，那么我们就应该迅速调整自己说话或行动的方式，而不是一味地让对方反感和不快还自顾自地讲话。在融洽的谈话气氛中，如果看到有人微微皱眉，可能是因为他身体出现不适，我们也应该及时地送上关怀和帮助。

下意识地扬眉

经动物学家的观察研究发现，除人类以外的其他灵长类动物，如猴子、猩猩等也会做出扬眉的动作。而这个动作最初的目的是增强眼力，因为扬眉实际上是睁大眼睛的伴随动作，睁大眼睛就意味着扩大了视线所及的范围和瞳孔聚焦的强度，所以当人们希望自己看得更清楚时，往往会睁大眼睛，眉毛向上扬起。

扬眉在很多时候也是表示与某人打招呼。因为很多时候，熟人见面并不会像商务会盟那样握手致意，相互寒暄，而是仅仅点头示意看见了彼此。向对象微笑的同时扬一下眉毛就是一种十分常见的在和对方打招呼的方式，这种情况多出现在熟人之间不方便长谈或寒暄的时候。扬眉的动作相当于招手示意，但是扬眉的动作幅度较小，因此造成的影响也较小，例如在你或者对方正在说话的时候，你觉得自己不合适上前打招呼，甚至不应该打扰对方的思路，就可以用这样的方式向对方微微示意，既达到了打招呼的目的，也不会对对方造成太大的干扰。因为扬眉的动作只是一瞬间，因此伴随扬眉动作而睁大的眼睛会在很短时间内恢复到正常状态，就相当于是向对方眨了一下眼睛，这个动作实际上是将对方的注意力吸引到了自己这边，让对方注意到自己的脸，告知对方“我在这里”。这时，对方也会以同样的方式——快速地眨一下眼睛，扬一下眉毛，轻轻地微笑点头——来回应你。

此外，人在惊讶的时候也会做出下意识

扬眉的动作。当你将自己的策划方案递给老板时，看到了老板短暂的扬眉动作，那么他一定是比较满意你的方案的，他的扬眉动作就像是在告诉你："哎哟，不错啊！"同时还可以说明，你的表现令他刮目相看或是大吃一惊。当我们面前出现自己期待已久的人时，也会轻轻扬眉，这是在表现你对对方的倾慕和景仰。当我们遇见令人欣喜的事情时，也会轻轻地扬一下眉毛，表示自己对眼前之物或面前之景十分满意和欣喜，希望自己睁大眼睛后可以看得更多，看得更清楚。人处在得意扬扬的状态时，眉毛也会扬起，这就是我们通常所说的"扬眉吐气"。人在欢呼雀跃的时候，面部表情通常具有鲜明的特点，轻扬眉毛就是其中一种。

"八字眉"是怎么回事

在行为学中，当一个人皱起八字眉时，两只眉毛在扬起的时候会相互贴近，眉毛向内集中，两眉之间距离变短，额头中心出现"T"字形皱纹，和挤眉毛的动作相像。当行为人露出这样的表情时，表示他正在经历生理或心理上的痛苦。我们常常会在宣传画或是雕塑作品中看到苦大仇深的下层劳苦大众的形象，即眉毛聚拢成八字眉，前额皱纹密布，眼角下垂，眼神干枯而悲惨，显现出一副极度忧伤、痛苦或焦虑的样子。不仅在经历苦痛的当下会有八字眉，这种眉形还会深刻影响行为人今后的形象。一个经历过苦难或伤痛的人，在日常生活中常常以八字眉示人，并且他们较少说话，在事情面前总是选择沉默不语。但是心结一旦打开，他们会足够可靠和真诚。

身体上的不适也很容易造成八字眉。历史上或文学作品中的美女经常会通过蹙眉来显示身体上的不适。例如，成语"东施效颦"中的东施就是在学习美女西施心口疼痛时掩住胸口蹙眉的样子；《红楼梦》中的林黛玉也常常是一副蹙眉的病容。这里说的蹙眉实际上就是我们现在说的八字眉，即眉峰紧蹙的意思。的确，人在遭遇疼痛的时候会皱起八字眉，例如，刚做完手术的人，因为伤口处隐隐作痛会忍不住皱紧眉头；身体临时产生不适的时候，也会皱起眉头。这是人体在遭受疼痛的时候在面部表情上最直接的表现。

因此，当正常的交际场合中有人紧皱眉头形成八字眉时，他一定在经历痛苦、忧伤或是焦虑等消极情绪，或是处在某种不幸之中难以解脱。

眉毛上的动作

受降眉间肌的控制，眉毛可以产生不同的变化，表达丰富的面部表情。

当人的眉毛处于一上一下的时候，有专家称之为“眉毛斜飞”，即一边眉毛向下垂落，另一边眉毛则向上飞扬，两条眉毛不处在同一水平线上。这个动作有些人做起来有难度，面部表情丰富、肌肉灵活的人常常会有这样的表情。这种状态下的眉毛就如同这个“斜飞”的动作本身一样，所传达的信息也是拥有两面性的。眉毛下垂的半边脸看上去很有攻击性，而另外半边扬着眉毛的脸则是一副惊慌害怕的神情。通常情况下，这种自相矛盾的表情在成年男子的脸上相对多见，女性脸上较为少见，眉毛斜飞所表达的情绪通常是略带鄙视的怀疑。

还有的人喜欢不停地耸眉，即将眉毛扬起又落下，这样反复地耸动，同时还可能伴随着撇嘴的动作。说话的时候伴随着这两个动作，可以判定说话人可能遭遇了一次不太愉快的经历，这正是他在向人诉说自己的不愉快。这个表情常常出现在成年女性的脸上，因为女性相对来说更爱表达和倾诉，遇见不愉快的事情，总是喜欢讲给同伴或家人听，也相对喜欢抱怨。经常耸眉的人常常是生活中爱抱怨的人，总是喜欢喋喋不休地将自己的经历讲给别人听，也总会引起他人的厌烦。此外，说话的时候经常耸眉的人比较喜欢议论是非，在生活中往往不受欢迎。

平时总是耷拉着眉毛的人，内心比较消极，对什么事情都提不起来兴致，干事情也总是无精打采的，不喜欢表达自己的意见，有些逆来顺受，是相对悲观的人；而说话的时候总是神采飞扬，眉毛高高扬起的人，比较乐观，处处喜欢发表自己的意见，爱在人前表现自己，也喜欢凑热闹，是外向型性格的人，身边的人也都很喜欢听他讲话。

睁大眼睛看你

我们总会遇见这样的情景：当某个人遇见自己喜欢的人或物时，会不由得眼前一亮，眼睛会不由得睁大，瞳孔立刻亮起来。恋爱中的情侣也经常会在四目相对的时候睁大眼睛，仿佛自己的影像出现在对方的瞳孔里就相当于自己出现在对方的心里一样。人们常常会将睁大眼睛盯着美女看的男子称为“花痴”，显然是这名男子被美女的美貌吸引住了。情窦初开的女孩子在看见自己心仪的男子时也会偷偷地睁大眼睛盯着对方看，就好像这样看下去就能把他的样子刻下来一样。因此，睁大眼睛可以表明行为人当前的状态是兴奋的、满意的甚至是欢乐的。

当一个人对所看到的人或物产生欣喜、满意等积极情绪时，他的眼睛会睁大，但这里所说的睁大是一种下意识的行为，并非行为人自己的意识有效控制的结果。而当一个人有意识地极力睁大眼睛，也就是说，当一个人眼睛睁开的程度是由自己主动控制时，他可能在故意夸大一种积极性以争取某种主动权。例如，在工作中，如果一个员工在老板面前极力睁大自己的眼睛，可能是他希望让老板意识到他的积极性和主动性，从而和老板的关系更近一步。

平面广告中的模特眼睛都非常漂亮，不管是什么妆容什么风格，也不管是什么表情什么造型，模特的眼睛都会在化妆师的手里精心描画，以呈现出最好的状态，假睫毛、眼影、眼线等化妆工具会帮助模特的眼睛看上去更加水灵、更加有神，整个眼睛看上去大且深邃。之所以要把模特的眼睛包装成这样，是因为眼睛睁大以后，人的瞳孔就会随之扩张，整个人看起来就会神采奕奕，并且像是看见了一件令人欣喜的物品一样，因此广告之中模特衬托产品的作用就凸显出来了，产品的吸引力也由此增加。

影视类广告中，模特可以通过眼球的转动让眼部多一些动态美，从而能够更好地显现模特所扮演的角色对产品的兴趣和喜爱，有效地吸引观众的眼球，让观众在模特或演员的指引之下产生对这款商品的购买欲，达到商家的目的。

因此睁大眼睛在很多时候都能够表示行为人看到了自己满意的人或物，心理状态正受到积极情绪的影响。

瞳孔的变化

美国芝加哥大学心理系的前系主任艾克哈特·赫斯教授曾经做过这样的实验：他将一些性取向正常的成年男性列为实验对象，让他们观看女性明星的大幅性感海报，这时，这些实验者的瞳孔普遍出现了扩张的情况；而当女明星的性感海报换成男明星的海报时，他们的瞳孔又逐渐收缩到了正常状态；艾克哈特教授又选取了一些不同年

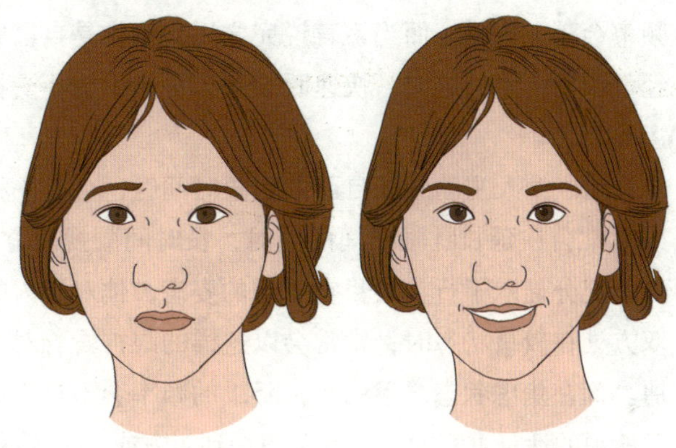

龄不同性别的实验者，在他们面前摆放美食、精美的手工艺品和壮丽的自然风光的影像，这些实验者的瞳孔也随之出现了扩张，并且集中的对象各不相同。可见人在面对自己感兴趣的事物时，瞳孔会不自觉地放大。

因此艾克哈特教授得出结论：瞳孔的大小是由人们的情绪决定的。当一个人被悲伤情绪笼罩的时候，他的瞳孔会暗淡无光，黑瞳看起来只有一点点，整个人也看起来无精打采；而当一个人处于兴奋状态时，他的黑瞳会尽量扩大，瞳孔也随之扩张，眼睛看上去炯炯有神，整个人也显得神采奕奕。

从生理角度来看，瞳孔主要受两组肌肉支配：瞳孔括约肌和瞳孔开大肌，前者的作用是它的收缩可以使瞳孔缩小，而后者的收缩可以使瞳孔扩大；前者受第三对脑神经即动眼神经支配（属副交感神经），后者则是受交感神经支配，当人受惊吓或情绪剧烈波动时的瞳孔放大都是交感神经兴奋的结果。但不同的是,人在处于惊恐状态之下时，瞳孔的放大是僵硬的、无神的。

当人对眼前的事物或人产生厌恶或憎恨时，瞳孔会出现收缩，因为此时脑部神经系统的信号是不希望看见眼前所见，作为光线进入眼内的门户，瞳孔会自然而然缩小，仿佛是在阻止眼前的东西进入视线。

因此，在日常的交际生活中，我们可以通过对对方的眼神和瞳孔的扩张与收缩判断对方当下的心理状态，以及他对眼前事物的接受程度。

眨眼的秘密

日本东京大学的心理学家中野玉见博士曾经说过：“我们似乎下意识地寻找眨眼的最佳时机，将眨眼时遗漏重要信息的可能性降到最低。”英国的朴茨茅斯大学心理学系的一个研究也发现：通过判断一个人的眨眼频率，可以判断对方是否在说谎。可见，一个微小不过的眨眼动作背后，竟然也隐藏着巨大的玄机。

人在厌烦眼前情景的情况下，会通过延长自己的眨眼时间来表达厌恶，仿佛是通过长时间闭眼来营造对方消失的假象。而说谎话的人眨眼频率的变化十分明显，在说谎的同时，他的眨眼频率会放慢，但是在谎话过后，他的眨眼频率又会加快到正常频率的 8 倍。这是因为说谎者在思考并表达时，希望自己更加淡定和平静，因此眨眼的频率会稍微降低；而当谎言说完之后，仿佛是自己完成了一项艰难的任务，身心和神经都放松下来，这时，快速眨眼成为下意识的不受控制的行为，因此眨眼频率会忽然上升。

当一个人主动延长自己的眨眼时间时，会有一种较为傲慢的表情显现出来。这类人常常会在延长眨眼时间的同时，长时间凝视对方，让对方产生一种被审视的感觉，这就充分显示了行为者目空一切的姿态，他对别人的蔑视也毫无悬念地流露出来。当双方处在较量状态时，常常会以这样的眼神看着对方，以显示各自对对方的蔑视和不屑。而在焦虑状态之下的人，眨眼的频率会不自觉地增大，这是因为他们急于证明自己所说的话是真实的，并且希望得到对方或其他人的认可和肯定。

眼角看人

曾经有人向心理医生诉说了这样的苦恼：“我平时总是喜欢用眼角看人，从高中就开始了。我也知道这种行为十分不礼貌，但是我总是控制不住自己。我曾经试图用手挡住自己的余光，但还是无法摆脱。我现在根本不敢正视别人，每次遇见陌生人我都不敢抬起头看对方，来到一个陌生的环境，我也总是喜欢用眼角余光去看别人，但是又不敢去和他们大方地打招呼或进一步交往……”

还有另外一个事例：一所名牌大学的毕业生去一家公司参加面试，他本来有很大的优势，面试过程也十分顺利，他对自己的表现也十分满意，但是他并没有被录取。原来，面试的主考官发现他在竞争中，总是用眼角的余光看着别人回答问题；在他自己回答问题时，眨眼的速度和频率又很慢。他的种种表现都表明他不是一个谦虚的人。

同是用眼角看人，为什么会有这么大的差别呢？

第一个事例的主人公一方面去小心地探索，而另一方面又为这种探索感到恐惧和不安，他们总是对自己要求过于严格。出现了这种心理问题后他们不是积极地治疗和疏导，而是采取一种压抑自己的方式，反复告诫自己，应该怎样，不应该怎样，结果焦虑不但没有减轻，反而加重，越是压抑，其承受的压力越大，最后逐步发展到病态。

在心理学上，这种情况被统称为社交恐惧症，在

15～18岁时最为常见，其中多是一些性格内向、学习刻苦的女孩子。“爱用眼角余光看人”只是社交恐惧症的表现形式之一。这其实也是因为长期的病症压抑着他们的精神，使得自己对自己越来越不自信，尤其是碰到比自己优秀的人，更是会让他们无地自容，但实际上他们又十分渴望同人交往，这种矛盾的心理驱使他们用眼角看人，仿佛这样就不容易被发现了一样。

而第二个事例中的主人公则是以一种鄙夷的心态用眼角余光看人的。因为他深知在这场面试中，他胜出的可能性很大，自己有很大的把握，完全没有把对手放在眼里，根本不需“正眼”看他们,这才会向他们投去鄙夷的眼光。这种眼光被主考官捕捉到了，他们自然不希望让这种自大傲慢、目空一切的年轻人成为他们的员工。

在正常的社交场合中，第二种用眼角看人的情况十分常见，也是有人为了显示自己高人一等而故意摆出的样子。

“挤眉弄眼”使眼色

在社交场合中，熟人之间经常会通过挤眼睛来传递彼此想表达的含义。这个动作在陌生人之间不太适用，因为它要求行为双方有一定的默契，并且对当下的情况也有相当程度的了解，否则在没有手势或口型的辅助下，很容易出现误会，甚至闹出笑话。

当两个熟人仅仅在彼此之间用眼神传递含义，朝对方挤眼睛时，很可能是因为他们所要表达的含义不太方便说出口，以免让更多的人知道，挤眼睛的一方多是明白了对方隐藏在话里的深刻含义，或是针对能理解他的一方说出了富有深意的话。其潜台词是：“我的意思，只有你明白！”或是：“只有我明白你的意思，别人是不知道的！”这种情况在多人在场的场合中最好慎用，因为这种“挤眉弄眼”的样子很容易被他人捕捉到，泄露行为双方的机密不说，还会给其他人造成疏离感，认为你俩是在议论什么不可告人的秘密，也会被指责成小团体。

相对有身份、有地位的人也会用挤眼睛或眨眼睛的动作来传达自己的意思。例如，在古代，有权有势的封建家庭里，作为家中地位较高的老爷或者太太，常常会在有客人在场的时候对下人使眼色，让他们下去或是实行安排好的计划等。这时就需要对方有极为灵敏的观察能力和识别能力，也就是民间所说的“识眼色”。

在现代社会中，一些场合也会通过使眼色来提醒或暗示对方，什么该做什么不该做。例如，如果你在安静的会场和身边的人窃窃私语，很有可能受到别人眼神的提示，意思是你要停止说话，因为你的行为已经影响到别人了。当你面对两个出口或是入口不知该从哪里进出时，站在旁边的人并不需要用话语告诉你这边还是那边，只要用一个眼神指向其中一个方向，你就能明白他的意思；当你需要起立或是上台，但又不知什么时间合适时，主持人会适时地递给你一个示意的眼神，你就像是接到信号一样上台或起立，其中可能并不需要相识很久才能具备的默契，而是一种很明显的眼神示意，在陌生人之间也可以顺利开展。

游离的眼神

在枯燥的课堂上，我们常常可以看见这种情况：在台下听课的学生或学员要么点头打瞌睡，要么就是将视线来回转移，眼神游离不定。这种情况就说明他的注意力已经不再集中，老师讲的内容已经无法进入他的大脑，而他还没有找到具体思考的事物，眼神和思维都处在游离状态。

游离状态之所以很容易被发现，是因为当人认真思考或倾听的时候，身体几乎是静止的，除了条件反射的眨眼以外，面部器官也不会有很明显的动作，尤其是头部，不可能四处转动，眼睛更不可能四处张望。所以当老师在课堂上看见这样的学生，就会严厉地敲一下桌子或是通过其他方式制造声响，来吸引这位游离于课堂之外的学生的注意力。

在日常的社交场合中，如果和你说话的对方在听你说话的过程中，眼神不停地离开你们的目光交流范围，则基本可以判定，他的注意力已经转移。在这种情况下，最好的解决办法并不是生硬地提醒他注意，更不是任由他游离，而是根据他的目光所向判断他感兴趣的话题，顺势和他聊起来，再借机迂回到自己想说的话题上面，这样既可以避免造成双方的尴尬，又可以让对方自然而然地接受你的话题。

但如果眼神游离的那一方是你，那么你就一定要尽量克制自己的意识，及时把自己从游离的边缘拉回来，不要让对方感受到你想逃离现场的渴望，否则会让对方和自己陷入难堪，甚至会让对方感到不快。

为了挽救这种现象造成的不良影响，你最好更加专注地倾听对方的说话，交互式地专注于对方的眼睛或者嘴，做出一副认真倾听、积极思考的样子，并通过微微点头和吃惊的表情来呼应对方，证明自己对对方提出的观点有很大的兴趣和触动。

但当你是一位聆听者，而对方的谈话让你产生反感甚至是厌倦的时候，你的眼神会不由自主地逃离你们彼此之间目光所及的范围，你本能地看向别处是因为你希望在另外一处地方找到摆脱此景的目标，以此来取代你不愿看到的景象。在这种情况下，眼神的逃离是厌倦的表现。

斜瞄式微笑的魅力

很多时候，人们在看东西或看其他人的时候，不会使用也不适合使用正视的方式，而斜视在这时或许可以表达更丰富的含义：感兴趣的时候和疑惑的时候都有可能采用斜视的眼神，斜视有时甚至能够表示敌意。当一个人在目光向斜处投出的同时，轻扬眉梢并面带微笑，那么就可以说明这是一种对眼前之物产生浓厚兴趣的表现。如果斜视的同时，行为人将眉毛压低或紧皱或者下拉嘴角，那就是在表示对眼前之人或事物的质疑、敌意、批判。

恋爱中的女孩常常会用一种充满爱意的眼神看着自己心爱的男子，那就是微微低头，压低下巴，同时将眼睛抬起，向上看自己眼前的人。因为这会让眼睛显得更大更有神而且可以让女人看起来像孩子一样天真纯洁。我们可以对这种心理反应做出这样的解释：小孩的身高比成年人矮得多，因此在看成年人时，必须抬起眼睛往上看；而孩子的眼睛本来就是充满纯洁天真的象征。久而久之，不管是男人还是女人，都会被这种仰视的干净目光所吸引，因为它能够激发出他们作为父母般的情感反应和关爱欲望。这种方式也经常作为求爱的信号，特别是女人，因为在低头的时候抬起眼睛往上看，也可以是一种表示顺从谦恭的姿势，这种姿势对强势的男人具有一定的吸引力。

下巴微微内收，抬起眼睛向上看同时保持微笑的表情，被一些行为学家称为“斜瞄式微笑”。英国的戴安娜王妃几乎成了这种微笑的代名词。这种略带腼腆的笑容最容易唤起富有保护欲的男性内心的渴望。

因此当女孩希望获得心仪男性的青睐时，可以采用这种招数看着他，同时在微笑的时候带入不易察觉的羞涩，让他看到你小女人的娇羞，那么他的心很快就会被你征服了。

但是在同事或朋友之间，这种斜瞄式微笑有了新的含义。当你的同伴出色地完成了一项任务时，他满意地吐出一口气看向你时，站在旁边的你可以给他一个斜瞄式微笑，就仿佛在对他说："你刚才的表现太精彩了！哥儿们，你真棒！"如果还能配上一个俏皮的眨眼动作，就更可以说明你对他的鼓励和满意了。

嘴角变化有玄机

一个人在抿嘴的时候，很可能是遇见了什么小麻烦，事情无法按照原定的计划实施下去，他只好用抿起嘴来似笑非笑的表情来表示无奈。而当他遇见大麻烦的时候，抿嘴一笑是无法做到的，他的内心受到巨大的重击，面部表情除了表现痛苦之外，还很有可能会出现局部僵硬，例如嘴角。嘴角僵硬是因为他此时根本说不出话来。

嘴角上扬最典型的表情就是微笑，当人们处在愉悦或是满意的状态下时，嘴角会自然上扬，表示内心的欢喜，但是当我们心情很差的时候，嘴角的变化也会不自觉地显露出来。因此，在日常的社交活动中，如果人群中有人嘴角向下压着，我们基本可以断定对方此时的情绪是消极的，内心一定充满不愉快。我们就可以根据这种情况，做出适合的举动，如询问、安慰等。

当一个人总是沉浸在不愉快的气氛当中时，就会经常出现嘴角下拉的消极动作，而最可怕的莫过于习惯成自然。在社交场合中，经常嘴角下拉的人看上去总是没精打采的，对什么事情都提不起兴致，即便是在大家讨论开心的话题时，他也还是很难融入开心的气氛中。久而久之，下拉嘴角表现出来的消极情绪就会影响大家的积极情绪，因此经常下拉嘴角的人很难受到大家的欢迎。

相反，乐观开朗、经常微笑的人总是社交圈中的宠儿，大家显然更愿意看到嘴角上扬带来的喜悦之感和好心情。因此，如果你总是被消极情绪所影响，有下拉嘴角的习惯，不妨努力尝试微笑，改变这种不好的表情习惯，只有这样，你的人际关系和社交圈才会活跃起来，大家才会更加喜欢你。

当然，下拉嘴角有时也是在表示鄙夷，社交场合中常常有人对获得成就的人表示不屑，这时，他的嘴角就很有可能向下撇一下，仿佛在说"我才不稀罕呢"之类的话。这种表情所表现的心态在某种情况下可以理解为：吃不到葡萄就说葡萄是酸的。行为人是用这种心态来缓解自己内心的嫉妒和醋意，他们看见别人得到了成绩就会想到自己，但却不是把这种情况当成激励自己的动力，反而让自己的内心更加不平衡。这属于一种不健康的心理。

抬头微笑

在日常的人际交往中，开朗外向的人总是容易受到大家的欢迎，因为他们总是会与快乐一起出现，他们走到哪里，仿佛就可以把笑声带到哪里。相反，人际交往中，我们也常常会看到低头不语的沉默者，他们不擅长微笑，更不会常常带着欢声笑语，只是一味地低着头，仿佛不愿看到眼前的人和景一样，这类人常常会让身边的人觉得很压抑，甚至有些影响情绪。

实际上，经常低着头的人确实生活状态相对消极，总是喜欢对某件事情产生否定意见或是不满情绪，对身边的人或事也很难产生积极性。这类人虽然看上去沉稳安静，但是很难得到大家的接受。

正常情况下，低头也可以表示不满或否定。当你在和一个人交流的过程中，你正在口若悬河、津津有味地讲着话，他忽然面容凝重地低下了头，那么可以判定，你说了他不爱听的内容，或是否定的，或是不满意的，或是勾起他不愿回忆的事情，总之是你的话语让他产生不快，但是碍于情面他无法直接打断你，于是他通过低下头来传递不愿继续听下去的信号。这时你就应该及时调整自己的说话方式，或寻找有共鸣的话题来讨论，以免造成尴尬气氛。

微笑也是一种能让你更受欢迎的方式，因为只要是真诚的微笑，就没有人会拒绝。即便是陌生人之间，微笑也可以拉近距离；打招呼的时候，微笑往往更容易奏效。微笑会让你看上去开朗大方、乐观向上，因此很多人愿意受到你的积极情绪的感染而与你相识相知。一个温暖的微笑甚至可以改变一个人的心情，驱散他心中的阴霾。你对别人真诚微笑时，对方也可能会投给你一个温暖的微笑，可以为你带来一丝欣喜和愉快。因此多多微笑不仅可以为你带来更多的朋友，也可以使你得到更多美好的东西。

在日常的人际交往中，人的形象的确很重要，你需要在大家面前注意自己的仪态和身姿，还要注意自己的表情和衣着，这些都与你所处的场合有很大关系，但只要不是特别严肃凝重的场合，将头部微微抬起，面带微笑，这样的表情无论走到哪里都是十分受欢迎的，因为这样会让你看上去十分神采飞扬，总是容易得到好评。

头部微倾的温暖和顺从

天真的孩子在向爸爸妈妈提问题的时候，总是喜欢微微歪着头，忽闪着天真的眼睛。实际上，在行为学里，歪着头的确可以表示天真。因为在人们头部保持倾斜的时候，脖子和咽喉部位就会暴露出来，这就意味着将人身体中最重要，也是最柔弱的地方暴露出来了，这时候的人常常是没有任何戒备心理的，也就是说他对对方是十分信任的。在成人世界里，歪着头并不一定是表示天真烂漫，但一个人既然会将自己身体中最需要保护的部位放在另一个人面前，则可以说明，这个人是他完全可以信任和依靠的，因此，这是一个表示友善和信任的姿势。

这个动作实际上是人类在婴儿时期，头部还没有办法正常维持稳定姿势，常常会晃来晃去时，母亲就会让孩子靠在自己的身体上，父母的胸膛和肩膀也就成了孩子的襁褓，这样歪歪的倾斜就像是在告知一种需要保护和依靠的姿势一样。当女性在心爱的人面前表达娇羞的时候，就完全可以采用这个策略，你的头部可以微微歪向侧面，让自己俏皮的倾斜头部的动作为自己增添几分天真和娇嗔。同时仿佛是在告诉对方，“我其实已经关注你很久了”。

而如果头部僵硬，没有任何方向上的倾斜的话，则可以说明行为人有着足够的意志力和控制力，对事情也有自己独特的看法和认识，即使是听到别人的观点，也不会轻易接纳，通常他的自我意识也会很强，性格比较倔强，在一群人中，常常是最有主意的那个。

相比之下，女性更经常地出现头部倾斜的姿势。因为在现代社会的既定社会性别中，男性展现出来的通常是坚强、勇敢、有主见的一面；而女性则相对柔弱、乖巧和温顺。因此女性将头部靠在男性的肩膀上会是一副十分温馨的画面。这种情况下，既满足了女性小女人的撒娇心态，也可以让男性在女性面前彰显自己的大男子本色，是一种两全其美的做法。

托盘式姿势

托盘式姿势有两种，一种是将双手合掌然后托住头部，微微抬头将脸迎向对方；另一种则是用双手托腮。这两种姿势可以表示相同的含义。

最常见的就是用托盘式姿势表达倾慕之意，多见于儿童或女性。尤其是当一个女孩子用这种姿势看着一个异性时，多半是被异性所吸引的结果。我们常常可以看见这样的情景：在大学课堂上，风度翩翩、儒雅多才的老师正在讲台上讲课，讲台下的女学生不仅听得非常认真，而且很多都会摆出托盘式姿势，她们听得好像入了迷，深深地沉醉在了老师所讲的内容里，实际上，真正吸引她们的，或许并不是老师讲述的内容，而是老师极富魅力的外形和学识。所以如果这时，这位老师临时发问，真正能回答上来的，可能是一些看上去不怎么认真的男生，而这些表面上听得极为入迷的女同学，对方才讲的内容却是云里雾里，回答问题自然也只会用“嗯……啊……”来代替了。

托盘式姿势也是表现恭维和博取好印象的好方法。假如你和另一个人一起面对面坐着聊天，而你的身份地位相对较高，或是对方想要讨好你的时候，你在发表自己的意见或观点时，他会做出托盘式姿势，表现出一副极为认真的样子倾听你的说话内容。因为这个姿势就是把身体中最重要的感官系统全都集于你面前，说明他在投入全身心的精力听你讲话。从他倾慕崇拜的姿势和眼神中，你可以满足一个作为说话者的最大的享受，以此达到他讨好你的目的。

在现实生活中，我们一定要慎重使用这个姿势，因为一般情况下，这个姿势是属于女性的，是女性来展现自己小女人一面的好方式，她们常常会配合以含情脉脉的眼神和略带娇羞的微笑。而当男性用这样的姿势来讨好对方时，最好真正做到认真倾听，以此来跟上对方的思维，对对方所讲的内容表达真诚的见解和赞叹，这样才能让对方感觉到你的诚意。

鼻子上的微行为

人的面部器官中，眼睛和嘴巴的动作幅度都可大可小，灵活性也很大，唯独鼻子，仿佛是静止的一样，它的变化也很难引起人们的注意，在观察别人面部表情的变化时，鼻子上的动作几乎起不到参考的作用。实际上，这种观点并不准确，人因为内心情绪的变化引起面部表情的变化，是相对于整个面部而言的，面部器官中的任何一个都可以并且一定会以各自的变化衬托出来。

鼻孔的变化就可以说明问题。一个人在受到兴奋、紧张或者是恐惧、惊慌的情绪刺激的时候，鼻孔会有不同程度的扩大。鼻尖冒汗也是十分常见的，这种现象多出现在一个人受激动、兴奋、紧张情绪的控制下。

人群中，当一个人总是将鼻子向上提的时候，他很可能是在对刚才有所表现的人表示不屑。例如，在公司的表彰大会上，一个平时表现得很不起眼的职员受到老板的赞赏，这就很可能引起另外一些人的不忿，他们会微微地提一下鼻子，上嘴唇也会跟着出现一点明显的向上移的样子，这时他们的潜台词就是："这有什么了不起的，我们都不稀罕呢！""我当时受表扬的时候，你还是个无名小卒呢！"

同时，总是向上耸鼻子的人，看人的时候也总是会用由上而下的视线，仿佛自己高高在上一样。这类人很可能性格比较傲慢，轻易不把别人放在眼里，对别人获得的成就也会表示不屑一顾，常常是一副凌驾于他人之上的姿态。

摩拳擦掌

在寒冷的冬天，很多人会通过双手手掌的快速摩擦来取暖，这就是我们通常所说的"摩擦生热"，这种方式的确可以在一定程度上缓解手部的寒冷。因为人在寒冷的时候，人体仅有手部比较适合摩擦，也最方便做出摩擦动作。此外，在日常的交际生活中，摩拳擦掌的动作还可以表示很多含义。

例如，摩拳擦掌一词总会让人联想到跃跃欲试。也就是说，人们会通过摩拳擦掌来表现对想要尝试某事的急迫心理。当某一个人对做某件事情产生兴趣和期待时，他已经难以抑制自己的激动心情，可能连坐都坐不稳了，摩拳擦掌就是最好的表现。当你看到几个朋友正在一起玩你最爱的"斗地主"时，你一定会有种迫不及待的心情，希望立刻加入他们，"摩拳擦掌"的动作就是在表明，你已经做好了立刻上场的准备，就等着一显身手了。这种情况多出现在行为人对即将要做的事情有足够的信心和兴趣

的情况下。还有人会在心情很激动的时候摩拳擦掌，这种情况相对适合窃喜的情绪。当你刚刚得知了一个好消息，但是身边还没有人能和你一起分享的时候，你可能会激动地走来走去，双手在一起搓来搓去，恨不得你的朋友或家人立刻出现，将这个好消息立刻告诉他们。

此外，摩拳擦掌还可以表示行为人当下的紧张心情。焦急等待结果的人常常会坐立不安、摩拳擦掌。例如，在产房外面等待妻子分娩的丈夫常常会有这种情况，他们来回地走来走去，手掌不停地来回搓着，内心非常焦虑与急切，其中还掺杂着更多的担忧，因为产房里，妻子和孩子的安全都是他最挂念的。在等待公布结果的应聘者也会有这样的表现，如果你遇到了这种情况，应该及时送上关怀，你可以通过和他握手、轻拍他的肩膀等方式缓解他的紧张情绪。

有的人也喜欢在公众面前讲话的时候采用这种姿势，这并不代表他很紧张，而只是一种习惯性的动作。这个动作此时具有一定的亲和力，像是和大家在商量一件事情一样，要比将双手放在口袋里更加具有沟通性，在呼吁众人做某事的时候常用。

注意敲击桌面的手

手部的灵活性令人称奇，手指和其他物体的接触和敲击可以说明行为人所处的状态和心情。如果在社交场合中，我们能够积极观察和思考，捕捉这样的微行为，对于帮助理解领导和其他同事的意思会具有很大的帮助。

我们在日常生活中常常看见这样的场景：公司例会上，经理讲着最近大家的表现和公司的业绩，当讲到迟到请假的问题上时，经理的声音顿时凝重了几分，当说到请假迟到的情况越来越严重时，他不由自主地将手指重重地敲在了桌面上，在座的员工连大气都不敢出了……这种做法能够充分说明经理的气愤程度。也就是说，当一个人在说话的同时，用一根或两根手指的关节处猛烈地敲击着桌面时，证明他正在气头上，他希望通过这种方式对听话者起到警示的作用。

另外，这个动作也可以表示急切与烦躁。假如你和另一个人在交谈的过程中，你一直在讲话，对方的手放在桌面上开始拨弄水杯或是其他东西，后来又开始不停地抖动手指，最后开始在桌面上轻轻地敲击起来，这一系列动作都在说明，你的讲话已经令他产生了烦躁的情绪，他已经没有耐心听你讲下去了，这种动作就是表示他在强忍着你，他手指敲击桌面的动作越快，就证明他越是急躁。这时你最好临时采取策略，换一个他可能感兴趣的话题来吸引他的注意。

此外，有的人在思考问题的时候也喜欢做这个动作，图书馆里埋头苦读的学生，常常会在低头看书的过程中穿插这样的动作，他们紧皱眉头，目光专注，手指不停地轻敲桌面，有时甚至只是在空中点几下，做出象征性的动作。这种动作被一些行为学家理解为缓解压力的方式，说明这个人现在正在思考一个重要的问题，这种思考让他心绪沉重，丝毫不能分心，用手指做出敲击的动作可以缓解这种沉重，这种解释也是十分有道理的。

还有，现在也有人用手指轻轻点击桌面的动作来表示感谢，因为当别人给他倒水或为他服务时，他因为正在讲话或是无暇说出“谢谢”两字时，就会用这种方式表示谢意。这类人通常很有素养。

第九章

伪装下的情绪涌动：沉静与动摇

她为什么双颊绯红

两百多年以前，英国的生物学家、进化论的奠基人达尔文在他的《物种起源》中提到，脸红是人类特有的表情。著名生物学家、美国埃默里大学的弗朗斯·德瓦尔教授把脸红描述为“进化史上最大的鸿沟”之一。很多人都知道，人尤其是少女在害羞的时候常常会脸颊绯红。按照生物科学的解释，这是由于心脏跳动主要是受到交感神经的控制，而当我们看到或听到令我们精神紧张、心跳加速的事情时，眼睛和耳朵立即就把消息传给了大脑皮层，而大脑皮质又会对肾上腺产生刺激，肾上腺受到刺激以后就会立刻做出相应的反应，分泌出肾上腺素。当肾上腺素的分泌处在量少的状态时，脸部的皮下小血管就会扩张，导致脸红。可是当肾上腺素大量分泌的时候，反而又会使血管收缩。

当人处在紧张的状态下时，心跳会自然而然地加速，表现在脸上就是面部肤色变红。这种紧张状态可能是多种因素造成的。例如，当心爱的人出现在眼前时，少男少女的心就会“怦怦”乱跳，再被心爱的人深情望一眼，他们的脸就会瞬间变红；或是一见钟情的一对男女，在四目相对的瞬间，姑娘的脸颊一定会飞上两片红晕，而小伙子的脸也会涨得通红，这种纯真的爱情令很多人都羡慕不已。

实际上，能够引起脸红的情绪变化，并不仅仅是害羞，还包括很多能让内心受到冲击的事情，例如尴尬和愧疚，或是谎言被揭穿。当然，这些情绪对身体的影响并不是很大，也就是说，它们只能刺激肾上腺素的少量分泌，从而引起皮下血管的扩张。如果是愤怒等情绪，则会较大程度地刺激肾上腺素，当肾上腺素大量分泌的时候，皮下血管收缩，导致脸红的样子改变，因此，我们常常听说这样的话："看把他气的，脸色红一阵白一阵的……"

然而，东安格利亚大学的心理学家雷·克罗兹教授认为，在愧疚的时候脸红，对行为人来说，实际上是一件好事，因为"人们是在通过这种方式来传递对群体致歉的信号……这让人们知道他们做错事的感觉。它能平息敌对状态，让其他人更快地原谅你"。

向左上方移动的眼球：视觉频道

人们眼球的转动方向很大程度上能够表现出此人当下的内心所想，例如，他是处在猜测的思考状态之下还是处在回忆之中？他是在搜索记忆还是在编织谎言？通常情况下，人的眼球转向左上方时，可以断定行为人是在回忆某个画面或细节。我们可以通过现实生活中十分常见的场景作为例子来验证这一结论。

当你询问一个已婚的女性婚礼上的场景时，你通过细致的观察就可以发现，她的眼球转向左上方，不停地眨着眼睛，然后开始向你展示她的幸福，也就是开始讲述婚礼上的种种感人至深或是温馨浪漫的细节；当你问及一个背包客在哪里旅行印象最深刻时，他可能在进行了短暂的回忆之后回答了你的问题，并开始向你讲述他的经历，在此过程中，他一定会时不时地将眼球转向左上方，也就是说他的眼神在看着你和向左上方转动之间交替着。实际上，他们的眼球下意识地转向左上方的时候，在他们的脑海中一定浮现出一幅画面，这幅画面是之前他们经历过的，并且是念念不忘的。他们所讲的内容，其实就是他们在当时身处那样的画面之中的感受和心情。

在被问及一些事实性问题的时候，一些人需要在大脑中快速寻找答案，对一些事情的细节进行回忆，这时，他们的眼神也会向左上方转动，努力回想一个经常出现在他面前的却没有给他留下深刻印象的画面。假如你的一支钢笔在刚才开完会之后就不见了，你认为有可能被落在了会议室里，当你去询问公司的秘书，公司会议室的桌面上有没有什么东西时，他很可能会将眼球转向左上方，竭力想着他离开会议室时扫视了一下桌面的样子，这时，会议室的桌子的样子就会展现在秘书的脑海里，然后他基本上可以较为准确地回答你的问题，除非是他完全没有在意，在关门的时候根本没有看桌面。

当然，对方眼球向左上方转动时，他正在努力回忆的画面在他脑海中并没有足够准确的记忆，因此，他需要一个短暂的思考过程，如果是被问及一些常识性的问题，他自然会脱口而出，而不是转动眼珠，细细回想了。

向侧面转动的眼球：听觉频道

当一个人的眼神下意识地向侧面转动，可以判断这个人是依靠听觉来进行回忆或思考的。如果在你与他人交流的过程中，眼球不断转向侧面，你不妨给他一些声音方面的提示，因为他对声响、话语、音乐等听觉涉及的内容更加敏感，回忆或思考的时候，首先想起的也主要是某种声音以及与声音有关的某些细节。

例如，有几个朋友刚刚看了新上映的电影，你向他们询问电影好不好看时，眼球向侧面转动的朋友一定会告诉你这部电影在音效、背景音乐以及主人公声音和台词等方面的特点；再如，回家之后，你想起今天逛街的时候你在路上听过一首好听的歌曲，你不知道这首歌曲的名字，便向同行的朋友问起，而他刚好是一个“听觉频道爱好者”，只要你哼出旋律或是唱出一句歌词，这首歌曲便回荡在他的耳畔了，很快他就会告诉你答案。

当你问及一个朋友关于大学时代元旦晚会的有关细节时，如果他是一个听觉频道的爱好者，也就是说他的眼球会向侧面转动的话，他给你的回答一定是和声音有关的，例如某一位同学唱了一首很好听的歌，或是有一位主持人说话的声音很好听之类的。因为一旦大脑接收到需要回忆的信号时，他所回忆的场景就会浓缩为各种声音的集合，在他的耳边回荡起来。这时，如果你在一旁做一些相关的提示，通过声音方面的内容，引导他想起更多的事情，对回答你的问题会有很好的效果。

他们还经常有一些口头禅，例如，即便是在场的所有人都听见了门铃或手机的铃声，他也会下意识地说一句“门铃响了”。他们也会最灵敏地听出极为相似的两种声音之间的异同，例如，你今天身体不太舒服，有一点轻微的鼻塞，他就会立刻听出来，立刻说“这个声音听起来不对劲”。这都是听觉频道爱好者的常规表现。

当一位音乐家在进行创作的时候，思考如何谱曲、如何进行乐曲的组合时，他的眼球也会向侧面转动。因为他们的脑海里主要填充着各种各样的音符，他们是更典型的听觉频道爱好者。

回味感觉

葛瑞德和班德勒两位教授的调查显示，有40%的人更喜欢将目光转向感觉频道，对事情的回忆和思考也是从自己的切身感受入手的。

感觉频道的爱好者喜欢在回忆或思考问题的时候，将眼球转向右下角。如果还是在刚刚提到的事例中，你询问对方关于大学时期元旦晚会的有关细节，而对方的眼睛是朝着右下角转动的，那么就可以判定，他是感觉频道的爱好者，他的答案很可能是“那天的气氛实在太好了！”“大家都很开心！”之类的话语。当你问一个朋友：“关于下雪，你印象最深的是什么？”他的回答如果是“太冷了”之类的通过感觉来体会的印象时，他很有可能是一个感觉频道的爱好者，在回答你的问题的时候，他一定会将眼球向右下方转动，并且在回忆中想象自己就身在一片白茫茫的雪中。而当别人问你：“你体会过在近40℃高温的夏天，在广场上等人吗？”如果你有这样的感受，你的眼球向下转动的时候，你就已经将自己置于那样一个气氛中了，仿佛现在你就站在40℃高温的广场上焦急地等人。与此同时，你的面部也开始显现出与这种假设的场景相符合的痛苦的表情。

这部分人感情充沛而具有行动力，并且凡事十分注重自己的感受，喜欢把自己的感知和体会当作评判事情积极与否的标准。例如，在公司的例会上，老板分配了一个任务，希望有能力的职员主动争取这个任务，这时，人群中有一位职员目光转向右下方，又很快转了回来，那么他很可能最自告奋勇地说：“我来试试吧！”“这个工作由我来做吧！”“让我把这个问题解决了吧！”这类人常常比较活跃，不能忍受枯燥沉闷的气氛，做事也总会投入百分之百的热情，因此如果他所处的环境有些萎靡不振时，他会成为一个呼吁者，在大家面前呼吁激情，调动大家的情绪。

如果与你交谈的人是喜欢将目光转向感觉频道的人，那么如果在谈话中，他并没有完全理解你的意思，你完全可以用一个实例来讲述，这样对他来说更容易体会和理解，因为切身体验对他来说十分重要，你在提供实例证明的时候，他很有可能会将自己想象成为实例中的主人公，这样便可以轻松地理解你所表达的意思了。

左右转动的眼球

人们在赞扬一个孩子机灵的时候，常常会用“两只眼睛滴溜溜地转”来形容，这是一种对孩子的夸奖。而实际上，这样的孩子之所以眼睛转动得十分灵敏，也是因为他们的大脑进行着高速而有效的运转，思维十分敏捷。

在辩论场上，我们常常会看见唇枪舌战的辩手们不仅嘴皮子动得特别快，眼睛也在不停地眨动，眼球向左右两侧迅速移动着，这种表现也是因为他们的大脑在进行着非常迅速的思考，从而争取做到无懈可击，以应对眼前的局势，并细致地抓住对方辩友发言中的漏洞，进行有力的反击。

也就是说，当人处在较为紧张，需要思维高度警惕的状态中时，眼球常常会快速地左右不停转动。在动物界，灵长类动物和鼠科动物的眼球转动速度相对比其他动物更加灵敏和快速，这首先是因为灵长类动物的大脑进化程度较高，而鼠科动物的行动力十分灵敏。更重要的是，处在紧张戒备状态之下的动物，因为要四处侦察周围环境的安全情况，因此眼球需要不停地四处转动，以此来保证自己不被隐藏着的危险所袭击。

这种情况对于人类也同样适用，唯一不同的是，人类社会随着不断的进化与发展，社会制度也在不断地完善。人类已经不需要随时随地地侦察身边的危险，因为这种警惕已经没有必要了，因此眼球的转动相对来说也会不那么迅速。但是紧张慌乱还是人类十分常见的情绪，而人在处于这样的情绪中时，眼球的转动速度相对于平时来说会迅速很多。也就是说，人在精神处于高度紧张或需要谨慎戒备的时候，眼球也会朝侧面转动。例如，负责安全问题的警务人员或是保安，在听见周围有什么动静的时候，就会立即达到高度紧张的备战状态，以防一时的松懈给非法分子造成可乘之机，从而影响人们的生命和财产安全。而慌乱也会引起眼球的快速转动，因为这种状态之下的人，无非是担心某种事情出现他深深忧虑的结果，而防止恶性结果出现的策略还没有出现，因此他们的内心是焦急的，情况严重还会引起焦虑和烦躁，导致情绪波动幅度更大。

此外，将目光转向左右两侧，还可以在一定程度上扩展视线，使得行为人内心的焦虑情绪得到一定程度的转移和缓解，也是行为人以此来掩盖和稳定自己不安情绪的一种方式。

为压力"出气"

众所周知，打哈欠是人在困倦的时候无法控制的一种生理反应，好多动物也会打哈欠，从生理学的角度来讲，打哈欠是一种对人类身体十分有益的生理性反应。当位于大脑下视丘的旁室核氧浓度变低时，就会让人打哈欠。当人在较长时间内都处于慢或浅的呼吸之中时，就会打哈欠。引起哈欠的常见原因有很多，并不仅仅是过度疲劳，还有可能是因为紧张、久坐、专心致志地工作或阅读、室内通风不畅或温度过高等。

而实际上，人处于较大压力下，也会出现打哈欠，因为在压力的刺激下，人的脑部神经处在较为紧张的状态，容易出现口干舌燥的情况，而打哈欠时，人的嘴巴内外结构的伸张会迫使唾液分泌速度加快，从而释放出更多水分，以此来缓解压力带来的口干舌燥。此外，在打哈欠时，由于口腔张开，胸腔扩展，双肩也会不自觉地抬高，这样一来，被吸入肺中的空气量就会相对高于正常的呼吸状态下吸入的空气量，呼气的时候，也会有更大量的二氧化碳被随之排出。也就是说，打哈欠本身就可以补充一些额外的氧气，使人的呼吸更加轻松和顺畅，排出多余的二氧化碳量也有助于提高人体的舒适度，就可以消除疲劳、放松肌肉，使内心的压力得到一定程度的缓解。

当人处在紧张或压力较大的状态之下时，通过深呼吸来达到缓解压力的效果也是十分可行的方法。虽然打哈欠和呼吸的动作受到不同的脑部神经的控制，但是深呼吸也是将比平时更大量的空气吸入肺中，排出更多的二氧化碳，经过深呼吸，人的紧张的肌肉会得到一定程度的放松。处于压力之中的人，其自身的确需要比平时更多的氧气量来支撑处于高度紧张状态的脑部神经和全身的肌肉。

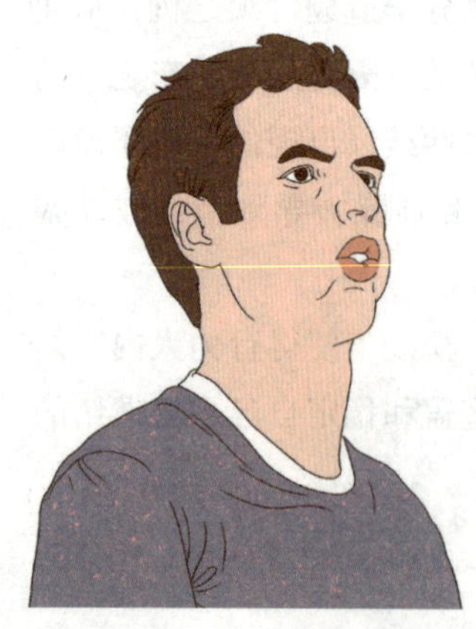

因此，当你处在紧张或压力的状态之下时，例如你参加一个比赛，一路过关斩将，到了总决赛的关头，你难免会紧张，为了缓解压力，你可以鼓起脸颊，深深地吸一口气，然后轻轻呼出，这时，你会感觉到自己的全身得到了一瞬间的放松，呼吸也顺畅了许多。这样，你一定会有出色的表现。

丰富的摇头动作

通常情况下，我们通过点头表达赞同和接受，摇头则是表示否定和拒绝。这仿佛已经成为一种定律，跨越了国界和年龄，几乎成了全世界范围内通用的肢体语言。

点头在绝大多数情况下，是表示赞同和接受的。当我们在倾听对方说话的时候，如果对方所讲的观点刚好是我们十分赞同的，即便是不需要我们表态的时候，我们也会下意识地点点头，潜台词就是："对对对，说得很好，和我想的完全一样。"或是："说得太好了，这正是我想说的！"如果在对话过程中，彼此可以达到这样的交流，那么就证明谈话双方产生了共鸣，对某个问题的看法和观点非常接近，他们会越谈越投机的。有时，一些身份地位较低的人，也会通过"点头哈腰"来趋炎附势，讨好上级，对于上级或领导说的话，不假思索地一味点头称是。

点头也是一种打招呼的简洁方式。即便是我们身在语言不通、文化相异的异国他乡，在受到别人的帮助或肯定的时候，我们也会通过点头微笑来表达感谢或简单致意。在受到鼓励或是需要鼓励别人的时候，有力地点头也是一种十分奏效的无声的表达。

摇头表达拒绝或否定，在我们还是小孩子甚至是婴儿的时候，就有所表现了。一个还不会说话的婴儿躺在襁褓之中，如果他已经吃饱了，但是母亲又把乳头塞进他嘴里，这时，他肯定会紧闭双唇，摇着头表示反对。稍微大一些的时候，面对自己不喜欢吃的食物，他就会用摇头来表达不吃的意思；同样是在倾听别人发表意见的时候，如果我们听到了和自己观点相异或是与事实不符的内容时，我们可能并不会立刻站起来提出反对意见，而是会轻轻地摇一摇头。因为摇头表达拒绝或抗议的含义太过明显，在正常的交际生活中不便时时处处表达，因此，摇头的动作被逐渐演化为将头转向另一边，以此来表达与摇头意思相近，但相对更加婉转和柔和的意思，这种动作可以理解为一种避开的动作，相对摇头表达的抗拒和否定来说，将头部转向别处来表达避开是一种消极的抗拒和否定。

很多时候，不正常的摇头有掩盖的嫌疑。例如，犯罪分子在被警察戳穿罪行时，很可能会连连地摇头，动作幅度很大，这种拒绝承认的表现显然有掩盖事实真相的嫌疑。在被极度误解或冤枉的情况下，大幅度地连连摇头也会出现，这需要根据不同场景和背景来做出具体判断。

歪着头的秘密

在日常生活中，歪头的动作常常可以表示惋惜之情，人们在惊讶（特指消极的惊讶）、遗憾和发出无奈的感慨时，常常会出现歪头的动作。当你遇见很久不见的朋友，询问他最近的状况时，如果他回答的内容是他最近过得不太好时，他的头可能会微微地歪向一边，而你表示自己的无奈和惋惜时，会轻轻地叹一口气，或象征性地安慰一句：“唉，真遗憾。”这时，你的头部也会微微地歪向一侧。

有时候，人在陷入了沉思时，头也会微微歪向一侧，目光涣散，表情凝固。如果你是一位老师，你就会常常遇见这样的情况了。课堂上，大家都在很认真地听讲，而唯有一名同学，他的头部微微倾斜，目光呆滞，那么你就可以判定，他现在的思维已经游离出了课堂。你需要利用一些小手段将他的思维拉回到课堂上，例如大声地说一句话或是穿插一个笑话之类的。

值得注意的是，全神贯注的时候，也会伴随着歪头的姿势，但是这种情况下的歪着头，行为人的眼神是十分专注的，并非目光涣散，因为他的大脑处在高速运转的状态之下，眼睛自然而然地会不停地忽闪着。

此外，歪头的动作还可以表示怀疑。例如，你在朋友或合作伙伴面前发表了一个观点，而对方并没有直接地给予回应，而是将头歪向一边，紧闭双唇，那么你要注意了，他很有可能会表达相反的意见，因为他歪头的动作说明他对你的观点产生了怀疑，而紧闭双唇则说明，他正在思考该以何种方式做出回应，是直接否定，还是先肯定下来再说呢？这时你就需要表示一定的民主了，积极地询问他的观点是个不错的选择，因为这样，他就不会因为不好意思反驳你而选择沉默或是顺从了。这样一来，交流和讨论的效果才能达到最好。

在日常的交际生活中，我们常常需要通过细致的观察和对交谈环境的有效把握来更好地理解对方的肢体语言、表情和眼神。因为有些时候，即使是同样的姿势和表情，也会表达完全相反的意思，如果没有足够的灵敏度和观察力，很有可能会误解对方的意思，从而造成尴尬。

平视就是平静

在最常见的人际交往中，平视是一种十分保险的注视对方的方式。平视看人，既不会显得盛气凌人，又不会将自己置于较为劣势的一方，表现出一种不卑不亢的态度，这样既会为自己赢得尊重，又会让对方觉得自己平易近人，和善友好，从而受到别人的欣赏和欢迎。科学调查显示，对事物能够尽量做到平视的人，心态比较平和，对外界事物很少抱怨和不满，具有博爱的性格倾向，在与人交往的过程中，很少引起争端，比较容易与人建立和谐友善的交往关系。

平视对方表现出一种理性与平静的心理状态。眼神的安宁和平静是对心理状态的外化，能够平视外部世界的人，常常给人以一种稳重的、可靠的、值得信任的感觉，大家会认为这个人有着良好的心理掌控能力和应变能力，不易在突发情况面前乱了阵脚，能够在危急关头保证清醒的头脑和理性的判断力，能够在众人都处于慌乱情境下做出合理的思考和决定，具有担大任的能力与勇气。因此，平视是一种品质，也是一种高度。

一般情况下，平视的状态出现在兄弟姐妹等同辈或者同事朋友之间，在年龄地位相仿的情况下，初次相识的人也最好采用平视的视角，以表示是一种平等的人际关系，说明大家是处在同一平台之上进行交际的，不受长幼、尊卑、贫富等差别的影响和干扰，可以自由地交流思想、谈论话题、处理事情。平视时，人的眼神通常较为温和，没有过多的戾气和身份上的干扰，如果嘴角挂有浅浅的微笑，则会给人以更加真诚的感觉。

而在日常的人际交往中，总是仰着面部看人的人，一定是性格傲慢、居高临下的，这样的人常常不把别人放在眼里，眼神中总是充满傲气和鄙夷；而总是低着头的人，看人的时候一定是以一种向上望的眼神，这样的人常常是性格十分怯懦自卑的，在人多的场合中十分容易紧张害羞，胆量也很小，几乎没有什么机会被赋予重任，因为他缺乏足够的自信。而相比之下，只有平时平视别人的人才能做到不卑不亢，也是十分沉稳的表现。

摩擦前额的含义

人在思考问题的时候，常常会用手摩擦前额。我们可以通过对摩擦前额这一微行为和对行为发生当下的环境的分析，来揣测行为人正在思考什么问题或是遇到了什么困难。

假设这样的场景：你作为公司的部门经理，在一次私下和老板吃饭的时候，向老板问起公司的下一步打算。而这时金融危机正盛，公司业务不景气，老板沉默半天，终于开始回答你的问题，但是你可能没有注意到，他的手一直不停地摩擦着前额，他的回答也没有足够的底气，显然是在相关的问题上没有成熟的想法。实际上，他摩擦前额的动作已经向你说明了一切，这个动作就明显地证明他对于你提出的问题没有有效的答案，他在思考或解决这个问题的时候遇见了棘手的困难，他根本没办法做出决定。

此外，当一个人在处于两难的状态之中，难以做出选择的时候，也会有用手摩擦前额的动作。例如，在下棋的过程中，棋逢对手的两个人对决的时候，常常会有其中的一方一手摩擦着前额，另一手持着一枚棋子，有时还会不停地缓慢地抖动棋子，这说明他正在思考着这枚棋子的着落，正权衡在两种或多种可能性之间，哪一种更加合理。这也就是我们常说的举棋不定。在日常生活中,我们在做决定的时候常常举棋不定，面对两种或两种以上的可能性,出现了下棋过程中遇见的同样的难题。在思考的过程中，我们就会下意识地将手放在额前，轻轻地摩擦着。因此，摩擦前额也可以表示我们身处于一种难以决断的选择境遇，而面对这种模棱两可的情况，我们正举棋不定，难以做出选择。

当我们在社交场合中提出一些问题，有人在回答问题时用手摩擦着前额，一副冥思苦想的样子，我们一定要注意，很有可能是我们的问题给对方造成了较大的困扰和压力，使得他很难在短暂的时间内做出回答，这时，我们就要适当地做出解释，使问题更加明晰和简洁，或是给对方留下足够的思考或回答的时间，以免给对方造成过大的心理压力和不舒服。这种做法既是出于礼貌，也是一种更好地维护双方关系的方式，否则你的问题会使对方感受到很大的压力，使对方觉得你有些强势或是咄咄逼人，从而产生不愿再与你合作或相处的心理。

拍打头部为哪般

很多时候，人们会通过拍打自己的头部来表达感情，这一动作引起了很多科学家和专家学者的注意。美国谈判协会的杰勒德·尼伦伯格先生就将这个动作细致地分析了一番，他发现，拍打头部的不同位置与具体的事项有关，并且与人的性格也有关。

据杰勒德·尼伦伯格先生称，在拍打自己的头部时，习惯于拍打后颈部位的人通常性格比较内向，或者是为人比较刻薄，这种刻薄既是针对别人，也是针对自己；而那些习惯于拍打前额的人则可能相对外向而且待人比较宽容，相比之下更容易相处。

通常情况下，拍打头部给人的感觉是行为人由于自己的疏忽给别人造成麻烦从而通过这一手势表达自责。例如，你让一个正要外出的朋友帮你捎一样东西，这件东西对你来说可能并不是十分重要，他回来的时候，你在向他询问并索要东西时，他猛地拍打一下自己的头部，接下来，他的表情一定是惊慌地愣了一秒，然后他的回答一定是："哎呀，我忘记了！"

如果是你和朋友正在一起玩桌游，其中一个人输掉了这盘游戏，这时有人告诉他："如果你在刚开始的时候就出这样一招，你就不会输了！"这个输掉游戏的人很可能也会拍打一下自己的头部，做出一副恍然大悟的样子，并发出这样的感慨："对对对！我刚才怎么没想到呢！"或者是在一个人犯过错误或失掉一个机会之后，或是走了什么弯路，他听从了别人的解释和正确的方法，他也会很自然地用手连连拍打自己的头部，不停地说："哎呀，对呀，我怎么这么笨啊！""我早该想到的啊！"

如果你在日常的交际场合中看到有人做出用手拍打头部的手势，那么你需要进行细致的观察和耐心的揣测，同时你还有理由认为他的内心隐藏着某些负面的想法。这种负面的想法究竟是什么呢？它可能是怀疑、隐瞒、不确定、吹嘘、忧虑，甚至是撒谎。想要通过简单的观察来判断拍打头部的动作究竟隐藏着什么样的负面想法是很困难的，要想做到这一点，就必须仔细认真地观察对方的每一个手势和眼神，时时刻刻注意他的肢体语言和动作，并且要结合整体的环境和背景来分析他内心的真实想法，这需要有长期积累的对身体语言的解读。

是真正的健忘吗

我们已经在前面提到科学家对拍打头部的动作进行了详细的分析。习惯于拍打后颈部位和习惯于拍打前额的人性格上有着很大的差异，对同一事情的看法也是不一样的。我们不妨假设这样一个场景，假如你拜托一个朋友帮你做件小事，在你问起他事情办得怎么样的时候，如果他把这件事情忘记了，那么他很可能会用手拍着前额或者后颈，以此来表示他对没有做完这件事的愧疚和抱歉。但是这时你就要注意了，他通过责打自己的方式所表示的懊恼和歉意究竟是发自真心还是仅仅是敷衍。尽管用手拍打头部的动作常常被视为健忘的象征，但是对方拍打自己头部的部位是前额还是后颈实际上是很关键的问题。如果他拍打的部位是自己的前额，那么说明他对自己的健忘并没有真正在意，也不太会担心你的质问，这类人平时可能是大大咧咧的性格，遇事总是不能做到细致入微，尤其是在一些小事情上，他的注意力会放得很小，加上记性不是很好，很容易出现丢三落四的情况。然而如果你的这位朋友在被你“兴师问罪”之后，拍打的是自己的后颈，那么证明他对于这件事情十分在意，他本身应该是比较刻薄的人，在很多问题上，他会非常计较和追求，他忘记帮你做事情原本是他的错，但是你的质问却让他感觉不太舒服，因为他拍打后颈部是因为他的脖子后面已经起了鸡皮疙瘩。所以，虽然表面上他是在责怪自己办事不力，而实际上，他的心里有一些烦你了。

在日常交际的过程中，有很多看似是人在下意识的情况下做出的反应，实际上却会隐藏巨大的玄机和秘密，这就是微行为的奥妙所在。如果不经过科学家的分析，可能大多数人都不会注意到人在健忘的时候拍打自己头部的动作究竟隐藏着怎样的秘密。而当我们了解了隐藏着这个微行为背后的深层次含义以后，我们就可以根据实际情况适时调整自己说话和办事的方式。如果对方是真正健忘的性格，将你交给他的事情忘掉，他自己已经十分在意，那么就需要你适时地安慰，告诉他这件事情对你来说并不是很重要，让他不必担心；而如果对方并不是十分在意延误你的事情，你可以考虑多多叮嘱，或者是换个人选了。

抓挠后颈有几种可能性

在很多情况下，抓挠后颈可以表现一种说谎后的不安情绪。犯罪嫌疑人在接受公安人员审讯的时候，当被问到事情的关键或要害之处时会矢口否认，他表面上虽然佯

装得十分镇静，但是他的微行为和小动作很有可能会出卖他，他会下意识地抓挠一下自己的后颈部，侦查人员可以通过这个微小的动作质疑他所说的话的真实性，并且由此作为切入点做出细致深入的分析，从而最终得出正确的判断。

人在说谎的时候往往会做出抓挠后颈的动作。我们常在娱乐节目或是明星访谈的节目中看到明星做这样的动作。

抓挠后颈的动作还常常在另一种场合中出现，那就是一个人感觉害羞、尴尬或难为情的时候。例如，当你询问一个要好的朋友是否帮你办妥你交代给他的事情时，他可能会恍然记起，随后抓挠着后颈露出憨笑的表情，腼腆地说："不好意思，我给忘了。" 这个动作虽然简单，但是显得十分淳朴和真挚，也有效地表达了他内心的歉意，你自然不会责备他了。

另外，当一个人感到懊恼时，他也会做出抓挠后颈的动作，但不同的是，这时抓挠后颈的动作幅度和力度都会相对较大，并且显得很慌张和烦躁。例如，公司的例会上正在讨论一个策划方案，可是大家所提出的方案都有着这样或那样的问题，没有什么可行性，这时，领导就会抓挠着后颈露出烦躁的神情，气呼呼地说："今天就这样吧，大家回去再想一想，明天继续开会讨论！" 这时，这位领导抓挠后颈的动作明显地告诉员工，老板已经在气头上了，如果在下次讨论的时候还是不能提出有效的方案，后果将会很严重了。

紧握双手的秘密

我们常常在西方的影视剧里看见这样的场景：一个人站在教堂的十字架前面，紧握着双手，嘴里念念有词，面容镇静而严肃。大家都知道，他这是在做祈祷。

在我们的日常生活中，也常常遇见紧握双手的人，那么他们又是在表达什么样的情绪呢？你不妨回想或留意一下生活中最常见的场景和身边的人。例如，等候在产房外的丈夫十分挂念产房里妻子和孩子的安全，但是自己又不能亲自守在妻子身边，只好乖乖地在外面等候。紧张的内心会让他们坐立不安，他们总是来来回回不停地走着，神情极为紧张，这时，他们的双手也常常会下意识地紧握在一起。因为他们的双手需要抓紧一些东西来寻找安全感，而最现成的就是自己的双手，所以他们总是将自己的两只手紧紧地握在一起。高考已经成为全民大事，每年夏天，有将近一千万个家庭会因为这场考试而无法平静。高考那两天，等候在考场外的学生家长也是一道令人心酸的风景。他们内心焦虑不安，但是又毫无办法，只能紧握着双手走来走去，等待着孩子走出考场……因此，在很多情况下，紧握双手都是表达行为人内心的紧张和焦虑不安。

还有一种情况，紧握的双手也可以表现挫败。当一个人感到十足的挫败时，也会将双手紧握在一起。例如，一个原本自信满满的人一直口若悬河地讲述着发生在自己身上的成功案例，并在大家面前分享自己的成功经验；而忽然之间，一个和他共患难的朋友站出来，说他所讲的成功经验根本不值一提，并让他给大家讲述他不成功的案例，这时，他的内心一定有很大的挫败感，站在大家面前的他可能会将双手握紧放在胸前或腹部，神情显得有些拘谨和沮丧。紧握的双手位置越高，他内心的挫败感就越强。

手肘摆放有学问

有的人喜欢保持这样的坐姿：坐着椅子的全部，背靠在椅子的靠背上，将手肘搭在扶手处，给你一种十分放松的状态，也显得比较霸气。

我们在一些以警匪侦探为主题的影视剧中，常常会看见两种姿态完全相异的犯罪分子的坐姿。一种是松松垮垮地坐在椅子上，尽管手腕处戴着手铐，但一侧的手肘还是撑着座椅的扶手，显示出一副满不在乎的样子。而另一种则相反，他们耷拉着双肩坐在椅子的 1/2 甚至 1/3 处，一副垂头丧气的样子，戴着手铐的双手带着手臂一起自然垂下，手肘部关节自然放松着，隐藏在警察看不见的地方，也就是靠近身体的一侧，整个人看上去完全没有骨架感。总是将手肘隐藏起来的人常常给人一种畏畏缩缩、胆小怕事的感觉，因为将手肘撑起会给人一种身体空间扩大的视觉效果，而隐藏着手肘则会使行为人看上去较为瘦削或拘谨。

生活中常常有人喜欢将自己的手肘隐藏起来，女性做出这个姿势，会让自己看上去更加温顺和乖巧。但是在正常的社交生活中，这种可以隐藏手肘的动作会让人觉得你不够有主见、容易害羞和拘谨，不够大方自信，甚至认为你是处于弱势的一方，无力承担一些重任，这样一来，你就会失去很多做事和交往的机会。如果你能在公众面前大方地暴露出自己的手肘，例如坐在椅子上的时候，将手肘自然地放在桌子上，站着的时候，不要刻意把手肘缩到身体里，你就会平添几分自信和坦诚，整个人也会焕发奕奕神采，看上去不再是萎靡不振、缩手缩脚的了。

据专家分析，因为手掌、手指、手臂和肘部具有相当强的灵活性，因此大脑仿佛更加“偏爱”它们一样，总是分更多的精力在指挥和控制它们上面，也总是“赋予”它们很多“重任”。手肘是十分重要的关节，在很多时候，手臂的动作都需要由手肘来控制。当我们把手肘暴露在对方的视线之内时，就证明你没有什么拘谨和戒备的情绪，这样就会显得更加坦率和真诚。也会让交谈的气氛变得更加轻松愉快。

手指的动与静

在行为学里，手指隐藏着很多秘密。例如，一个人如果常常将手指指向别人或是空中，那么这个人一定比较自信，常常能够做到坚定并捍卫自己的信念；对他人可能会有些强势，有时甚至还会摆出一副颐指气使的样子来。相反，如果一个人总是把自己的手指隐藏起来，握成拳头或是藏在身后，那么可以判定这个人的性格一定有些内向，不善于和人接触，对自己的观点和立场也不够坚定，对自己的行为总是不够自信。当我们还是孩子的时候，犯了错误，总是把手背在身后，低着头，站在那里，一副认错的样子。这大概就是藏起手的原始表现吧。

如果你是性格内向的人，那么不妨试着主动把手伸出来，主动与人握手致意和打招呼，这样不仅会锻炼你的胆量和自信，也会使你看上去更加开朗和善，容易交往。

双臂交叉的两种不同情况

双臂交叉的姿势我们在日常生活中常常可以看见。这个姿势可以表示防御和缺乏安全感，也可以表示拒绝和傲慢的态度。具体的情况需要根据具体的环境背景来决定。

常见的双臂交叉有两种，一种是缠绕式的，一种是抓握式的。心理学家的实验表明，抓握式的双臂交叉更容易体现行为人内心的焦虑和不安。例如，你看见一个女孩子在人群里孤独地行走，双臂交叉着，两只手抓握着上臂，那么她很有可能是刚刚受到伤害或是对身边的环境充满了恐慌和担心，也说明她此时十分需要保护和安慰。抓握式双臂交叉代表了一种紧张、消极、不安的情绪。

如果在你说话的过程中，对方时不时地出现这样的姿势，那么你需要注意了，如果不是因为他的性格比较内向，抓握式双臂交叉属于习惯性动作的话，你应该反思一下自己的说话方式、内容或是行为举止是不是让他觉得不舒服了，如果是你的原因，那么就需要你适时地调整策略了。抓握式的双臂交叉实际上是一种缺乏安全感的表现，

因为紧紧抓住另一只手的上臂看上去会更加牢固和有力，是人自我保护的一种方式。

而相比之下，缠绕式的双臂交叉则会更多地凸显一种有气势的自我防御，更多时候可以理解为一种抗拒和不接受，因为做缠绕式的双臂交叉姿势，双手处在自然的状态下或是握紧拳头，有一只手是藏起来的。这种方式的双臂交叉姿势表明行为方此时处于自我封闭、拒绝介入的状态之下，不愿接受邀请。例如，当你在商场中停下脚步看一件商品时，销售人员在你的身边详细地介绍着这件商品的特点和性能，而你对此不是特别满意，这时你就会将双臂缠绕着交叉在胸前。

实际上，你的缠绕式交叉双臂的动作已经在无声地告诉销售人员，你对这个产品没什么兴趣，他的介绍已经是徒劳了，接下来你一定会缓缓地离开这个柜台，去寻找更适合的商品。相反，如果你是一个销售人员，看见顾客做出这样的姿势，那么你就应该迅速调整策略，询问他喜欢什么类型的，对商品有什么要求，帮他寻找令他满意的商品。

第十章

谁会处在受支配的地位：强势与软弱

主动移开视线的人更加强势

第一次见面的人，如果在谈话中主动将视线移开，你就要小心了。如果你认为这是他不愿理会你或是对你有了成见，那你就错了，他将视线移开证明他已经掌握了本次谈话的自主权和主动权，从这时开始，你的情绪很快会完全被对方掌控或左右。所以，对于初次见面就不集中视线跟你谈话的挑战型对象，应特别小心应付。在交谈时，如果某一方自认为站在高于对方的地位时，他就会试着先移开视线，这样做将对方置于相对被动的局面，使对方感觉不悦，开始在脑海中搜索原因，同时反省自己的行为和言论，这种不自信会扰乱他的思维，说话的语气也因此受到影响，这么一来，气场就会被对方压过。因此可以说，主动移开视线的人可以为自己塑造强大的气场，并享受这种气场带来的优势。

我们往往可以在电视剧中看到这样一种剧情，两个从未谋面但是在江湖上都负有盛名的大侠第一次见面时总会有一段良久的对视，表示对这位从未见过的对手的好奇，再进一步就是仔细地观察对方，然后得出结论：我和他究竟谁更厉害？这时，答案又会回到两人见面开始时就进行的对视，谁看着另一个人先移开了自己的目光，他就是比较强势的一方。

但是如果两个初相识的人见面，已经寒暄了很久，双方还没有将视线转移开，或者两个有敌对倾向的人一直瞪着对方，谁都不愿先移开视线，这两种情况都可以说明，双方都希望自己掌握主动权，表现在眼神的辅助上，就是不得不增加眼神互相注视的时间。基于约定俗成，多数人在刚开始说话的时候，或是所讲前四句话的时候，就会移开目光转而看别的地方；而当话说完时，大家又会把目光挪回来注视着对方。这样既不失尊重，又不会显得怯懦，同时也会给人落落大方的感觉。

弱势的一方移开视线是为了躲避

与主动移开视线的强势行为不同，自信程度较低或者处于弱势的人移开视线往往是为了躲避。直视对方的双眼，会给人造成一种压力。这就说明了，当自己保持着注视对方的姿态，是用微妙的形式传递出了一种挑战的意味，先避开这种挑战的人，就会因为被发现心中怯懦而陷入弱势。

有些时候关系不是很熟的男女之间互相聊天，大多时候都是女性先把目光移开。这种由女性先移开的目光表达了一种特殊的弱势，比如与不熟的男性对视造成的不安全感，或者女性天生比较羞涩。并且女性由于矜持、温柔等社会角色和性格的限定，不适合主动地长时间地盯着某人，尤其是男性。总之，先移开目光的人总是弱势的。

被动地先将自己的目光移开、逃避视线、不愿意与人有视觉接触，是内向的人、犯错的人、内疚的人常做的动作。简单来说，这就是一种鸵鸟心理，鸵鸟把头埋在沙子里，以为自己看不见对方，对方也就看不见自己，而躲避他人视线的人也是为了不愿意对方继续看到自己的内心。

在现实生活中的交际场合里，我们最好能够做到礼让有加，不要刻意注视对方过长时间，也不要过早地移开视线，要注意观察对方的动态，尽量使会面双方保持一致。如果是时间较短的对话，那么从对话之初开始将与对方的几种对视次数控制在3～4次，在此之后就可以把视线移到别处，但还是要不时地保持眼神的交流，这才是最理想的互视效果。

由上而下的打量

在日常交往中，常常会用到“打量”这种看人的方法，正确的“打量”方式可以使被打量的一方感受到丰富的感情，从而取代语言的作用，让人觉得温暖和舒服。在打量人的时候，不同的身份地位或者心理状态决定了不同的打量方式。由上而下的打量通常会带有一种关怀的目光。在家庭中，长幼尊卑地位不同的情境中，或者在社会中，权力等级地位不同的场合中，会出现由上而下的视线。

由上而下的眼光通常是由强势一方发出的，象征了一种地位的显赫与尊贵，也象征了身份上的威严与权力，因此长辈看晚辈或者上级看下级的时候，视线是由上而下的。如果长辈和上级在注视晚辈和下级的时候，目光柔和地由上而下地打量，通常是一种欣赏和关爱晚辈和下级的表现，与此同时，还会伴有微微的笑容，因此，作为晚辈或下级，面对这样的“打量”，完全没有必要感觉不自在或恐慌，大可以从容自信地表达自己的想法，这不仅不会受到长辈或上级的批评，反而是表现自己的好机会，能够让长辈或上级看到自己的长处和优点，从而得到青睐。

在与陌生人交往的过程中，也常常会碰到这样的“打量”，这种打量虽不同于长辈对晚辈或上级对下级的由上而下的关怀，而是一种上下反复的打量，但是也没有必要觉得反感，初次相见的人会不自觉地将目光投射到对方身上，以期留下更深的印象。

由下而上的尊敬

在中国，有个成语叫“位高权重”，顾名思义，权重者位高，掌握相对权力的人在地位上一定会高于其他人，这就将无形的身份地位化成了有形的空间地位，身份相对低的人看身份高的人的时候，必须仰起头，抬起眼皮，这种眼神在不经意间就带有了一种敬畏的心理。

这种情况适用于晚辈对长辈，下级对上级。一般孩子小的时候，身高是低于父母的，父母在教训孩子的时候通常会将目光注释着犯错误的孩子，而孩子在挨骂的时候常常是一副“低眉顺眼”的样子。眉毛低垂，眼皮朝下通常是顺从的、不反抗的、弱势的、理亏的、无力的。而眼神直接从高向低，则表现的是霸气的、强势的、理直气壮的。因此孩子看父母或长辈的眼光通常需要由下而上地缓缓移动，既不显得冒昧，又能够表达足够的尊敬。下级在面对上级的时候，因为受到身份地位的影响，必须将自己置于弱势的、顺从的一方，以此来表达对上级的尊敬和敬畏，这样才会让上级感觉舒服，才能让上级感觉到你对他的尊敬和对他地位的肯定。

压低的眉毛中会透出威严

眉毛压低的人看上去十分具有侵略性，既让人觉得十分威严，又透着一种淡淡的忧虑。眉毛压低时总让看着你的其他人觉得阴云密布，制造了一种严肃紧张的氛围。男性如果想让自己看起来更加威严，简单的办法就是修剪眉形，将眉毛修得更低，或者在说话时压低眉毛，就能制造出一种威严的感觉。而千万不要挑高眉毛，这样会给人一种轻浮、高傲的感觉。

当父母在训诫、教导自己的小孩儿时，他们总是一脸的严肃，让小孩不敢不听。其实父母就是故意把眉毛压低，小孩子看到父母这种表情时就会知道自己做错了事而让父母感到不满意和生气，这时父母对孩子的批评才会更有效果。如果父母在批评自己的孩子时都嬉皮笑脸像平时宠他、逗他那样，那么孩子又怎么会觉得自己犯错了呢？在孩子看来，生气时父母所说的话对他而言当然是必须要接受的。

领导在训诫下级的时候往往也是一副阴沉的严肃面孔，并且故意压低眉毛，这样压低的眉毛在下属看来充满着领导的威严和对自己犯错的不悦，领导这样去批评下属才会有力度和强度。如果反过来，领导眼睛睁大、眉毛也向上挑得很高去批评下属反而会让挨批的下属觉得十分滑稽，不仅没有效果还会在下属之间闹出笑话。如果领导只是面不改色、轻描淡写指出下属的过错，往往不会给下属造成太大威慑力，这样的训斥也是没有效果的。

电影中也会利用压低的眉毛来塑造人物性格，例如美国著名影星马龙·白兰度就有着一对低沉的眉毛，他在很多电影中利用这对眉毛塑造了许多反面形象，给人以很强的侵略性和攻击性的印象。

对于政治人物来说，下压的眉毛会给他们带来很大的优势，不仅会使他们看起来更加具有威严，还会给他们添加一种忧国忧民的气质。美国前总统肯尼迪的眉毛形状较为下压，眉毛尾部微微向下延伸，这种眉毛使他看起来总带着淡淡的忧郁，好像随时随地都在为国事烦心。

带着威严的凝视

在日常生活中，如果一个人想要用目光进行威胁，那么他就会盯着某样东西或者某个人看，这种凝视的目光会使他看上去更加威严，带有较强的侵略性和攻击性。就像电影《终结者》里面那群想要控制人类的智能机器人，他们会用自己威严的目光目不转睛地盯着将要攻击他们的人，而就在他们的威严凝视体现在看着攻击他们的人的时候，那时的目光不仅会像肉食动物袭击自己的猎物之前具有的那种冷漠、冰冷，而且会死死盯住攻击者的眼睛，发出一种贪婪而又令人恐惧的意味，就这样他们把恐惧灌入了人们的内心。因此在生活中如果看到有人露出这样的目光，千万不要去招惹他，否则会为自己带来不必要的麻烦。

一个小孩打碎了家里的玻璃或者是碗，如果父母判断他是故意恶作剧的，就肯定会批评教育他，而这场教育一定是从严肃地瞪着这个孩子开始的。只有让孩子一动不动地站在那里，感受到父母威严的目光，他才会对自己做的错事有一个正确的认识："哦，这是错的，我不应该这样做，爸爸妈妈会生气的！"

当一个人在工作中犯了错误，首先他自己心中就会心虚害怕，尤其当他被他的领导或者其他人发现了这件事的人威严地凝视着时，这种心虚和恐惧感一定会被放大。领导威严地注视着下级时本身就是由上而下施压，这时被这样威严的目光注视着的人，他的后背一定会阵阵发凉，因为他感受到了领导这种威严目光下的可怕之处，我会不会被解雇？我这个月的薪水会不会被扣完？……

威严的目光可以通过自己训练来掌握，例如每天抽出几分钟的时间站在镜子前，想象一个让你生气的情景，然后对着镜子训练自己用威严的目光去看别人，经过一段时间的训练，就可以熟练掌握这种有杀伤力的目光了。

如果在正常的社交生活中，对方不是你的下属而是一些朋友同事，或是仅有一面之缘的合作者，我们应该尽量避免这样的目光，以免给他人造

成太大的压力；即便是作为领导，经常用这样的眼神凝视着下属，也会让自己的形象显得过于严厉，不便于营造轻松的工作气氛，和员工的关系也很有可能会陷入僵局。

死盯着对方的眼睛不转移

大家一定遇到过这样的事情，在公共场合，比如公交车上或者地铁上，自己一回头总是能看见有人正盯着自己看，让自己感到十分不舒服。你如果先把目光移开，余光还能看见他盯着你看，那你心里肯定会更加不舒服，没有人会被人家肆无忌惮地“扫描”还无动于衷的。其实避开这种人的目光的方法很简单，发现有人盯着你看，你也盯着他看，死盯着不要放开，过不了多一会儿他就会把眼睛转向别处去了。

当自己受到外来的挑衅或者攻击时，试着不要眨眼，盯着无视你权威的人的眼睛一动不动，同时有意地压低你的眉毛，这样来回应对方的挑衅。只要你一直这样一脸阴沉地盯着对方的眼睛，直到对方先把目光移开避开你的盯视，你就取得了第一步胜利：用目光压制你的对手。

尤其当对方先把目光移开时，他往往还会用余光瞄一下你是否继续死盯着他，如果是，那么你的威慑将更具有效果。

很多人的目光不具备足够的震慑力是有原因的，就是当别人盯着他的眼睛时，他总是那个先把目光移开的人，这样就会第一个输掉自己的气势。如果你是新官上任，想要下属感受到你作为领导的威严，那么就尝试用这种威严的目光从他们身上看一遍，尤其要死盯着那几个也一直盯着你看的死硬分子的眼睛，在目光上战胜他们，这样你的下属才会对你产生应有的敬意。

长久凝视使人更亲密

有一位小姐，快要 30 岁了还没有结婚，爸爸妈妈很为她着急，于是屡屡为她安排相亲，让她出去见各种各样的男人，可是这位小姐虽然每次都认真去和人交谈、了解过了，可还是对坐在对面的男士丝毫没有动心的感觉。直到有一次，她又去见了一

位小伙子，那个小伙子在专注听着她说话的同时，还十分诚恳地凝视着她，这种凝视迅速拉近了两人的距离。这位小姐果然不再排斥恋爱，与这个小伙子认真交往起来。在交往的过程中，她感到两个人之间每一次的凝视，都会让她感到这个小伙子真心的感情。经过一段时间的恋爱，两个人就结了婚。

可见，长久的凝视有时会胜过语言的交流。有一个很简单有趣的“凝视法”，短时间内可以拉近恋人们的距离：两人约隔半米开外或站或坐，然后凝望对方的眼睛，要看得尽可能深，最好看到对方的“灵魂深处”去，对视两分钟后告诉对方自己看到了什么。

除了恋人之间的眼波流转，在生活和工作中，积极主动地进行目光交流也会起到良好的效果。例如，在推销商品或者面试的时候，在与对方交谈时需要注意始终与对方进行积极的目光交流，千万不要目光躲闪，否则会让人觉得你不够自信。而大胆地注视对方的眼睛，不但可以建立更亲密的关系，还会使人觉得你自信满满、值得信任，从而得到更好的结果。

简单来讲，长时间的凝视就是行为人的眼光不愿意离开他正在凝视的人或物，换句话说，就是他现在正在看的东西是他希望并愿意看到的，将目光在这里的停留时间加长就可以多享受这个人或物带给他的精神或感官上的快感。如果互相凝视的双方都是这样的心态，相互之间的关系一定是亲密的，即便是不够亲密，双方也都很愿意将关系进一步发展。

高昂着下巴的人通常倔强

在生活当中，我们身边总是有一群高昂着下巴的人，他们存在着一个共同点，就是性格十分倔强。我们身边这些性格倔强的人总是不大爱跟周围的人说话，无论到了哪里都喜欢独处。他们的脸上总是一副漠然、无谓的表情，还总是高高昂起他们的下巴。也许这时，昂起下巴并不代表自己具有攻击性或者挑衅的意味，可是这一类人也总是不容易被人说服。

每当和这样高昂着自己下巴的人讨论问题时，要说

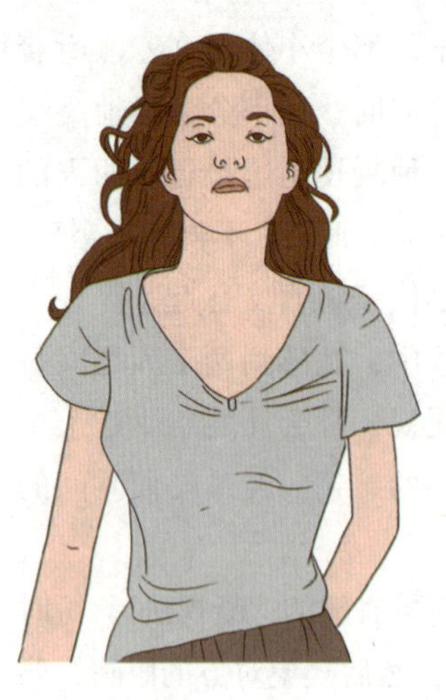

服他们相信自己是非常困难的，因为他们总是十分固执而又倔强，总是觉得自己才是对的，从来不愿意去服从别人说的。

所以，当和这种“总是昂着下巴”的人讨论问题时，我们应当尽量避免有让对方顺从于自己的这种想法，因为他们总是十分倔强，往往都认为只有自己的观点是正确的，所以他们宁愿相信自己也不愿意相信别人嘴里说出来的事实真相。所以当我们在说服他们时，应当对这些人摆出一些有力的事实，用这些事实来说服对方相信。

与这一类倔强的人讨论观点型问题，只凭着一副好口才和交谈的诚意是远远不够的，因为这群人总是固执己见，而且十分坚持自我。我们应该明白，像这样的人，只有在强大而又客观的事实面前才会低下自己倔强的头。

在日常生活中，我们最好尽量避免总是让下巴保持高昂的状态，尤其是在有长辈或是领导在场的情况下，毕竟，谦虚的年轻人或晚辈会给人留下好印象，自己的晋升空间也会多一些。而总是高昂下巴的人，一副不可一世的样子，即便是技不如他的人，遇见这样的人也不会感到舒服的。

握手时该谁先出手

握手是在相见、离别、恭喜或致谢时相互表示情谊、致意的一种礼节，双方往往是先打招呼，后握手致意。我们往往只看握手的两个人是谁，而从不注意握手时应注意的礼节与顺序，事实上，在社交过程中，握手是有一定的规则的。

握手是人与人交际的一个部分。握手的力量、姿势与时间的长短往往能够表达出不同的礼遇与态度，显露自己的个性，给人留下不同的印象，也可通过握手了解对方的个性，从而赢得交际的主动。根据社交礼仪，当我们为从未见面的两个人互相介绍时，应该是先介绍两个人当中地位较低的人，地位高的人则放在后面介绍。而握手的礼仪则是正好相反的，应该是地位较高的人先伸出自己的手，就是由地位较高的人先决定他要不要跟你握手，如果他想跟你握手并且先伸出了自己的手，你才可以伸出自己的手和他的手相握。也就是说如果你面前有一位比你地位高的人，你应该先等他伸出手再伸出手去跟他相握。作为后辈或者是下级，你不应当贸然先把手伸出去要求人家跟你握，否则会被其他人视作很没有礼貌，不懂得社交礼仪。

事情因情况而异，握手这件事如果换了男人和女人，则一般都先由女士伸手。当然，假如你是一位女士，万一碰到一位傻傻的男士“不懂事地”先向你伸出了手，你也应该回握一下表示礼貌，可别让对方的手停在半空中造成尴尬。

翻转手掌获得主动权

在双方见面握手时，旁边的人看到两只握在一起的手，往往是掌心向上的人表示恭敬与顺从，而掌心向下的人是权威和强势的一方。由此可见，如果你想在握手时掌握主动权，你就可以在两人握到手的那一刻，翻转你的手掌，让自己的手掌手心朝下。两个男性在相互较量时，往往会发动一场翻转手掌的暗战，例如情敌或者是商场上的对手，在握手时就都会试图翻转手掌，将对方压在下面。相反，在与长辈或者上司打交道时，则应该将手心向上，表现出自己的恭顺与尊敬。

握手是一种礼仪，手心朝上与人握手，这种属于乞讨式的姿势，往往表明这人性格较为软弱，地位比较低。握手时掌心向上，一般情况下表示谦恭。相反掌心向下给人一种傲慢的感觉，自认为是大人物，“俯视芸芸众生”。

如果和对方见了面还很随意地说笑着，可是在握手时却想重新把控主动权，就可以当握住了对方的手之后再翻转你的手掌，让自己手心向下，而且将对方的手压在底下，这样就可以让对方感到你的强势。对方的手如果被你成功翻到了下面压住，对方自然而然也就处在了被动的地位上，由你掌握主动权。为了获得主动权，你在翻转自己的手掌时，也没有必要一定要水平压住对方的手掌，只需要将对方的手稍稍压低一些，让你的手处于上方就可以了。

男女交往时，一般都由男性掌握主动权，因为女性在握手时习惯性地将手心向上以表示顺从，这是女性特质的一种表现。但是在职场中的女性往往比较强势，有着女权主义思想，在与这样的职业女性特别是女上司交往时，男性最好不要试图掌握主动权，这样会使对方觉得没有得到足够的尊重。

伸展手臂的不同含义

很多人在坐下时都喜欢将手搭在椅子扶手上，这样可以使人显得更加强势、更具有权威感。因为这种坐姿可以扩大身体占据的空间，使人看起来更加高大。伸展手臂是一种体现自信和权威的动作，人在感到舒适和自信时才会做出这个姿势。相反，当感受到不适和压力时，伸出的手臂就会立刻收回。例如，一个人在谈论自己的投资计划时表现出一副胸有成竹的样子，手臂伸展到旁边的椅子上，显得非常的自信，侃侃而谈，但当别人问到董事会对这件事的看法时，他立刻收回了伸出去的手臂，将双手放到了腿上。收缩的手臂说明这个问题使他感到了不适，果然，后来他承认董事会其实并不赞同他的投资计划，他一直为这件事感到很苦恼。

在商务活动中，可以通过与会者不同的坐姿判断出他们的身份地位。一般来说，领导和地位较高的人常常靠坐在椅子上，将手臂搭在椅子或者沙发的扶手上，显示出自信和权威。而一些职位较低的工作人员则规规矩矩地坐在椅子上，双手拘谨地放在腿上，显得很顺从。

如果将手臂伸展到他人的椅子上，则是一种侵犯他人领地的行为。一般较为自信或者强势的人会做出这样的动作，相比女士，男士更常做出这样的动作。

在交往中，很多男士会将手臂伸展到旁边人的椅子上，这是由于他们有着较强的侵略性，会给旁边的人造成压力。如果旁边坐的是陌生人，那么这样伸展手臂的动作就会使对方感到受到侵犯。在这种情况下要尽量管好自己的手臂，不要给别人一种威胁的感觉，不然很容易引起对方的反感，甚至导致不必要的冲突。

除了威胁的意味，将手伸到他人的椅子上有时也可能是一种示好的表现。例如，在社交场合，如果一位男士不自觉地将手臂放到旁边的女士的椅子上，说明这位男士可能对这位女士有好感，想要拉近两人之间的距离，进行进一步的交往。这个动作好像将这位女士拥入怀中一样，表现出内心想要占有的欲望。

双手叉腰的威严感

双手叉腰也是一种捍卫领地的动作，人们通常利用这个动作来体现自己的权威和掌控权。这种动作是将双臂弯曲，双手放在腰部，将手肘向外张开。叉腰动作是一种权利的象征，也是领地宣言。地位较高、权力较大的人比较喜欢做出这个动作，以彰显自己拥有的权威。例如，老板在办公室里训斥下属时往往会将两手叉腰，摆出一副盛气凌人的样子，让下属感到无形的压力，好像在说：“在这里我说了算！”警察和军人也喜欢做出这个动作，这是他们长期接受的训练所养成的习惯，这样的姿势使他们在执行公务时显得更加有威严。但是如果在日常生活中，也摆出这样的姿势的话，就会让人感觉受到了威胁，从而产生距离感。警察即使在办案过程中，也要慎重使用叉腰的动作，如果在不适当的场合做出这种动作会影响工作的顺利进行。例如，在解决家庭纠纷时，警察在他人的居所里就最好不要双手叉腰地站立。因为这种姿势代表了对领地的控制权，好像要掌管这里的一切事务一样，这时家里真正的主人会感到自己的领地受到了侵犯。除此之外，警察在做便衣的时候也最忌讳摆出这样的动作，因为这样的动作会暴露出自己的身份。尤其是新手并没有掌握如何在他人面前适当地使用这一动作，只会一味地双手叉腰显示自己的权威。罪犯们识别便衣的主要依据之一就是双手叉腰的动作，因为除了一些拥有特权的人，普通人很少做出这种动作。如果便衣不能改掉这种习惯，一旦暴露身份就会让自己处于非常危险的境地。

男性使用这个动作通常会显得盛气凌人，但女性在想要体现自己的驾驭能力时，适当使用这一姿势会很有帮助，在职场中，不少职业女性受到性别上的限制，不能同男性一样获得同等的地位和对待。在开工作会议时，女性可以做出双手叉腰的动作来加强自己的权威感和掌控感，使在场的男性同事更加尊重自己的发言。

传统的叉腰方式是拇指朝后，其他四指向前，另外一种不同的叉腰方式是拇指朝前。这种叉腰动作体现出的是好奇或者担心，做出这种动作的人心里在判断究竟发生了什么事。如果将拇指转向外侧，则说明担心的程度加强了，问题肯定变得更严重了。这种姿势与传统的叉腰姿势相比，体现出的权威性较低。

手撑桌面获得主导权

当人们讲话时站在一张桌子或柜台后面，他们很习惯于将手臂张开一定的角度，用手指撑在桌面上，这种动作是一种表达自信和权威的方式，双臂张开有捍卫领地的意味，是在对旁边的人宣称自己位于主导地位。而且在做这个姿势时，身体会向前倾，尤其是演讲或者讲课时本来站的位置就比其他人高，从而给他人造成一种压迫感，更加凸显自己的主导地位。例如，比较严厉的教师在上课时就习惯将双手撑在讲桌上，身体前倾，显现出不可侵犯的威严感，再用严厉的目光仔细观察学生有没有在做小动作。通常在这样的课堂上，学生们都比较安静，因为利用这样的肢体动作获得了对班级的主导权，使学生感到了压力，他们知道只要自己在老师的地盘上犯错，肯定会受到严厉的惩罚。在商务会议中，一些地位较高的领导在演讲和发言中也会将双手撑在桌面上，展示自己的主导地位，撑起的双臂是一种对领地的标示，仿佛在说这里的一切都由他说了算。

在日常交往中，这种撑在桌面上的动作还是愤怒和冲突的表现。在交谈中，如果对方将双臂张开，用手指撑在桌子上，你就要小心了，这说明他就要发作了。这种动作体现出做出动作的人掌控话语权的需求，他有可能对当前的情况感到很不满意，甚至想要获得局势的掌控权。人们在与别人争执的时候经常摆出这样的姿势，例如，在宾馆大厅中，有一位顾客到前台来求助，这时他的手臂并没有什么明显的动作，但是当他的请求遭到拒绝后，他的手臂张开了，并走上前去将双手撑到了桌子上，随后便跟服务员理论起来，随着双方谈话越来越激烈，他双手也越来越向外扩张。在机场也经常遇到这样的情况，例如，一位旅客在购票时由于行李超重被要求支付额外的费用，这位旅客很不满意，伸开手臂并将双手撑在柜台上，与工作人员理论起来。这些例子都说明这种动作是为了体现威严和掌控感，使对方感到压力。

手臂的扩张和收缩

收缩的手臂体现了消极、被动的心态，相反，张开的手臂则表现了积极主动的心态，说明做出这个动作的人比较自信，他在争取主动权，想要控制当前的局面。例如，歌星在演唱时会挥舞手臂并带领全场的观众一起挥手，这就是主导力的一种体现。同样人们在发言时，为了强调某一个重点也会挥舞手臂，以体现自己的主导地位。而当一个人的手臂在说话时收缩的话，则说明他比较没有自信或者感到了不舒适。

在交谈过程中，可以通过一个人手臂的变化来判断他内心情感的波动。例如，在谈判过程中，如果对方说话时手臂扩张开，则说明他对自己的观点非常自信，并且想要在谈判中占据主动，这时尝试去说服他是比较困难的。如果随着谈判的进行，对方的手臂渐渐收缩，而且语气也不像当初那么肯定了，那么恭喜，说明对方的自信和心理优势正在减弱，这时候趁机说出自己的意见比较容易获得成功，因为这种动作说明对方的自我意识没有那么强烈，比较容易认同他人的观点。

在商务会议中，对自己的观点很有信心的人往往会试图占据更大的领地，伸展手臂就是一种扩大领地的方式。地位较高和拥有掌控权的人在讲话时，都喜欢伸展自己的手臂，让手臂做出各种动作来强调自己发言的内容。这种积极的手臂动作表达的是“我很自信”，相反一些在发言时缩手缩脚的人往往对自己的能力不是那么有信心。而当一个人被问到让他不自在的问题时，伸出的手臂就会立刻缩回。例如，在公司的策划会上，策划人在滔滔不绝地讲述策划案的细节，在讲到一些具体内容时，他的手臂向两旁大大地伸开，显得对自己所说的内容非常自信。但当在座的一个同事询问他关于试点调查的事情时，他原本充满自信的手臂立刻收了回来，面部表情也消沉了下去。原来他并没有表现出来的那样成竹在胸，为了节约成本他根本没有进行过试点调查。同事的这个问题戳到了他的痛处，使他的自信心和主导意识瞬间减弱，扩张的手臂也因此收了回来。

在坐姿状态下，手臂的伸展和收缩没有站着发言时那么明显。人们坐着时通常会将手肘或者小臂平放在桌面上，在感到自信时手肘会向外打开，双手手指轻轻地搭在一起，在桌面上圈出一块属于自己的领地范围。而当他内心发生变化，信心减弱时，手臂就会向内收缩，变成双手手肘相碰、小臂并拢的姿势。如果小臂并拢时是直立的，那么双手可能做出十指交叉紧握的姿势，那么就说明情况变得更糟了，这个人在为什么事情感到担心。

叉开双腿的强势站姿

很多哺乳动物在感到压力、烦躁或者威胁时都会做出捍卫领地的动作，而当需要威胁他人时也会做出同样的动作。人类也是如此，在感到受到威胁时人们就会做出一些动作来表示他们正在努力控制属于他们的领地，并试图掌控局面。在人类捍卫领地的行为中，叉开双腿站立是最常用，同时也是最容易被认出的动作。警察和军人最习惯于双脚叉开站立，因为他们在执法过程中通常总是处于统治地位。而当他们想要威胁他人或者战胜对方时，就会将两脚叉开得更宽，获得更多的领地以体现自己的权威。

人们在对峙状态中，便会叉开自己的双腿，这种站姿不仅会让自己站得更稳，同时也可以占据更多的领地。例如，摔跤选手或者拳击选手在双方对峙时，都会将双腿叉开，稳稳地站在地面上,同时准备发动攻击。如果在交谈中发生了争执，而且双方都渐渐将自己的双腿叉得更开，就说明麻烦来了，这两个人就要开始行动了。如果一个人的腿先是并起的，之后在谈到某个话题时他的双腿渐渐叉开，就说明这个话题使他感到不高兴，他并不想继续谈这件事，这时最好改变话题，因为这种站姿说明对方做好了对抗的准备，继续谈下去可能会引起冲突。

双腿叉开的幅度也能说明争执程度的大小，如果两个人的双腿叉得越来越宽，则说明他们之间的冲突升级了。因此在与他人发生争执时，可以利用收回腿部的动作缓和两人之间的矛盾，如果想避免进一步冲突的话千万不要继续叉开双腿，而是要收拢双腿，这样可以减弱身体语言的攻击性，从而降低对抗的等级，进而化解这场一触即发的冲突。叉开的双腿有着控制、威胁和恐吓的意味，例如在家庭暴力中，男性在对待妻子时会叉开双腿站在门口，挡住她的去路。因此在想要控制住对方时，可以利用这样的站姿体现自己的气势，例如囚犯在监狱中面临着其他囚犯的威胁和欺辱，那么他在站立时就必须叉开双腿，体现出自己的强势与力量，不能露出任何软弱的表情。

叉开双腿的站姿还有利于树立自己的权威，尤其是对一些需要体现自己权威的职业女性。例如，公司中的女主管、女警或者女法官等，由于社会性别的限制不像男性那样容易获得主导地位，而在工作时使用叉腿的姿势站立可以帮助她们强化自己的权威，从而使她们更容易获得主导地位和控制权。

伸出拇指的含义

日常交往中人们通常利用拇指来向他人表达自己的情感倾向。拇指的动作属于二级语言，往往需要配合其他的动作或表情来表达确切的含义。最常见的用法就是四指握紧，竖起大拇指对别人表示称赞，竖起拇指的同时嘴里还说道：“你干得真棒！祝贺你取得成功！”大拇指代表权威、力量、信心和优势，它排在五指中的第一位，表示第一、优秀的意思。据说竖起大拇指的动作起源于古罗马，当时古罗马的市民非常热衷于观看角斗，在古罗马斗兽场中，如果一名角斗士奉献了一场精彩绝伦的表演，观众们就会竖起大拇指以示赞赏，但是如果观众们不满意时就会将拇指向下，表示“杀死他”。

现代社会，拇指向下虽然已经没有古罗马那样野蛮的含义，但是这样的手势还是表示出否定的含义。综艺节目中，延续了古罗马竞技场的传统，请嘉宾表演节目然后让观众进行评价，观众如果觉得好看就竖起拇指，如果觉得不好看就将拇指朝下。拇指朝下还有鄙夷的意思。例如，一群人围在一起，同时将拇指向下指向一个人，脸上露出不屑和鄙视的表情，很可能是这个人做错了什么事让其他人感到不耻。

一个人正常情况下是不会用拇指去指别人的，如果用拇指指向别人则表示对那个人的嘲讽和奚落。例如，一个男人向朋友诉苦时，说自己的妻子非常唠叨，毫不善解人意，这时他就有可能用拇指指向自己的妻子，并微微晃动拇指。这种手势代表了对他人的不尊重，很容易引起对方的不满与怒气。尤其是男性向女性做出这个手势是非常不礼貌的，而女性则很少使用这样的手势指向别人。

需要注意的是，竖起拇指在不同的文化中有着不同的含义，在使用时要避免引起误会。在受英国影响的国家里，竖起拇指有着三种含义：第一，可以向路上的车辆竖起拇指表示想要搭便车。第二，表示没问题、不错，与 OK 手势的意思差不多。第三，突然竖起拇指还有侮辱的性质，意思是“举起双手”或者“不许动”。而在希腊，竖起拇指则是一种骂人的手势，意思是“吃饱了撑的”。因此千万不要在希腊用大拇指称赞他人哦。

竖起拇指表示自信

竖起拇指的动作通常表现出一个人有着高度的自信，并且与人的身份地位相关。一些地位较高的人往往喜欢露出拇指以显示自己的自信和权威。在一些社会地位较高的人群中经常能看到这样的姿势，如律师、医生和大学教授等都习惯在抓住衣领的时候把拇指露在外面。很多广告画中的模特在拍照时也喜欢使用手抓衣领的动作，通过竖起的拇指表达出高度的自信。

将拇指竖起是一种背离重力的动作，人们在感到高度舒适和自信时才会做出这样的动作。因此当一个人将拇指向上竖起时，说明他对自己有着较高的评价，对自己的观点或思想非常自信，并且对现状感到满意。通常情况下，十指交叉、双手紧握是一种自信度低的表现，这种手势看上去像是在祈祷，说明这个人心中在担心或惧怕什么事。但是如果双手紧握时拇指是向上伸直的，所表达的含义就完全不同了，这个动作体现出的是积极的思想。但是这种姿势中的拇指可能随时消失，当拇指又落下时说明此时没有需要强调的重点，或者出现了一些消极的情绪。

观察发现，喜欢使用拇指动作的人一般对周围的环境比较敏感，警惕心强，思维敏捷，观察力也较为敏锐。因此通过观察拇指的动作，就可以准确地判断出实施者情感的变化。例如，一名演讲者在开始时表现得胸有成竹，陈述自己的观点时自信满满，不时做出尖塔式手势进行强调。但是当一位听众指出他演讲中的一个错误之后，这位演讲者便立刻将拇指伸进上衣口袋。这种隐藏起拇指的行为说明他的心态从高度自信迅速转变为低度自信。

人们一般很少做出竖起拇指的动作，一旦这种动作出现，就可以断定是一种积极情感的表达。而将拇指隐藏起来的动作则是低度自信的表现。男性经常做出将拇指放进口袋而其他四指露在外面的动作，尤其是在面试中，来应聘的人由于紧张就会做出这种动作。这样的姿势就好像在说：我对自己不太有信心。这种动作基本上专属于不自信的人和地位较低的人，地位较高的领导或者管理人员通常不会做出这个姿势。拇指放在口袋里会给人一种唯唯诺诺的感觉，在国家领导人身上永远不可能看到这样的姿势。

地位高的人肢体动作少

一项语言学的研究结果表明，一个人的身份地位、权力和声望与他说话时所使用的语言和词汇有密切的关系。通常情况下，一个人的社会地位越高或者职务越高，他的语言应用能力就相应的更好。而身体语言方面的研究则显示，人们在传递信息和表达情感的时候，他所掌握的词汇量的大小、语言能力的好坏与他使用肢体语言的多少有着必然的关系。这也许与受教育程度有关，身份地位较高的人掌握的词汇量较大，因此可以使用丰富的语言来表达自己的思想。而那些身份地位较低的人由于受到的教育有限，所以在表达时更依赖于肢体语言。因此，人的社会、经济地位越高，他所使用的手势和肢体语言就越少。

一些职位较高的人在公众面前为了显示自己沉稳的风度，就会尽量减少自己的肢体语言，这样做也可以避免过多的肢体动作暴露自己内心的情绪。电影中演员们会将这种现象表现到极致，例如《007》系列电影中的特工詹姆斯·邦德总是一副无动于衷的样子，他的肢体语言少之又少，不管遇到什么样的压力与困难，都能保持镇定自若。哪怕是受到坏人威胁、侮辱，甚至中弹受伤的时候，他仍旧面不改色心不跳，保持着泰山压顶我自岿然不动的英雄本色。与此相反，喜剧演员金·凯瑞通常在影视作品中出演一些无权无势、在生活中备受排挤的小人物，为了体现幽默滑稽，他常常会用夸张的肢体动作和面部表情来表现人物内心的活动。

除了身份地位的象征之外，肢体动作少还有一个实际的好处，那就是动得越少暴露的也就越少。例如，在面试过程中，如果一个人总是左动右动，不停地移动双脚，手也不知道要往哪儿放，面试官一眼就能看出这个人的紧张和不自信。而沉稳、镇定的肢体动作则可以给人一种自信的感觉。

显示权威的座位安排

在商务活动中，不同的座位安排可以营造出不同的沟通氛围。例如，两个人对坐在桌角比较适合进行轻松而友好的谈话；两个人之间呈九十度夹角的位置则最能体现出双方的合作关系；而两个人面对面坐在一张长方形桌子的两边则是一种对抗性的位置，在职场中这样坐的两个人不是上下级关系就是竞争对手，要么两人内心就都互相排斥。而且这样的位置还能提升身份地位和权威感，体现出强势的意味。

这种位置很容易导致双方发生争执，并容易令人感到紧张。有人在医生的办公室里做过一项调查，目的是查明医生办公室里办公桌的有无与病人的紧张感之间的关系。结果表明，医生的办公室里摆有办公桌时，只有 10% 的病人感到放松，而撤去办公桌后，感到放松的病人的比例提高到了 35%。可见这种位置对人心理造成的影响。

除此之外，这种位置还与人的身份地位有关。身份地位较高或者职务较高的人比较青睐于选择这种交谈位置，他们喜欢在自己的办公室里面放一张办公桌，在与下属谈话时用桌子把下属和自己隔开。而职务较低的管理者选择这样位置的人较少，而且男性比女性要更喜欢这样的座位摆放方式。

值得指出的是，在餐厅等公共场合，这种座位并没有对抗的性质。很多人在就餐时认为这样的角度更适合聊天，尤其是关系亲密的人，面对面坐着更利于两人进行眼神的交流。

第十一章

到底是谁激怒了谁：愤怒与好斗

愤怒的表情

在人类所有的感官情绪中，愤怒是对能量需求最大的一种情绪。

人一旦被激怒，全身上下就会明显地协调统一起来，进入备战状态。这时候，身体中储备的能量将伴随着呼吸与血液循环的配合，开始快速地聚集与运输，让身上的每一个细胞都进入激活状态。由于所有的细胞都要激活，所以愤怒的情绪势必需要通过加深呼吸来吸入充分的氧气,用于战斗。愤怒的情绪也会同时引导带动血液循环系统，加速心脏大力收缩，进而提高血液流通的量与速度。伴随着血压的不断升高，作为当事人，会感觉到自己的脉搏在强而有力地跳动。

这样的身体反应可以得出两个方面的结论。一方面，由于全身的各种协调都需要消耗大量的能量才能进入战斗状态，所以战斗反应是很难作假的。有些伪装很容易，比如哭，但是愤怒情绪的伪装在几乎所有伪装中是最难的。另一方面，愤怒的情绪一出现就会相当明显，就算尽力去掩饰，别人还是能够看出来。因而当真正愤怒的时候，别人会很容易察觉捕捉到。

愤怒情绪点燃战斗欲望之后，会有非常明显的表现：身体向前倾，头往前伸，压低下巴，两眼发光向上翻直瞪对手，外加愤怒表情，表现为眉头紧皱，眉梢往上扬，眼睑紧绷，鼻孔张合，咀嚼肌紧绷，嘴唇向下并露齿等。

能量的充沛使全身的肌肉在神经系统的指引下快速从放松变为紧张备战状态，这些变化在脖子、手等部位都可以比较容易地观察到。

愤怒者的脖子会变粗

脖子在一定程度上可以反映出一个人的愤怒程度，当你发现一个人的颈部出现肌肉绷得紧紧的、呼吸的力度明显加大的现象，基本上就可以断定，这个人已经很愤怒了。当然，除了这些反应，还有别的一些比较明显的标志。比如，颈部两侧的血管会比平时粗大很多，这种表现，用我们平时的话说，就是“脸红脖子粗”。

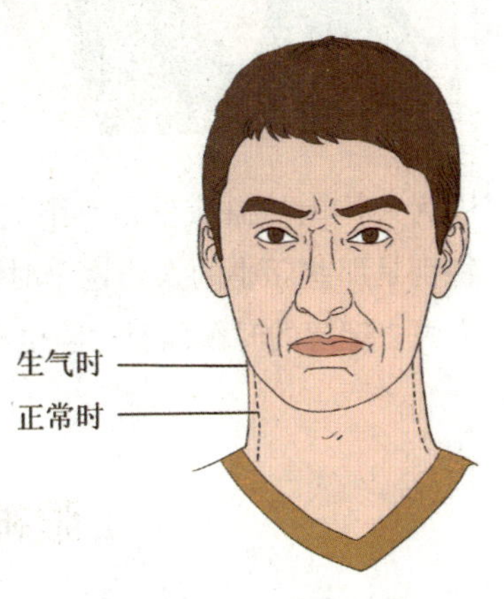

这种愤怒会使脖子变粗的现象并不是人类特有的，在很多生物身上也会出现这种现象。比如眼镜蛇，在它愤怒的时候，也会有和人类类似的反应。眼镜蛇的肋骨有一端是可以活动的，而且蛇的颈部肋骨是比其他部分要长出很多的。当它意识到有其他生物来侵扰自己时，它会马上做出反应，将自己身体的前半部分竖起来。这时候，它颈部的肋骨就会迅速扩张，将蛇皮撑开，使得脖子瞬间变得很粗大，这一点就和人类的反应差不多。眼镜蛇的这种反应，其实就是要表示自己十分愤怒，向敌方发出严重的警告。

综上所述，这种反应其实是自然的身体反应，当身体接收到了脑部发出的信号，就会马上调节自己的身体，加速血液流动或者是改变自己的情绪等。

双拳握紧代表愤怒

在影视作品里，我们经常会看到这样的镜头：当双方的对话谈不拢，或者一方挑衅另一方时，对方就会勃然大怒，然后就会握紧拳头冲上去，给那人重重的一拳。这种情节其实并没有太过夸张，而是人最自然的反应。

当一个人处于愤怒、紧张、恐惧等情绪控制下的时候，都会情不自禁地把自己的拳头握紧，这是因为当大脑意识到自己正处于危险的状况下，给身体发送指令，使得我们的身体迅速分泌出“肾上腺素”。“肾上腺素”一旦分泌，就会在体内引起变化，

人的运动神经马上就会紧张起来，处于高度警备状态，而身体里的血液就会向四肢的肌肉流去。这个时候，人就会双拳紧握，甚至会不自觉地寻找手边的武器，如棍棒、石头等，这种行为的体现其实就是人类最基本的本能反应，它是人类进化过程中产生的自我保护功能。

人一旦处于愤怒状态的时候，除了把拳头握紧外，双腿的肌肉也会处于紧绷的状态——不管这时候的你是站着还是坐着，这也是人的本能反应。但是当我们做出这个本能反应时，也会有一些小小的缺点。因为人体内的血液量是有限的，如果血液迅速流向肌肉，就会引起大脑的供血不足，特别是那些胆小的人。这个时候会出现大脑一片空白，甚至失去理智的情况。就如当人失去理智的时候面对危险也不会逃跑了，双腿还不断颤抖。

眼神犀利也是愤怒的体现

都说眼睛是心灵的窗户，可以表达出人们最真实的情感。虽然眼睛不能乱动，但是它可以通过眼神的变化，向外界传达信息。除此之外，眼睛还可以跟外界交流信息，也可以通过眼神来传达内心的各种情绪变化。人的眼睛是由几个部分组成的，不仅仅包括我们比较熟悉的眼球，还应该把眉毛、上眼睑和下眼睑都计算在内。别看眼睛不大，但是人类神态最直观的表现就在眼睛的这一不大的区域。当你盯着某一物体和坐在窗边发呆的时候，这两种状态下眼睛的神态是截然不同的。

当一个人处于愤怒状态的时候，眼神肯定不会是和蔼的。那会是一种带着进攻性的眼神，怒目而视，犀利无比。这是因为人一旦受到了负面的刺激后，就会产生强烈的愤怒感，然后身体内部的血压也会急剧上升，瞳孔也会随之变化，非常犀利，让人感到非常害怕。很多人都会发现，自己在生气之后，眼睛会变得红红的，这也是血压上升造成的。因为眼睛里面布满了毛细血管，当毛细血管充血时，眼睛自然就会出现红肿的现象了。

愤怒的时候，人身体的能量会突然达到一个高峰值，这也就是行为学说的较力反应，通常这种反应出现后都希望可以与他人较力，这种较力可以是任意一种来自身体的接触，通俗一点讲就是想开始战斗，可以理解为要打架了；此外还可以是非身体接触式的，这种最简单的反应就是怒视对方，也就是我们说的，带有攻击性的、怒视的眼神。

变得愤怒，呼吸也会剧烈

当我们被别人激怒的时候，总会说“被气得七窍生烟”，这七窍指的是口、两眼、两耳、两鼻孔。这句话就是形容生气到极点了，耳目口鼻好像都要被气得冒烟了。其实这句话只是夸张的说法，人的器官是不会真的“冒烟”的，当人处于生气愤怒的状态的时候，全身的细胞也会随之变得紧张起来，这种紧张直接的后果就是缺氧。如果通过正常的呼吸无法供给足够的氧气，就要靠肺部加快呼吸，来补充氧气，这个时候，就会感觉呼吸明显加重了。

人在愤怒的时候，往往会先采取一定的措施来克制自己，等到实在不能克制的时候，才会爆发出来，就是所谓的“忍无可忍无须再忍”。当人在努力克制的时候，就会通过调整呼吸的频率来缓和自己由于愤怒造成的体压上升，最明显的就是呼吸变得急促和剧烈，而且鼻子两翼有扩张，甚至会发出“哼”的声音。尽管这声音很短暂，但还是能够觉察到的。所以，呼吸的变化也可以帮助我们判断一个人是否处于愤怒状态，是愤怒到了什么程度。如果这个人的鼻子的气息很重，就可以推测出他这时候的愤怒情绪很强烈，最好对他绕道而行。还有一点，这种明显的变化不只是人类有，在其他动物身上也会出现，这是生物的一个表达愤怒的共同特征。有实验证明，当一个人处于愤怒状态的时候，也许可以在表情上掩饰，但他的呼吸变化是怎么都无法掩饰的。

咬牙切齿的愤怒者

当我们感到十分生气的时候，经常会出现“咬牙切齿”的情况，有的人也会说：“我真是恨得牙痒痒！”那么这是为什么呢？为什么生气的时候就会咬紧牙关？这种情况是世界上所有的人都会具有的吗？

其实，口腔也是人体和外界交流的渠道之一，口腔不但用来咀嚼，还可以表示人的悲伤、紧张等情绪。当一个人的生活中出现了紧张、愤怒等情绪的时候，面部的肌肉就会紧张，也会不自觉地咬紧牙关。还有的人因为白天比较紧张，晚上睡觉的时候甚至会磨牙，这会导致睡眠不足、精神萎靡。

在紧张、愤怒的时候咬牙是每个人都会出现的一种正常现象，如果不是很频繁的话，是没什么大碍的。但是如果经常愤怒、经常咬牙，面部的咬肌就会长期处于紧张状态，牙齿组织就会被广泛损耗，面部的肌肉也会酸痛不止，甚至张嘴都成为问题。另外，长期咬牙会让牙齿表面的牙釉质受损，对于冷热酸甜等外界刺激都会比较敏感，会出现牙疼等症状，严重的甚至还会有牙周炎等口腔问题。

要想缓解这种情况，最好就是要放松心情，缓解压力，一旦愤怒了，要学会调整自己的心态，不断深呼吸，放松肌肉。毕竟，愤怒的时候，伤害的会是自己。

两条眉毛竖起来

自古就有很多关于情绪与表情之间关系的经典表达，脸部表情是情绪表达最重要、结合最紧密的一个部分。人们常常是通过脸部的表情来判断对方的情绪以及接收对方传递的信息：是友好的还是对立的，是认同的还是反对的，是正面的还是带着鄙视的。比如我们从小熟读的鲁迅先生的“横眉冷对千夫指”就是经典之一。横眉，是脸部表情，代表着对敌人的轻蔑和漠视，同时向敌人传递着一个信息：自己无所畏惧，坦荡荡赤裸裸地向敌人发出警告。由此可见，眉毛在情感传递方面是非常到位的。这里的“横”字也至关重要，横眉就是怒目而视，加重了语气，把不屈服的精神表露无遗。“横眉冷对”就是以愤恨和轻蔑的态度对待敌人的攻击。试想一下，这句话中的横眉如果换成“扬眉”“皱眉”“竖眉”，是不是很不恰当，是不是无法表现出这种坚毅的大无畏的战斗情感？答案很明显。扬眉所传递出来的信息是和谐的、喜悦的，带着兴奋与期待的。皱眉代表的多是矛盾，思绪的纠结，觉得为难，或者是有讨厌、厌烦的情绪。竖眉则表示被激怒的状态，气得眉毛都竖起来了。

所以通过观察对方的眉毛，我们可以感觉到对方的情绪与态度。如果你想知道对方是不是正在生气，甚至处在异常的气恼中或者极端的愤怒中，就观察是否有眉毛倒竖，或者眉角下拉的情况出现吧。

横眉，是脸部表情，代表着对敌人的轻蔑和漠视

竖眉则表示被激怒的状态

扬眉所传递出来的信息

皱眉代表的多是矛盾

扇动的鼻翼

鼻子也是传达内心真情实感的信号，当我们感到对方“皱起的鼻子”时，我们就会知道，那个人正在表达自己对当前事物感到厌恶；当感到对方“嗤之以鼻”，就会感觉出对方对当前事物的轻蔑；总体上讲，当一个人处于愤怒的时候，鼻孔会不自觉张大、鼻翼也会扇动，尽管鼻子所传达的信息没有眼睛和嘴那么丰富，但我们也可以从鼻子中获得若干身体语言信息。

相关心理学研究成果显示，一个人在与他人交谈时，鼻孔不自觉地稍微张大时，则体现出这个人对他人有所不满，但这时候对这种不满在心中刻意压抑；当一个人的鼻头不断地冒出汗珠时，就可以看出这个人目前的内心是焦躁、紧张的，并且带有少许的不确定感，当你的交易对手表现出这样的行为时，你就可以看出他很想马上达成协议；如果一个人的鼻子的颜色泛白，则代表着这个人很害怕，畏缩不前。

嘴唇紧绷，表示愤怒

嘴唇的变化也和鼻子一样，没有眼神那么多，但嘴唇的变化表现出来的意思却比较明确，不是很欢乐就是很愤怒。张大嘴巴哈哈大笑，那证明这个人心情不错；当一个人紧绷着嘴唇，并且少话，那证明这个人很愤怒、下定决心要对抗到底了。从嘴唇的变化，我们就可以判断一个人心里想传达的信号，比如当一个人嘴部周围肌肉紧紧地缩起来，那么可以看出这个人是希望外界不要干涉自己，担心自己上当受骗的情绪。当你发现周围有人紧紧地把自己的上唇绷住，你就可以看出他不想受到他人感情影响或者控制住自己的情感。

愤怒的时候，唇形的变化有很多，在这里重点讲两种，一种是“憋气的嘴唇”，这个唇形并不单纯，因为它带有伪装的成分。这种唇形在各种愤怒的表情中是比较常见的，但是并不是愤怒专属的唇形。有时候，其他的情绪，也会出现这种唇形。而且有时候愤怒的人因为种种外界原因，不能或者不愿表达自己的愤怒，也会用这个表情。

第二种是紧闭嘴唇。这个唇形比第一种要单纯很多，非常直白，就是要明白无误地告诉别人，我愤怒了。这个表情需要用到的肌肉有口轮匝肌、降口角肌和颏肌。

除了这两种表示愤怒的唇形，还有一种唇形也能起到这种效果，但是它与其说是愤怒，不如说是让人恐惧。绷紧卷曲的嘴唇，就是这种唇形。它总是让人感到盛气凌人，或者非常严厉。这种唇形在动物身上出现得比较多，比如一个动物要向别的动物发起进攻的时候，它总是先把牙齿露出来，好威慑对方，保护自己。

愤怒时眼睑也有变化

人们一般都会将眼睑称为眼皮，眼皮位于眼眶的前方，分为上眼皮和下眼皮。眼皮的主要组成部分是皮肤、肌肉和结膜，在眼皮的边缘，还生有睫毛。在人正常视物的情况下，人的整个瞳孔会暴露在外面，眼睑也不会完全盖住眼睛。

要想看出一个人是不是非常愤怒，可以通过对方的眼睑来做出判断。当一个人愤怒的时候，他的眼睑会跟正常状况下的形态有着明显的区别。而且，眼睑的变化会引起一系列的连锁反应，比如虹膜的上缘和下缘露出的部分会更多，露出的眼白也跟以往有所不同。上眼睑的这种明显的弯折，是因为双眉的下压导致的。

所以，如果看到一个人上眼睑提升，下眼睑又绷得很紧，就说明这个人非常愤怒。愤怒的程度和眼睛的大小成正比。如果一个人在批评别人，而且直直地逼视别人，会让对方觉得非常害怕。除了双眼在怒视，还可以双眉下压，嘴唇也紧紧闭起来，这样，愤怒就更加明显了。

当然，愤怒时候的表情还要看当时的情境而定。如果一个人由于当时的情境不能表达自己的愤怒，或者想掩饰自己的愤怒，那他的表情基本上是看不出什么变化的。但是，不要以为这样就看不出他的愤怒了，如果这个人上眼睑上提到露出虹膜上缘的位置，同时下眼睑紧绷；或者是虽然看不出具体的变化，但是身体因为用力地克制而紧绷，都说明他在愤怒。而且，由于需要克制，可能鼻孔会张大，而且喘气声较重。

叉腰也表示愤怒

叉腰，顾名思义就是把双手叉在自己的腰间。这种叉腰的动作在生活中是经常遇到的，好比两个吵得不可开交的冤家，即将上场比赛信心满满的运动员，在更衣室等待鸣锣开战的拳击手等，这些姿势直接传达给我们的是一种抗议、进攻的信息。

其实这也是女性表达内心愤怒和不满的一种姿

势。这么做在表达自己的愤怒的同时，也在增加自己的信任，因为这个动作可以占据更多的空间，也可以让自己的身体看起来更加有气势，让对方觉得自己充满威慑力。这种通过改变身体的动作提高自己的气势的做法不仅人类会做，其他动物也会。鸟会通过抖动自己的羽毛使自己看起来更加强大，猫狗在搏斗时，会把自己的毛都竖起来彰显气势……

但在生活中的我们，如果不是真正生气、愤怒的时候，还是少用这个动作为好，因为生活中的我们既不是伟人，也不是T台上的模特，这个姿势很容易让别人误会自己，别人会以为你是火气大，或者是别人冒犯了你，不管怎么讲，这是一个让人感到不适的姿势。

松领子

在一些电影里，我们经常会看到这样的情节：剧中的一个男人看到另一个男人正在和自己心仪的女孩子有说有笑，神态亲密。这时候，如果这个男人不敢上去表达自己的不满，他就会使劲地拉自己的领子，好像有点喘不过气来，想让自己获得更多的氧气。如果他戴着领带，他就会松开自己的领带，当然有时候也会顺手把自己衣领处的扣子解开。如果仔细观察，还会看到他有一些沮丧或者不安的表情。这个动作明白无误地说明，这个人很生气。松开自己的领子，就是为了让自己多呼吸一些新鲜空气，让自己不再那么焦躁。

这种情况在工作中出现得也比较多，比如在开会的时候被领导当众批评了，或者被同事弄得当众下不来台的时候，都会出现这种情况。总的来说，这种动作就是在传递一个信号：我愤怒了。所以，如果你在生活中看到身边的人做出这样的动作，就应该想到他也许是有些愤怒、焦躁不安。如果这种行为是因你而起，那你可要小心了，千万不要再去招惹对方，还是等对方心平气和了再说。如果是你的朋友，你想安慰他，就可以直接问他："你怎么了？有哪里不舒服？"这样既可以缓解他紧张的心情，又可以引导他说出自己的真实意图，以免对方憋在心里，引发不良后果。

越愤怒双臂抱得越紧

手部的动作也可以反映出一个人的情绪，通常一个人处于愤怒的时候，会将自己的双臂抱得紧紧的，这样做的目的有两个，第一个是尽量克制自己的情绪不要爆发出来，第二个是暗示他人“我很生气”。

有这样一个故事情景可以很好地解释这个问题。一位正在超市结账的女士准备用信用卡结账，第一次收款员告诉她，输入的密码有误，请她重新输入；第二次输入，收款员还是告诉她密码有误；第三次还是如此。她有一个这样的小动作，就是每次输完密码都会将双手交叉放在胸前，每次她被提示输入的密码错误之后，会把手臂抱得更紧，双手也抓得更紧了，最后她只能什么东西也不买愤怒地离开。这样的动作信号就是表达着她不断上升的愤怒感和尴尬。

但这种手部动作和前面讲过的双手叉腰要表达的愤怒却有所不同，双手叉腰的愤怒是主动的，随时打架都不会退缩的，会因为对方的行为给予直接的反击；而抱紧双臂的愤怒是被动的，更多的是要掩饰自己内心的不安和无所适从。所以前者的反击可能会在愤怒的当时就马上反击，后者的愤怒的反击可能会隐藏很久才反击，甚至是要“策划”一番再反击，或者自行离开，眼不见为净。

双眉下压表示愤怒

在我们的生活中，有很多人都会出现愤怒的表情，而其中很大一部分人的愤怒表情里，都会出现双眉有很明显下压趋势的动作。

在生活中的确是这样，每当人们有很多困惑或者很多厌恶的情绪出现的时候，很多人就会出现双眉下压的情况，比如在生活中会有很多学生，他们在为人处世的时候，如果遇到了难题，就会有这种眉毛下压的表现，但是每当他们把难题解决了之后，这种眉毛下压的情况也就消失不见了。而且有的时候，每当人们遇到比较难办的事情或者当他们深深地陷入沉思的时候，他们也会出现双眉下压的表情。

明显的愤怒：怒目而视

在正常情况下，人的虹膜是不会完全暴露在外面的，虹膜的上半部分的四分之一左右，是覆盖在眼睑之下的。当然，这说的是在一般情况下，一旦人们的情绪发生了波动，比如愤怒的时候，表情也会随之变化。这个时候，虹膜会大幅度提升，虹膜上半部分的很大一部分就会露出来。虽然这个时候，这层褶皱的重叠会让上睑线因压力而变形，但是我们可以推断，要是没有眉毛下压，上睑就不会紧紧盖住虹膜的上缘，而是会越过虹膜。而且，在愤怒的时候，并不是只有上眼睑有变化，下眼睑也会有变化。在上眼睑提升的时候，因为眼轮匝肌的收缩，下眼睑也会有小幅度的提升。此时，它不但会比之前更直，而且会更加紧。有了这些表情，怒视的力量就大大增加了。

当上眼睑提升到露出虹膜上缘的程度、下眼睑绷紧和双眉下压这三个条件同时满足的时候，就会出现怒目而视的表情，眼睛里好像要喷出火来。

愤怒的人毛发竖直

有很多人在描述自己的恐惧的时候，都会说“寒毛都立起来了”。其实，这种表情并不是恐惧独有的，在一个人愤怒的时候，也会有这种反应。而且这也不是人类独有的，动物也会这样。如果一只猩猩发怒了，它的头发就会根根直立，而且会向前突出。

除此之外，它的鼻孔还会大大地张开，还会发出独特的呼喊声，好像是想用自己的喊声来把对方吓跑。猩猩的发怒是很有意思的，因为它并不是所有的毛发都会竖起来，而是只有沿着背部从头颈直到腰间这部分，别的地方是不会竖直的。

在一个人愤怒的时候，他的毛发就会竖立起来。那么，这是什么原因呢？之所以会出现毛发竖立的情形，是因为人身体上的立毛肌收缩。立毛肌附着在每一根毛发的毛囊里，立毛肌一收缩，毛发就竖立起来了。不过很快，这些毛发就会倒伏下去。另外，在人寒冷的时候，立毛肌也会收缩，人的皮肤上会出现鸡皮疙瘩。

怒火中烧，紧闭嘴唇

在一个人非常生气的时候，可能会气得浑身哆嗦，话都说不出来。这时候，如果仔细观察他的面部表情，就会发现，他的两片嘴唇紧紧地抿在一起，就好像一不小心，嘴里就会有什么东西跑出来一样。而这种紧闭嘴唇的动作，确实能够起到“此时无声胜有声”的效果。紧闭嘴唇这个动作看似简单，其实也是由几块肌肉共同完成的。嘴部的形态是由口轮匝肌、降口角肌和颏肌这三束肌肉来决定的，这三束肌肉虽然名称不同，但是作用却是一样的，就是在它们收缩的时候，让嘴唇挤到一起。在这个时候做的是闭嘴的动作，所以用来张开嘴唇的提上唇肌和降下唇肌是不参与收缩的动作的。如果你看到别人在紧紧抿着嘴唇，就说明对方心中现在非常愤怒，知趣的，还是先躲开一些吧。

第十二章

我需要你：安慰与内心不适

轻抚额头可以自我安慰

在很多电视剧里，我们经常会看到这样的场景，当剧中人遇到一些棘手的问题，或者遭遇到一些令人非常尴尬的处境的时候，经常会把手放在额头上，轻轻抚摸，或者轻轻地拍几下额头，而当这些问题被解决的时候，他们经常会一拍额头，以此来表现出自己的欣喜和如释重负。

在日常生活中，当我们需要回应某些消极刺激物的时候，比如遇到很难回答的问题，或者在听到、看到或者想到一些压抑的事情时，都可能会轻轻抚摸自己的额头，这就属于一种安慰行为。我们也有一个成语叫作“眉头一皱，计上心来”，当我们看到一个人皱眉的时候，就是他沉迷于思路之中的时候，而他轻抚额头的时候，就是问题被解决的时候。虽然轻抚额头只是一个事后的动作，并不能对我们解决实际问题起到什么实际的作用，但是，它可以让我们保持冷静。在心情冷静下来之后，才可能找到解决问题的办法。所以，虽然只是一个小小的安慰动作，但是其作用却不可小觑。

一般来说，男性通常喜欢用较大的力道来抚

摸自己的额头，或者捏一下太阳穴，而女性的力道一般比较小，就像是在用手撑着额头。

轻摸脸颊

在生活中，不管我们是主动还是被动，总是会遇到一些比较紧张的情况，比如说面试，或者是参加一些比较重要的考试。在这些过程中，总是难免会遇到一些较为凌厉的问题，这个时候，我们经常会不自觉地摸一下脸颊，好像是自己脸上有什么东西，或者会鼓起脸颊，然后轻轻地呼出一口气，有一种获得了解脱的感觉，这其实也是一种安慰反应。在人做出这些行为的时候，不但可以让自己原本高速运转的大脑有时间忙中偷闲放松一下，想到更为稳妥的应对方式，还可以暂时转移对方的注意力，让对方不再目光灼灼地盯着你，让你如坐针毡。当对方的注意力稍微转移开的时候，你的心理压力自然也会小一些。当然，这个小动作也不能帮我们解决实际问题，只能起到让自己心里不那么紧张、给自己鼓劲的作用。它可以让紧绷的神经暂时休息一下，让自己稍稍获得一些安慰。一般来说，这种行为在男性身上出现得比较多，如果是女性，除了这个摸脸颊的动作，有时候还会摸一下自己的手臂，或者摸摸自己的珠宝首饰之类的。

调整呼吸，平复不适

有的时候，在遇到一些突发事件，或者在跟别人发生争执的时候，有的人总会气喘吁吁，面红耳赤。这时候的人有点喘不上来气，看起来好像外界的氧气不够用，而体内憋的气又出不来。这个时候，一定要学会把气吐出来，也把气缓下来。一般来说，人们可以通过深呼吸的办法来调整呼吸，因为深呼吸可以改变体内二氧化碳的水平，使人平静下来。在各种平复情绪的办法中，深呼吸算是最简单的，而且也能够起到立竿见影的效果。

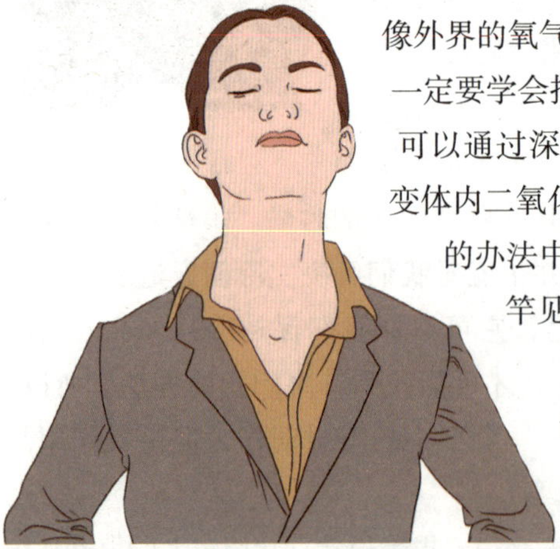

因此当你看到对方深呼吸，就能够知道，他可能在压抑自己的情绪，如果是因为你才让对方出现这种反应，最好还是要小心了，最好先暂时避开与对方的正面接触，免得

让对方把一腔怒火发泄到你身上。如果实在觉得火气太大，仅靠深呼吸还远远不够，那还有另外一个办法，就是可以买一瓶吹泡泡用的肥皂水，想要吹出大泡泡，就要从肚子里呼气，这样吹几次以后，就可以平复呼吸了。

吹口哨进行听觉安慰

有的人喜欢吹口哨，而且吹口哨的水平比较高，能够吹出各种悦耳的音调。有时候，吹口哨可以表现出自己的潇洒，也可以表明自己泰然处之的态度。但是有的时候，吹口哨并不是在装酷，其实是在进行自我安慰。比如说在漆黑的夜里，一个人走夜路的时候，听到自己走路的声音，总是会怀疑身后有人在跟踪自己。这时候，如果吹起口哨，可能心里就不会再觉得那么紧张。

还有，在黎明或者黄昏时分，如果一个人行走在陌生的城市，或者走到废弃的走廊的时候，就会努力吹口哨，好给自己壮胆，让自己平静下来。因为人在吹口哨的时候，会把注意力都集中在嘴上，所以就暂时无暇顾及那些让自己不安和烦心的事情。等到口哨吹完了，心情舒畅了，自然也就得到安慰，心里也就不再会有那些恐惧或者不安的感觉。

另外，有时候触觉和听觉安慰是可以同时使用的，比如说一边吹口哨，一边用铅笔敲打桌子，或者是用手指打出节拍，或者是脚不自觉地跟着抖起来，这都是触觉安慰。

视线转移：视觉安慰

当人遇到外界刺激的时候，难免会产生一些负面情绪，比如愧疚、心虚之类的。如果是因为面对别人的提问而产生这些情绪，人就会下意识地从这个提问的人身上移开，看向其他地方。如果是因为看到某些照片之类的而产生负面情绪，也会将视线从照片上面移开。因为如果继续盯着这些看，会导致负面情绪不断积累，会越来越难受。而移开视线之后，就相当于隔断了和这些刺激源的联系，心情也就不会像之前那么紧张。就算视线移开之后，看不到一些金钱、美女之类的让人向往的好东西，但是只要看不到那些令人憎恶的东西，感觉也会好很多。

这就是视觉安慰反应，因为把眼神移开之后，就不会再接触到那些让自己心烦意乱的东西，就会让自己的心情稍稍平复下来。视觉安慰并没有什么规律可言，依每个人的习惯不同而不同，但是每个人做出的动作都有一个共同点，就是会把视线从那些让自己不安的东西上移开。所以，这个反应其实是有两步：第一步是转移视线，第二步才是获得视觉安慰。

一般来说，视觉安慰最典型的反应并不是只有逃避，更是要看到能让自己感到舒适的目标。如果自己身边能有这样的人，比如亲人或者朋友，自然能够起到安慰自己的效果。所以，一旦遇到这种让人不安的时刻，而且身边又恰好有自己的亲人，那总会不自觉地看向对方。

最彻底的视觉安慰：闭上眼睛

很多人都有过这样的体验：在做过剧烈活动之后，或者在情绪过度激动的时候，总会觉得一股热气冲向头顶，甚至会感到头昏眼花。这个时候，如果能够把眼睛闭上，稍稍休息几分钟，再重新睁开，就会觉得神清气爽，整个世界好像也明亮了很多。用我们日常生活中的话来说，这个过程就是“闭目养神”。

我们常说“眼不见心不烦”，说的就是闭上眼睛，将“视觉阻断”，这个时候，自己再也不用看到眼前这些让人烦心的事情，就能让自己得到安慰。闭上眼睛是一种非语言行为，一般来说，在我们感觉自己受到威胁的时候，或者遇到自己不喜欢的事情的时候，都会采取这种避免看到自己不想看到的事物的方法来保护大脑。但是由于把不想看到的事物搬开不太现实，所以最简单也是最彻底的视觉安慰，就是把眼睛闭上。有时候，我们要是想表达对别人的轻视，可能会把眼睛眯起来，或者干脆闭上眼睛，这些都是用来安慰自己的视觉阻断行为。

摸鼻子可以调整心理不适

在FBI对撒谎者的研究中，有一个行为是摸鼻子。在摸鼻子这个小小的动作中，撒谎者就能体会到瞬间的安慰，而且这个动作看似无意，不会让人们把注意力集中到自己的动作上来。这个小动作有点上不得台面，看起来这个人好像是在摸鼻子，其实就是为了盖住嘴巴。

这是因为，人在感到心理不适的时候，鼻子里的血压会升高，鼻子就会膨胀，这时候鼻子的神经末梢就会受到刺激，人就不得不去揉鼻子止痒。西方的研究专家曾经说过：人在紧张的时候，鼻子的勃起肌便会充血肿胀，肿胀后的鼻子就会发痒，人就会搔痒、擦鼻子或者摸鼻子。

但是，“匹诺曹综合征”的说法并不是人人都同意的，至少有两种观点是反对这种说法的。有一种观点认为，人在撒谎的时候，会感到焦虑、不安，担心自己的谎言会被别人识破，而焦虑、不安和担心等情绪都和面部的血液枯竭有关，也就是说，它会导致血管收缩，而不是血管扩张。

另一种观点认为，摸鼻子只是紧张的征兆，而不是说谎的信号。在紧张的时候，总得找些动作来安慰、平复自己，所以才会做一些类似于摸鼻子的小动作。

拥抱自己，给身体安慰

很多时候，在人们感到寒冷、无助、恐惧、绝望的时候，人们总会需要别人来安慰一下，比如一个轻轻的拥抱。当被别人搂在怀里，听到对方强有力的心跳时，好像无助的自己突然抓住了一棵救命的稻草，心里会莫名地有些心安。

由此可见，拥抱能够起到很好的安慰效果。但是，有时候，这种不安不想让别人知道，或者周围没有别人，当出现这种一个人面对压力的时候，很多人总是喜欢把双臂交叉，然后用自己的双手反复摩擦自己的肩膀，好像自己很冷，需要通过摩擦来产生点热量，才能温暖自己。在看到别人做出这样的动作的时候，我们首先会想到母亲抱住孩子的场景。这是一种保护性的动作，可以让人的心情平静下来。如果是自己做出这种拥抱自己的动作，我们就可以认为这是一种对自我的安慰，好让自己产生一种安全感，获得内心的宁静。但是如果你看到一个人双手交叉于胸前，身体后倾，下巴上挑，并表现出挑衅的神情，就千万不要觉得这是一种安慰行为了，也许对方正憋着要发泄呢，最好还是敬而远之，以免被当成炮灰。

还有一种情况，就是虽然没有将自己的双手交叉，却用自己的双手牢牢地抱住膝盖。特别是很多女性角色在受到委屈或者伤害的时候，总会这样蜷缩起来，用自己的双手抱住膝盖，尽量减少自己与外界接触的面积。这是一种非常明显的自我安慰的信号，这表明一个人想要离开当前的位置。如果在跟别人会面的时候，对方做出了这样的动作，就说明他的大脑已经做好了结束此次见面的准备。

一般来说，在这样抱膝的动作之后，紧接着就会出现躯干前倾或身体放低转向椅子一侧的动作。当你注意到对方有这些动作，特别是这个人是你的上司的时候，你就要机灵点，赶紧结束自己的谈话，起身离开。

玩弄小物品让自己放松神经

随着经济的发展，人们的生活水平在不断提高，人们身上的小物件也越来越多了，比如手机链、钥匙挂件、项链等。它们不但有装饰的功能，在关键时刻，还可以帮助人们放松神经。

如果看到一个人在不停地把玩自己的钥匙链，说明他有点紧张，想要通过一些小的事情来转移一下自己的注意力。

如果看到一个人在玩弄自己的手机挂件，并不是说明这个人心不在焉，而是说明他此时心中有些紧张，玩弄手机链正是为了平复一下自己的心情。

如果看到一名女性开始把玩自己的项链，就代表着她有点紧张，但不是很严重。但是，如果她把手指伸到了颈窝上，就说明这种紧张已经到了让她焦虑不安的程度。大部分时候，如果她用一只手盖住自己的颈窝，就会用另一只手来托住这只手的手肘，以此来缓和自己的压力，或者让自己获得一些安慰。当压力渐渐消失，她盖住自己颈窝的那只手就会放低，并且逐渐放松下来，抓住另一只手。

有的时候，我们会看到一个人手里紧紧握着手机，甚至隔上几分钟就要看一下，好像得了“手机依赖症”，其实这并不是真的手机依赖，只是想找一个东西安慰自己，如果这时候恰好能有人给自己打电话或者发短信，那就再好不过了。

轻触膝盖，让神经放松

在一家公司的一次由很多经理和销售人员参加的特别会议上，气氛有些紧张。当总经理对销售人员的业绩提出批评的时候，销售人员个个一言不发，显得无精打采的，坐在那里腿脚交叉，看上去都在发呆，好像连呼吸都放轻了，并且显示出种种表示异议和防御性的身体语言信号。过了一会儿，总经理转移了话题，开始讨论销售人员的绩效问题，这时候，所有的与会者都精神振奋起来，并且调整了坐姿，跷起了二郎腿。

由于腿部所处的位置位于人体的下部，而人们投射的视线的范围有限，所以腿部很难引起重视。但是，腿的面积又很多，几乎占了身体的一半，所以它的存在是不容忽视的，是谁都无可替代的。

你知道我们身体的哪个部位最诚实，可以揭示我们的真正意图吗？也许有人会说是脸，并且这是大部分人都会给出的答案，所以才会有察言观色，所以才会有颐指气使，有的人甚至把脸当成寻找一个人思想的非语言信号时的首选部位。但是正确答案真是让人大吃一惊，并不是脸，而是我们的腿和脚。

那么，为什么我们的腿和脚可以这么精准地反映出我们的情绪呢？早在几百万年前，当人类还没有掌握说话这一技能的时候，人们的腿和脚就已经能快速应对周围的威胁。这种反应是下意识的，甚至无须理性的思考。在有需要时，我们的大脑会迅速做出相应的反应，比如说是要踢向别人，还是要停止动作，或是要逃走。其实，这些反应虽然古老，但是很有效，而且在我们的身体里深深地扎下了根。就算到了现在，当我们感觉孤独、害怕、不安的时候，我们的腿和脚依然会做出史前时代的那种反应。最后，如果实在没有别的选择，那就只能进入备战状态了。

轻点足部，放松神经

足部是指膝盖以下的部位，包括“胫”与“足”。一般来说，人们在交流的时候总是会面对面的，而足部离面部是最远的，按理来说是很难被看到的。但是在现实生活中，虽然足部位于人身体的最下端，但是不管是人们走路还是坐下，足部都是很容易被人们看到的，所以，足部动作所传递出的信息也是容易被人们看到的。身体语言学家认为，足可以表达一个人的欲求、个性和人际关系。一个人如果摇动足部，或者用脚尖来拍打地板，这个动作其实是在和抖腿表达同样的意思，都是在说明自己的焦躁不安和不耐烦，或者是为了摆脱自己的紧张感。那么，为什么人们会选择足部来表达自己的烦躁呢？

一般来说，当人处于公共场合的时候，是很容易引起别人的注意的，这个时候，他不会乐意把自己内心的焦躁和不安明白无误地展示给别人，所以他不会用自己的手或者身躯做出较大幅度的动作来引起别人的注意，而是会选择那些距离人的眼睛最远的、最不起眼的部分来表达自己内心的活动。所以，当你看到一个人轻点足尖的时候，并不是说他心不在焉，而只是在掩饰自己的不安，想要获得一丝安慰而已。

虽然我们的脚被鞋子牢牢地包裹着，但是它仍然是我们身体中能够最早做出反应的部位。除了在面对各种来自外界的压力和威胁的时候，还有在面对各种情绪的时候，我们的脚都会在第一时间去传递我们的思想、感觉和感情。

在解读身体语言时，很多人都喜欢从较高的部位开始，比如牢牢盯住对方的眼睛，或者仔细观察对方的面部表情，看对方有没有什么异常。诚然，脸是身体的一部分，它可以用来反映我们的心中所想，但是大部分时候，它都会被用来掩盖真实的情绪，或者虚张声势。这时候，如果把注意力集中到对方的脚上，然后逐一向上观察，最后再解读面部表情，这样得出的结果才是比较准确的。

可见，“察言观色”这件事，说起来简单，做起来难度却很大。既然这样，不如找一个更加简单的方式，比如看人的脚部。人们的各种情绪，比如兴奋、担忧、衰弱、幸福、厌恶等，都可以从脚部看出来。

咬指甲

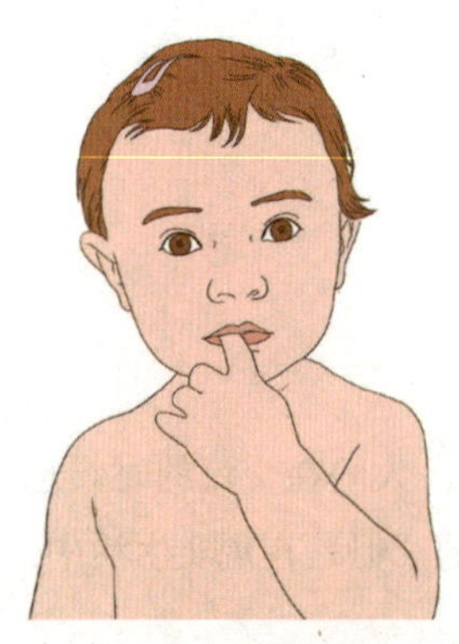

安慰行为并不是人类的专利，例如，猫和狗会舔自己或同类，这就是一种安慰。不同的是，人类的安慰方式很多。比如很多人会看到或者想到的孩子吃手指、咬指甲的动作。

其实在成年人当中，如果一个人的自信心不足，而且在别人面前感到不知所措的时候，就会咬指甲。这个类似于小孩的动作，一方面有点童真的趣味，另一方面也是想要寻找一点安慰。一个人在独处的时候，可能会有些寂寞，这时候就会通过咬指甲来打发时间，有的人甚至会一边咬指甲，一边沉浸在幻想之中。所以当你看到一个人做出咬指甲的动作，或者虽然他没有当着你的面咬指甲，但是指甲有明显的咬过的痕迹，就可以推断出，这个人经常会感到内心不安，需要别人的安慰。但是，有很多人没有注意到这些细微的安慰行为，也意识不到它们在揭示一个人思想和感觉方面的重要意义。这是一种不幸。

咬或舔下唇

有的人的唇部经常会脱皮，好像是缺水，其实仔细观察一下就会发现，他并不是缺水，而是因为他总是咬或者舔自己的嘴唇。在舔完嘴唇之后，嘴唇上的唾液在风干的过程中就会带走一些水分，自然就会出现脱皮的情况。而且由于舔下唇比舔上唇更为方便，更符合我们的习惯，所以下唇“遭殃”的机会要多一些。

其实，当一个人感到压力很大的时候，想要摆脱却又无力摆脱的时候，就会借这个动作来舒缓自己紧绷的神经。在整理一些毫无头绪的事情的时候，一些人会舔着唇来想对策。所以，如果我们看到一个人的唇部脱皮了，就能推断出这个人经常会紧张。另外，如果我们看到一个人用食指及拇指的指尖拨弄双唇，就表示他一面在克服不稳定情绪，一面在寻求解脱。

语速加快

在一次电视座谈会上，有位评论家曾经这样说：“一个男人如果在外面做了亏心（风流）事，回到家里之后，一定会滔滔不绝地与太太讲话。”这种说法并不是信口开河，而是有一定道理的，因为当一个人心中感到恐惧或者不安的时候，说话的速度就会比平常要快很多，有时候甚至会快得让人听不清，甚至会含混地一带而过。加快速度说一些不必要的事情，是为了排解藏在心底的不安和恐惧。但是，由于说话太快，可能没有足够的时间让自己来获得充分的冷静。所以，说的话通常比较空洞，如果遇到敏感的人，很容易就会看出他内心的不安。

在工作的时候，也常常会出现类似的情况，有的人平日里看起来不言不语，闷头苦干，但是有一天突然变得话多起来，那他内心一定有着不想让人知道的秘密。也许是他做了什么错事，也或者他去向领导打了小报告，总之他心中一定是藏了什么秘密。

在说话的各个因素中，速度是最容易被人察觉出来的，说话速度比较快的人，一般口才都比较好，能言善辩；说话速度比较慢的人，一般来说都较为木讷。这些都是每个人的固有特征，是由个人的性格气质决定的，很难发生改变。所以，通过人的语速的改变，就可以看出一个人心态的改变。有些人平日里能言善辩，有时候却突然支支吾吾，说不出话来，也有的人平日里非常木讷，说话不得要领，却突然开始口若悬河、滔滔不绝，一旦遇到这种情况，我们就应该知道，对方此时可能心里有一些变化，一定要注意观察，防止出现意外。

总的来说，当说话的速度比平时慢的时候，就说明对对方不满，或者对对方有敌意，而如果说话的速度比平时快的时候，就说明自己有缺点或者短处，心中有所愧疚，说话的内容有虚假的成分。

突然开始运动

一个人独自走在一条僻静的小路上，周围没有什么人，他只能听到自己的脚步声。有时候，这个人会突然加快速度，甚至一路小跑，离开这个太过安静的地方。这个时候，他的突然运动就说明他心里有些不安，如果此时能有个电话或者短信打破这片寂静，或者附近能有人从身边走过，那他心中的不安就会减轻。所以，当我们看到一个人突然开始运动的时候，就可以推断出这个人心里的感觉。

另外，科学家早就发现，运动可以舒缓郁闷，改善坏心情。体育锻炼，特别是一些重复的运动，比如跑步、翻滚、散步、秋千或弹跳之类的，可以在身体内产生让人平静和安慰的化学物质。有的时候，一个人会因为压力过大，而导致歇斯底里，甚至会以头撞墙，这时候，最好让他转而采用一些较为平和的运动方式，比如快走，或者跳有氧舞蹈。

颈部安慰动作

在所有的安慰行为中，抚摸或者按抚颈部是使用最频繁的，而且也是最有效的。比如说，当一个人坐在电脑前工作了一段时间后，会感到腰酸背痛，这时候，就会用手指按摩或者捏搓脖子后面的区域，或者按摩脖子两侧或下巴正下方喉结上方的部位，以此来缓解自己这个部位的酸痛感。因为脖子这个部位有非常多的神经末梢，通过对这一部位的按摩，可以起到降低心率和血压的效果，进而让自己恢复平静。

一般来说，男性和女性在使用颈部动作来安慰自己的时候，采取的方式是不相同的。男性的这种行为通常会力度比较大，比较显眼。比如，他们会用手抓住或者盖住自己下巴以下的部位，刺激位于那个部位的迷走神经和颈动脉窦，以达到降低心率的目的。这样做还有一个好处，就是会让自己冷静。还有的时候，男性会用自己的拇指和食指轻轻地按抚自己脖子的后侧，或者会校正一下自己的领结。

而女性的安慰行为和男性的有很大不同，有的时候，女性并不会直接抚摸自己的颈部来安慰自己。如果她戴着项链，她会抚摸或者把玩自己的项链。如果她没有戴项链，她会用手覆盖颈窝。很多女性在感到压抑、受到威胁、恐惧、心神不定、不适或焦虑时就会用手来摸这些部位。

提高音调

有的人在争吵的时候，会不自觉地抬高嗓门，或者为了让对方相信连自己都不相信的鬼话时，也会抬高嗓门。比如说一个丈夫在外面做了风流事，被妻子发现了，那么为了掩饰自己的错误，为了为自己辩解，他肯定会提高自己的嗓门。日本一位作曲家曾在杂志的样刊中叙述道："当一个人想反驳对方意见时，最简单的方法，就是提高嗓门——提高音调。"事实也确实是这样，人总是希望通过提高自己的音调来让自己提高气势，甚至还可以在气势上压倒对方。

一般来说，人音调最高的时候是在幼儿期，这只是任性的一种表现形式，比如如果想要什么东西又得不到，就会通过提高嗓门甚至大哭来达到自己的目的。但是随着年龄的增长，人的精神结构会逐渐成熟，音调也会相对降低，因为这时候人已经有了抑制"任性"情绪的能力。当然，任何事情都有例外，也有些成人的音调也很高，这种人的心理，就是回到了幼儿期阶段，所以，自己就没有办法控制自己的任性。当然，在这种情况下也是没有办法接受别人的意见的。

消除心中的不安会不自觉搓腿

有一种安慰行为会经常被大家忽略，就是当人们想自我安慰时，会不自觉地做出搓腿动作。在紧张的时候，有的人会感觉坐立难安，而且喜欢把手放在大腿上，不断地揪自己的裤子，甚至会把手在裤子上来回摩擦，以此来缓和自己的情绪。所以，如果看到有人做出这个动作，就可以断定对方一定是非常紧张，情绪不够缓和，所以这可以当成判断对方心思的一个依据。

人们通常在做这个动作的时候，会将一只手（或双手）放在一条腿（或双腿）上，然后双手沿着大腿向下搓至膝盖处。有的人习惯只做一次，但大部分的人还是会反复搓腿，或者按摩腿部。这么做的目的很简单，就是要消除心中的紧张感，达到安慰自己的效果。但往往做出这个行为的人都会辩称，只是要擦干手掌上的汗而已。这种非语言行为更值得我们去好好观察，因为微行为更能有效地反映出一个人是否处于紧张、不安的状态中。

这个搓腿的动作其实对于判断一个人是否处于紧张状态有着重大的意义，因为这个动作对消极事件的反应是十分迅速的。警方也经常凭借微行为对犯罪嫌疑人进行判断。在办案的过程中，警察会注意观察问讯对象是否会时不时出现搓揉腿部进行自我安慰的动作，并观察这类动作是否会随着问题难度的加深而增加，这个增加是包括动作频率、动作幅度的增加，都说明某个问题可能令问讯对象感到不适，或者是因为他已经产生了犯罪意识，或者是因为他正在撒谎，再或者是因为讯问者正在逼近一些他不想谈起的话题。尤其是当嫌疑人面对无可抵赖、无法辩解的证据（如看到了自己在犯罪现场留下的证据、照片等）时，他们就会不自觉地做出这种行为。换个角度讲，这种安慰行为通常可以一箭双雕，既能把手心的汗擦干，又能通过触觉上的安抚达到自我安慰的目的。

过多的哈欠可以自我安慰

有时，我们会看到某些处于极大的压力状态下的人总是会不停地打哈欠，我们也会好心地让他们多注意休息。其实这时候的他们并不是很困，只是感到有很大的压力，身体会自然地出现条件反射，以达到自我安慰的效果。

其实，这时候的哈欠不仅仅是“深呼吸”的一种方式，当人类感到口干舌燥的时候，就可以通过打哈欠将内心的压力传递到身体唾液腺上，这个时候，嘴巴内外结构的伸张就会迫使唾液腺释放出水分，以此来缓解忧虑、不安造成的口干，达到安慰自己的目的。所以，任何时候看到他人或者自己会不自觉地打哈欠时，都不要立马归结为没睡好、犯困，很有可能是因为内心有压力，感觉到不安，在进行自我安慰。

自我安慰时会抱紧心爱的玩具

有的人在感觉到紧张不安、想要给自己安慰的时候，就会选择抱紧心爱的玩具，好让它给自己温暖，让自己觉得心安。这个玩具通常是自己平时很依赖的东西，比如女生一般会选择心爱的毛绒玩具，或者抱枕之类的，而男生则会选择喜欢的汽车模型等。不过这个自我安慰的习惯大多都是在幼时养成的，如果在幼时没有养成这个习惯，长大了，想要自我安慰时会找另外的方法。

我们会看到很多宝宝在睡觉的时候，习惯要抱着自己心爱的玩具才能入睡。这个行为从心理学上讲都是有原因的，因为这个孩子内心缺乏安全感，需要从他物来找到心理慰藉，而这些喜欢的玩具等物件就成了孩子的安慰物。这种通过抱紧这些玩具寻找安全感的行为并不会轻易消失，就算长大成人了也会一直延续下去，特别是当一个人感到很无助，又不想与他人分享的时候，就更喜欢采用这样的方式。这种方式虽然看起来有点孩子气，但是可以真切地让人感到获得了安慰，有什么平日里说不出口的话也可以跟它说，这样就不会让自己把事情憋在心里，也不用担心自己的心事会被别人知道。而且就算实在难过，打它几下，它也不会生气。

第十三章

三十六计走为上：逃避与逃离

稍稍吸气代表恐惧不安

心理学家称，内心的情绪一定会有外在表现。人们在得知意外事件的瞬间，或者在观看恐怖电影时，经常会“倒吸一口凉气”，这便是内心恐惧的情感流露。如果你观察得足够仔细，即使老谋深算、极其善于掩饰的人，也都会不自觉地稍稍吸气，即使他的动作幅度非常小。

人之所以在恐惧时会吸气，原因还要归结到人体机能。人们在产生恐惧的心理时，相应地会有身体上的一些反应：下唇被下唇肌下拉，露出下齿，而且恐惧的嘴角向两侧拉开，还会有深呼吸的配合。同时这也是大脑在受到刺激时需要更多氧气加快思维的一个表现。

了解了吸气的原因，我们再来了解一下人在恐惧时的面部表情特征，主要有眉头向中间聚拢、上扬；眼睛睁大；张开嘴等。引起恐惧的事件已经发生，多半可以断定刺激是不利的，眉头自然皱起。眼睛睁大是因为对悲伤的结果还不确定，必须继续收集刺激源的视觉信息。我们这里主要讲到的是嘴巴张开，相比悲伤张开嘴叹气而言，恐惧时人们张开嘴则是吸气。有人吸气动作幅度很大，代表他此时并未设防，并没掩饰自己内心的恐惧情感，当然还有一种情况是事情并没有那么严重，当事人还承受得住；有人吸气动作幅度很小，代表着他可能已经在大脑中进行了高速运转，将这种恐惧迅速消化，同时控制自己面部的肌肉，不使其外显。当然有一种情况是此人承受能力较强，在别人看来是重创，在他看来只是必经的挫折。

有情绪一定代表会有表情；有表情却不一定代表有情绪。一个人静静坐着稍稍吸口气并不能代表他一定就心生恐惧了。我们在通过微表情对他人心理进行判断时还要考察其他方面的因素，例如是否真的有刺激产生。可以说有刺激则会有情绪，有情绪则会有表情。在掌握这些技巧的同时还要多做观察，这样才能准确把握，获取真实信息。

姿态微微调整：他很不安

在棋局的对弈中，一个好的棋盘手眼睛不仅要盯住风云暗涌的棋盘，还会不时观察对手的坐姿及表情。很多棋盘手都因此学会了不管遇到什么情况都可以做到面不改色，但是他们忽视了同样能反映内心情感的一个征兆——坐姿。你肯定要问，坐姿也能出卖了他们？是的！心理学家告诉你，姿态微微调整代表着内心的不安。

交叉手臂的姿势常被用来代表否定或拒绝。坐在椅子上，一脚跨在椅背上（跷起一只脚来），往往是在展示自己的优势地位和权威性。如果有人交跨双腿，那就是用腿部语言告诉对方，暂时还不许你进入他的内心世界。即使他这时正说着对你多敬重、多友好之类的话，你最好也别太当真。除了因为感觉累了调整姿势之外，人们在表达不同意见、感觉不安的时候都会微微调整姿势，为自己表达观点、在不利的环境中寻找新的支撑和安全感。

人们常说，坐立不安。一个人在内心焦躁或者烦闷不安时，总是不能控制地走走停停，必须在座位上时便表现为不断调整坐姿。可以这样解释：心理上的不舒服会给大脑发出一个信号，大脑并不能判断区别身体和心理，便会调整身体姿势，以求达到舒服的状态。可是这并不能解决问题，所以反映在人身上便是不断地在调整。当人们想抑制这个动作时，只是会减少频率或者降低幅度，除非坐禅入定的大师，很少有人能完全做到心动身不动。

躯干和头后仰代表想要逃离

趋利避害是人类的天性，人们对某件事物保有极大的兴趣时，会身体前倾，靠近以示好感。相反，当人们预感到不利和威胁时，便会后仰表示拒绝和逃离。这一点，人类和动物界并无二致。一只恐惧的小狗面对打向自己的棍子时身体会向后倾斜成一个角度，表示它是抗拒这个打击和不幸的。一般来说，这个动作幅度不会很大，辨别起来没有什么难度。就像人们在面对了一整天复杂的工作时，会想朝椅背上靠一靠，这不仅是想要获得一些脊背上的轻松感，同时也表示着想要脱离眼前的工作。

谁要是害怕抗争，但又必须面对时，他的身体就会往后退。如果肩膀朝后，脚就会暴露在身体的前面。如果同时再收缩胸脯，那就表明：我是不会全力以赴的。这种情况经常发生在会议室中，当会议开得太久，人们疲倦了或者议程陷入了僵局，很多人都会手一摊，身子和头部向后仰，这就代表着会议过程中凝聚起来的集体力量开始涣散，大家想要逃离这烦琐复杂的会议了，主持人这时就要采取一些方法将大家的思路拉回来，讲一些有意思的事情或者正面的振奋人心的消息，重整旗鼓，以保证会议能继续开展下去。

很多销售人员、推销员都深谙此道。所以，知道了这点之后，作为客户，我们在讨价还价的过程中可以在不经意间后仰身体及头部，这样就能在心理上给对方一个下马威，通过自己的想要逃离和不感兴趣，降低对方手中的筹码，为自己赢得先机。

恐惧时两手冰凉

并不是所有恐惧心理活动都会导致两手冰凉，这只发生在恐惧到了一定程度之时。手凉的程度取决于事件的恐惧程度以及此人的心理脆弱程度。心理恐惧表现在机体上，是会产生生理逃跑反应，血液从四肢回流到腿部做好逃跑准备，他的手部首先冰凉。这一点确实有不好辨别之处，因为有的人向来是四肢冰凉的，当然通常这类人也是易恐惧群体。我们在这里探讨的主要是正常手温突然转凉的情况。

人在恐惧时的这种生理反应会将自己的心理活动出卖，当然，很多时候并不方便也没有理由去碰触对方的双手，这时我们可以观察，因为两手冰凉的人会不自觉地双手摩擦做取暖状。

通过这点我们可以大致看出，这除了反映他此时心有不安外，还可判断出此人手部发凉，需要热量，因此得出他心生恐惧的判断。

心理咨询师在治疗患者的过程中，遇到患者有心结、因为恐惧等各种原因不能表达自己的情况时，会给患者一个暖手袋或者其他东西让患者首先从手上得到能量，从而增强心理的正能量。所以，面对心生恐惧的朋友，去握住他的双手能很好地抚慰他恐惧的内心。通过手部的热量传递自身正能量，增加抗拒恐惧的砝码，同时宽慰他的内心。

避开他的视线：视觉逃离

眼睛是心灵的窗户，我们经常根据一个人眼睛的明亮程度来判断此人的纯洁程度，因为眼睛是最能暴露一个人内心活动的身体器官。“眼明心亮”“眼疾手快”等都是在说眼睛是如何反映一个人内心活动的。在谈话过程中，说话时不是直视而是一直避开他人的视线，这是表示：感到疲倦，无意倾听，他心里想的只是“快一点结束该有多好”。遇到这个情况，你应该做的是及早地结束谈话，定一个时间，下次再好好谈。

双方在交谈时，视线难免会相遇，视线相碰的时候，直视对方，绝不避开，这种人通常是方正之士，待人以诚，绝不要弄什么诡计，是意志坚强、自尊心强的表现。如果对方在此时连忙移开视线，聪明的你该做下面的判断。除了此人性格本身怯弱，从来不敢直视别人视线这一情况外，大概有下面两种情况：他的内心有某种苦衷，或是有意隐瞒什么；急急避开视线，表示担心你发觉到他的心事。

其实，视线斜视是“不想让别人识破本心”的心理在起作用，是一种试图掩饰的内心活动。潜意识中，当你想掩饰一些东西的时候，你就会害怕别人知道你的掩饰，随之而来的心虚和不自信就会逼迫你的眼睛不去直视谈话人。甚至很多人认为目光转移是撒谎的信号，虽然这有些以偏概全，但这也从一方面反映了避开视线至少是在隐瞒一些心理活动。

坐姿角度扭转

每个人在坐着时都会呈现出不同的姿势，有的人喜欢跷着二郎腿，有的人喜欢双腿并拢，而有的人喜欢两脚交叠，真是各种各样，千奇百怪。不管坐姿如何，都有“稳

坐江山”和“坐立不安”这两种状态，这其中的情绪变化很好地解释了“坐姿角度扭转，准备逃跑”这一点。一个“稳坐江山”的人坐姿很稳定，不会经常扭转坐姿。因为心理上占有优势的他们心态稳定，不会有什么波动或者不安需要通过调整坐姿以图找到最舒适的心理站位。

一直以来，关于坐姿并没有一个统一的规矩，因为正确的坐姿取决于情景和功能的要求。不过有一点是可以肯定的：如果一个人满满当当地坐在位置上，身体能灵活运动，但又不是东摇西晃的，那么，他就会给人留下一个好的印象。谁如果老是动个不停，坐不安稳，那么，他的感觉也不会舒服——找不到自己的位置。找不到自己位置的另一面就是他想逃离！

所以，如果你的谈话对象不时调整坐姿，可能你们的谈话内容已经让他有想要逃离的打算，如果你眼够尖发现了这一点，那你就要适时对谈话内容和谈话时间做出调整了。

站姿角度扭转，下一步就逃跑！

每个人都有自己习惯的站立姿势，站姿是由一个人的教育、性格和人生经历及最终形成的修养所决定的。不同的站姿可以显示出一个人的性格特征。有人说：“站姿是性格的一面镜子。”此话一点不假。我们只要细心观察周围的人，从他们站立的姿势语言去探知其性格心理，也许会有收益的。

除了习惯性站姿能反映一个人的性格外，站姿的变化也在反映着此人内心活动的变化。在公开的场合或容易受人注目的场所，如果一个人不愿意把内心的焦躁不安明显地表现在脸上，或者不愿意用手或身躯做出大幅度的动作，那大脑就会选择距离他人眼睛最远的、最不显眼的部位——腿和脚来表达。人在预感到要遭遇他人侵犯或有他人要进入自己的势力圈时，如果对此要表示拒绝或不耐烦时，就会用一种逃离式的扭转站姿来表达。

如果一个人把自己的双脚移开，就说明他离开自己所在的位置，想获得一种解脱。当你在和别人交谈的时候，如果注意到对方正在慢慢地（当然也有可能是突然地）把自己的双脚朝远离你的方向挪动，说明这个人现在有事情要办，可能是想去约会，但是因为与你交谈耽误了时间，所以内心中想要赶紧走。当然，也有可能是因为他不想再听你说话，或者是你在无意中说了什么冒犯他的话。总之，如果一个人的脚发生转向，就说明他想离开了。

不排除有一些人本身就有好动的习惯，他们在站立时不能静立、不断改变站立姿态。这些人通常性格急躁、暴烈，身心经常处于紧张的状态，而且不断改变自己的思想观念。在生活方面喜欢接受新的挑战，是一个典型的行动主义者。

张大嘴巴吸气

人类之所以能站在生物界的顶端是有其各方面原因的，在不断进化的过程中，人类机体早已逐渐适应并发展出了一系列预警机制。在意识到周围有危害或者刺激时，人会张开嘴巴就是其一。究其原因，就是由于人类进化出来的本能，会在第一时间试图执行逃跑方案，需要大量的空气用于能量储备，只用鼻子来不及，在求生本能下，人会张开嘴大口吸气。

有研究表明，当一个人感到非常恐惧的时候，他的上唇会提升，由于颈阔肌的作用，他的嘴角也会向两边大幅度地拉开。这时候，下唇也会做出相应的反应，它不只会随着下颌的垂落而打开，还会被降下唇肌拉长。当然，人的这种反应，并不是只有在恐惧的时候才会出现。

人们所谓的“倒吸了一口凉气”就是这个意思。按照自然界的法则，生物都是趋利避害的，人在意识到紧急情况、危险场面时产生恐惧情绪，继而就是想要逃离。可能是通过驱赶对方逃离自己不适应的环境，可能是自身要逃离不利于自己的处境。

紧张焦虑会导致呼吸不由自主地加快，急促的呼吸会引起一些生理变化，这些变化都是由自我调节的神经系统的反应引起的。这些生理变化，是不能通过意识直接控制的。你能做的最简单、最有效的努力，就是控制呼吸，通过呼吸缓解焦虑。在现实生活中，很多人把张大嘴巴吸气当作减压的一种方式，这也是十分有效的。这个动作可以缓解人类紧张、恐惧的情绪，能够舒缓心情，调整状态，使身体机能处于最佳状态，在紧急情况或重大场面中保持时刻戒备的状态。

脸色中的不安与逃离

人类的表情是最丰富的。生理学认为，人类面部的表情肌，特别是在眼睛与嘴巴周围，十分发达。透过不同的面部表情，可以分析、判断对方的种种心理活动。因为，各种表情的表达，与面部表情肌的活动是息息相关的。

在生意的经营中，我们常听说“要微笑面对顾客”，因为商家的亲和在生意的促成中占有很重要的作用。很多时候不是因为产品的质量或者款式不符合心意，而是因为店家的态度没有说到消费者心坎里去，或者没能呈现出足够适当的和善。当消费者感觉得到了尊重，心理需求得到了满足，即使还有别的选择，或者产品并不是百分百满意，也很有可能爽快地达成买卖。表情在日常生活中的重要地位由此可见一斑。

不安与想逃也可以从脸色上直接读出。人只要清醒着，就会持续接收和处理各种信息。情绪用以处理不同的刺激，表情则是人类的另一种交流方式，比语言更真实、更准确。表情是由情绪驱动产生，二者之间有着密不可分的联系。人们常说某某气得脸色发青，涨红了脸，灰头土脸，都是在说脸色是如何反映一个人的内心状态的。表情肌的变化直接反映着内心状态的变化，当一个人不安时，面部肌肉就会僵硬，即使他有所掩饰，也不会逃过心理学家的眼睛。如果你眼神够敏锐，也会注意到其中的细微变化，因此探析对方的心理活动并非难事。

躯干倾斜就是要逃离

和身体的其他部位一样，我们的躯干在感觉到危险时的第一反应就是逃离。比如，当有东西抛向我们时，我们的边缘系统会向躯干发出立刻躲避的信号。一般来说，这种反应与袭击物体的性质无关，不管是棒球，还是正在行驶中的汽车，只要我们感觉到了，我们就会赶快闪躲。

同样道理，如果一个人站在一个自己打心眼里厌恶的人身边，那他也会做出逃离的动作，比如，他的身体会倾向远离这个人的那一侧。另外，如果双方中的一方感到事情不是很顺利的时候，他会发现，对方会做出一些远离动作，当然，幅度不会太大。研究表明，我们身体前侧部位的器官比较多，比如眼睛、嘴巴等，都集中在前侧。这让它对我们喜欢或者讨厌的人都非常敏感。不管是遇到好的东西还是遇到喜欢的人，它都会倾向它。相反，在遇到坏的东西，或者是我们讨厌的人的时候，就会出现一种“腹侧否决行为”。这时候，我们最直接的反应，就是会转身离开，至少也会换一个姿势。比如说在一些公共场合，或者是宴会上，如果碰到自己不喜欢的人，我们会转身离开，就是这个道理。

女性的躯干保护行为比男性要多得多，尤其是当她们感到不安全、紧张时。为了保护自己的躯干并令自己感到舒适，女性可能会将双臂交叉放于胃部。她们可能还会用一只手臂斜挎胸前，然后用另一只手抓住手肘，这也是一种壁垒。女性的这两种下意识的行为都是为了保护和隔离自己。

在学校里，女生在走路的时候，总是喜欢把自己的书或者笔记本抱在胸前。特别是在大一新生刚刚入学的时候，这种反应更是明显。当她们慢慢适应这个新环境之后，动作上就会有所改变。比如说，笔记本或者书的位置会由胸前挪到身体的一侧。但是在邻近考试的时候，她们又会恢复之前的把笔记本放在胸前的位置。当然，这个遮挡物也有可能是公文包，或者是钱包。

发出尖叫声

在热带雨林中，生活着这样一群猴子。它们在树丛间跳来跳去，觅食和嬉戏着。忽然，负责瞭望的猴子发现远处出现了危险情况，它张大了嘴，发出了奇怪的喊声，那声音惊动了整个猴群。猴子们在猴王的带领下焦躁不安地向着另一个方向逃去，以躲避它们的天敌……

在看《动物世界》等科普节目时，我们经常会看到两只争夺地盘的雄狮朝对方咆哮，一方面是为自己示威，另一方面是要通过声音上的震慑驱逐对方。古时作战也有击鼓以壮士气的传统。这一方面说明了尖叫声会舒缓情绪，另一方面说明尖叫时有情绪产生，而这种情绪一定是刺激性的，使人想要逃离的。惊声尖叫一方面是为了缓解内心压力的本能行为，另一方面也是进化积累下来的一种攻击手段——通过高频声音驱赶对手。

人在感到恐惧后的正常反应是：肾上腺素大量释放，机体进入应激状态，心跳加快、血压上升、呼吸加深加快；肌肉（尤其是下肢肌肉）供血量增大，以供逃跑或抵抗；瞳孔扩大、眼睛大张，以接收更多光线；大脑释放多巴胺类物质，精神高度集中，以供迅速判断形势。

人类及类人猿等动物感到恐惧时常会发出尖叫声。对动物的观察表明，群居动物的某一个体看到天敌而发出尖叫后，其同类能根据尖叫的示警迅速逃跑。这种群居保护机制现在依然存在于我们的体内。虽然已经不再是以前的作用了，但它和张大嘴巴吸气一样，对我们日常生活的减压、舒缓情绪方面还是有着很大帮助的。

手心潮湿的人内心恐惧

对于男性来说，唯一可以接触到陌生女子的身体的机会，就是握手。通过握手，你就可以通过对方的手来了解对方。如果对方的手心比较干爽，就说明她的性格比较开朗，当然，也有可能是她对你们的这次会面兴趣不大。如果是在相亲的时候出现这种情况，那基本上成功的概率不大。如果对方的手心比较潮湿，就说明她比较内向，也可能是她现在非常紧张或者是害怕。要想知道她到底是紧张还是害怕，可以通过她的眼睛来判断。如果她现在是躲躲闪闪的，就说明她很紧张。如果她的眼睛微闭，那就说明她很害怕。相对来说，男性在这方面的表现会稍微隐蔽一些。因为男性通常都是大大咧咧不拘小节的，对于大部分男性来说，握手就是简单的握手，他们并不会去把很多心思和情绪放在上面。当然，在遇到一些重要的人物，或者是在一些重要的场合的时候除外。

在一些比较重要的场合，比如说审讯犯人，或者是在谈判的时候，也可以用这一点来审视对方的心理。如果他没有说实话，就算他的表面功夫足够到位，但是他的身体一定会出现某些反应。比如他的手心出汗了，虽然不能就由此断定他做了坏事，但是他至少跟这件事有牵连，还是需要提高警惕。

恐惧时用手护住某个部位

所谓的恐惧，就是人们在感到自己周围有什么无法预料的因素的时候，心理或者生理上出现的一种不知所措的强烈反应，是生物所特有的。从心理学上来说，在一个人想要逃离某种情景却做不到的时候，就容易出现这种情形。

在拳击比赛中，我们经常容易看到，当一方属于弱势，被另一方暴揍的时候，他经常会用手护住自己的脑袋。当一个孕妇发觉自己有危险的时候，总是会用手护住自己的腹部。当一个人感到不安或者恐惧的时候，他总会用手盖住自己的颈窝……之所以会出现这些反应，是因为他们在恐惧，所以会下意识地去护住自己身体上最弱势的部位。

一般来说，人们在恐惧的时候，经常会不自觉地把自己身体上最脆弱的地方盖起来，这样做的目的就是为了保护这个部位。但是有时候，恰好是这样的动作，却暴露了自己的弱点。比如说在两个人打架的时候，一方说："你别以为你很强大，我就不信你没有弱点。"这时候，另一方就会不自觉地用手去盖住自己的要害，而对手就可以趁机知道他的弱点在哪里。

逃避时头歪向一边，用手托住

我们面对不愿意接受的残酷现实或者不想见的人、不想做的事的时候，经常会选择逃避。比如深陷单相思或者被迫接受不想要的感情，如果我们无力去控制，我们会逃避。比如不想见的人,不想谈的话题我们会尽量绕开。逃避是一种不去接受的行为，而伴随这种心态的我们常可以看到的姿势就是用手斜托着头，往一边歪，也许即使他看似全神贯注地听你讲话，但其实可能已经在神游，或者是你带给他的信息让他心智上没有勇气面对。为了避免内心的脆弱或者痛苦,他选择一种短暂又急促的处理方式。惯用的场面是相亲的聚会，若一方是歪着头用手托着，说明他对对方不是很满意，不想面对。又或者是领导安排的职位下调或者对失败的宣判，你可以观察到听到的人都会突然歪着头用手架着。他们用这个动作来表达自己内心的远离、躲藏，暗示现在所发生的会带给他们心理上承受不了的打击或伤害，他们心智上并没有准备好，所以要采取逃避这个行为，让自己的心停留在一切都还没发生的状态。托着脸的手，给他们的是一种依靠与依赖，就像来自母亲的暖暖安慰，或者是恋人宽阔的肩膀或胸膛，托住头就是希望自己逃到安全的地方，得到亲人的安慰，爱人的拥抱。

烦躁时不自觉想逃离

当对特定的事物感到烦躁的时候，人往往就会不自觉地选择逃离，这种情况也可以用一个成语来形容，那就是“眼不见为净”。当然这是一种消极对待问题的办法，但这种逃离是潜意识的，往往是不知不觉，甚至在过后都会反问自己一句，当时我到底是怎么了？

这种情景我们在职场上经常见到，当你对一个人没有好感，他却突然“大驾光临”你的办公室时，你就觉得自己要离开，免得与这个人见面。也许你听到了他的脚步声时，内心就不禁会有各种联想，宁愿在他还没到达之前就先行离开，万一是正好两个人四目相对时，你的眼神也是游离漂浮的，这就是不自觉的逃离。如果是在职场，这种眼神绝对是输三分的表现，而逃避在职场也是大忌，所以又应了那句话，正视才是解决逃避的最好办法。所以为了不输别人三分，在职场上无论遇到什么情况都不要选择逃避，可以是虚心接受，可以是积极应对，还可以寻求帮助。

想逃离时，身体会不自觉抖动

大家都有一种体会，当看到害怕的事物时，毛孔就像突然张开，头发像竖起来，浑身突然起鸡皮疙瘩，嘴唇发紫，伴随着尖叫，全身都莫名地笼罩着一种恐惧，然后身体会不自觉地颤抖，想要逃离这种危险。比如女生看到害怕的动物——老鼠或者蟑螂，肯定是毛孔迅速扩张伴随尖叫逃之夭夭。又或者是看恐怖片，当恐怖的音乐响起，暗示将有事情发生时，来源于未知的想象会让我们把未知等同于恐惧。一个普通的黑影心理上会去想象并出现恐惧心理，尽管实际上那可能只是一只黑猫，身体对这个猜测的反应会让我们缩成一团，或者找个安全的地方依靠。我们还用“毛骨悚然”来概括身体对恐惧的反应。大脑通过传播生物信号，让身体起反应，表达此刻心里正在经历恐惧，而这些让人感觉到不适的生理反应都是希望逃离这种恐惧。恐惧与焦虑都是对危险的情感反应，并都伴随着生理上的感觉。对于周围预料不到或者无法确定的因素产生的不安，无所适从的心理，是身体生理所有反应的根本原因。电视上警匪片中遇到有绑架的案子，人质都是缩在墙角，如惊弓之鸟，草木皆兵。如果突然有人出现，他肯定就像全身的细胞都准备战斗一样，恐惧到极点，或者不停地打战。

逃避时会用指尖拨弄嘴唇

另外一个典型的代表逃避的动作，就是用食指及拇指的指尖触摸嘴唇，甚至开始咬手指关节，咬指甲，一直把指尖咬成锯齿状。这除了是一种逃避的表现，还是一种强迫症患者的行为。当一个人处于一个缺乏安全感的生存环境下，内心对可能发生或者已经发生的事情有极度的不安，觉得接下来发生的事情可能会让自己产生害怕、恐惧，所以当他们试图克服不安，让自己表现得淡定的时候，就会情不自禁地做指尖拨弄嘴唇这个动作，想借此让自己的心情稍微得到安定，更好地来掩盖逃避自己真实的负面情绪。其实这个行为也是有先天的作用在里面，因为指头是母亲乳头的替代品，当还是婴儿时期的时候，获得安全感最好的办法就是吮吸母亲的乳头，可以稳定大哭大闹的情绪，所以同样的，为了稳定情绪让自己不要被恐惧的情绪继续笼罩，就用指头接触嘴唇。孩子会长大成人，但天性是不会随着年龄的增加而消失的，只是说在孩童时期，这种行为表现得更多、更明显而已。

自我封闭是为了逃避现实

自我封闭是一种环境不适的病态心理现象，在心理学上对自我封闭的定义是指将自己与外界的事情主动进行隔绝，极少或根本没有社交活动，除了必要的工作、学习、购物以外，大部分时间将自己关在家里，不与他人来往。这种人害怕各种社交活动，不喜欢交朋友，甚至觉得有朋友是对自己的一种障碍。因为要逃避而自我封闭的人是一种不能适应环境的病态心理现象。

自我封闭的人也不是天生就喜欢封闭自己，大多是因为在现实的生活里受到了挫折、失败。这些现实生活通常是来源于生活不顺（家庭、婚姻、感情），事业上的挫败（失业、破产）等原因的打击后，精神上受到了强烈的压抑，渐渐对周围的环境失去了认同感和信心，并且心理也越来越敏感，任何的“风吹草动”都会让他的神经绷得紧紧的，不断地选择逃避，于是对各种社交行为出现了抗拒和回避。

既然自我封闭是一种病态的行为，那么理应去调节改善，是病就可以求医，很多的自闭症患者常常也是因为自我封闭开始的。要如何调节这种病态行为呢？最好的办法就是应该及时去医院找心理医生咨询，把自己的内心想法释放出来，医生会找出合理的方法让你摆脱逃避心理，而自己也应该进行自我心理调适。

当对周遭的人失去信任时，就想逃离

众叛亲离的感觉是不好受的，但这种是被动的失去信任，而这种感觉多数时候不会选择逃离，而是选择反击和去追寻原因。但当主动对周围的人失去信任的时候，就不会选择反击了，更多时候是逃离。因为这个时候会觉得自己很孤立，也没有一个人可以说得上话，但往往这些说不上话的人你又常常要遇到，甚至有着不少的互动。这种感觉是难受的，面对着那些不信任的人，又无法真正地将他们拒之千里，所以更多时候内心都会有一个声音——逃离。

电影《搜索》的故事就很好地诠释了这个主题。女主角因为得知自己患了绝症，所以在搭公交车的时候没有给老人让座，这一幕让一个记者拍了下来并作为一条新闻放到了网上。女主角一下子变成了“话题红人”，走到哪里大家都对她指指点点，不管青红皂白，甚至去住旅店都被老板拒之门外。

女主角的心情本来就很沉重，而因为变成了“话题红人”之后她不堪重负，对周围的一切都失望了，不管是人还是物。她卖掉了房子车子，辞去了工作，来到了一个海边的小屋，为了远离那些纷纷扰扰，更是为了逃离那个扭曲的真实世界，她就在那个小屋度过了自己最后的时光。

电影中的故事是一个极端的事例，现实中我们很少可以做到像她那样，更多只是在内心呢喃——我要逃离这个世界。

第十四章

说不出却藏不住的痛：悲伤与痛苦

悲伤源自哪里

悲伤与欢乐一样，是一种十分常见的情绪，很多高等哺乳动物都具备这种情绪，而人类最为显著。悲伤属于人生之常态，无论富贵贫贱，只有化解程度的轻重之分，没有躲过与躲不过之分。

据心理学家分析，悲伤是一种负性的基本情绪，常常由生活中的丧失、分离和失败引起，难过、沮丧、失望、消沉、孤独等情绪体验都属于悲伤的范畴。悲伤的程度深浅取决于失去的东西对于悲伤者所认为的价值的大小和重要程度，也依赖于主体对于情绪的掌控能力和个体特征，以及意识倾向。

人类的悲伤情绪常常源自于经历上的不成功或得不到，如重要物品的失去，亲友的离去或死亡，婚姻或某种亲属朋友关系的分崩离析，失业、残疾、疾病、精神上的失去或不得，例如荣誉或名誉的失去、梦想受挫、信念崩塌等。但值得注意的是，悲伤这种生物反应又会因个人生活经验与文化背景而有所不同。例如，失去亲人往往会让人觉得悲伤，但这种悲伤程度可能会因具体情况而定，例如寿终正寝的老人去世被称为“白喜事”，这种在中国人看来顺应天命的死亡反倒是一件“喜事”，悲伤的程度自然有所减轻，而白发人送黑发人的悲伤则是痛彻心扉的。也就是说，引发悲伤的事情，其悲伤程度受主客观多方面的影响和限制。

简单来说，与意识主体的主观预期相距越远，其悲伤程度就越深。某种失去来得越突然越猛烈，意识主体就越不愿接受这种情绪，而其沉浸在悲伤之中的时间也就越久。不同程度和不同原因引起的悲伤，其程度和表现方式也不尽相同，主要可以分为哭和沉默两种，尤其是在悲伤程度较深的时候，伪装和隐藏悲伤情绪的难度较大，即便是一些深谙人际交往之道的人无法也不愿意完全隐藏自己的悲伤情绪，在适合发泄的情况和境遇之下，几乎所有人都会将自己内心的悲伤表现出来。而当意识主体沉浸在悲伤的情绪之中时间过于长久时，很有可能导致一系列心理甚至是生理的问题，抑郁症就是典型的结果。这同样和引起悲伤的原因、意识主体的主观思想、观念和性格等多方面有关。但是无论怎样，将悲伤发泄出来，是一种减轻悲伤的伤害，排解内心抑郁的好方法。这就警示沉默的伤心人，一定要发泄出来，否则，当悲伤郁结于心，之后悲上加悲，伤而更伤。

悲伤的表情特征

人们在感到悲伤时，由于不同的刺激力度和每个人抑制感情的不同程度，表现出来的悲伤分为很多不同的类型和等级，例如极端悲伤时的号啕大哭，正常哭泣，默默地抽泣，紧闭嘴唇默默地流泪，感到委屈、忧伤等。在感到极度悲伤时最饱满的痛苦状态下，体现出来的面部表情非常清晰,很容易进行识别。而在其他程度较弱的悲伤反应中，眼睛、眉毛、嘴巴表现出来的变化和特征比较不明显，使他人不容易察觉。

在比较明显的哭泣表情中，由于生理结构的要求，双眼一般都是紧紧闭起的，而且通常情况下哭泣的程度越强烈，双眼闭合的力度也就越大。哭泣时，嘴极有可能张开也有可能是闭合的，但是不论张开或是闭合，嘴角一定是向两边拉伸的。至于张嘴还是闭嘴，在于悲伤的程度和当事人自我抑制的程度。在没有感到悲伤和痛苦时，故意做出闭眼和咧嘴的动作会显得比较刻意，而悲伤时的这种表情会更大而且显得更自然。这是由于内心情绪会使大脑向机体释放很大的能量，从而能够做出自然的生理反应。

在悲伤程度较深的痛苦表情中，包含两个主要的因素：一个是明显的痛苦的面部表情，肌肉发生收缩和痉挛；第二个因素是发出的声音很大，发出很大的声音会增强当事人的悲伤情绪，如果旁边有别人的话，还可以加强情绪的表达效果，但是大声哭喊会加速身体的能量消耗。而成年人在社会生活中，不太可能在日常交往中表露这么强烈的情感，更多的是克制的表情和用理智的语言来表达自己的内心感受，很少有机会能够像儿童那样痛快地大哭一场。因此对大多数成年人来讲，这种最饱满的痛苦出现得很少，通常只会在亲人或所爱之人遭遇不幸时发出这样的哭泣。在其他普通情况下，悲伤都以更为隐晦和克制的方式表现出来，例如一个人默默流泪等。

眉毛是悲伤表情的标志性特征，不论是充分的痛苦还是平静的悲伤，眉毛都会呈现出不同程度的扭曲：双眉下压，眉头皱起并微微上扬，眉毛在内侧 1/3 处形成扭曲。甚至在没有眼睛和嘴部变化的平静的面孔中，只要改变眉毛的形态就可以体现出悲伤的感觉。

悲伤时的眼泪可以排毒

人在出生之时便是以哭的状态与世界见面的，在我们还是小孩子的时候，哭的次数会很多，但随着年龄的增长，哭的次数也随之减少了。但哭仍是一种人类情绪的生理表达，在我们的日常生活中十分常见，哭的原因可能有很多种，悲伤可以导致流泪，激动可以导致流泪，喜悦的时候也会出现喜极而泣的情况。哭的种类也有很多，如默默地流泪、低声啜泣、放声痛哭等，这些都与行为主体所处的环境与哭的诱发原因以及主体的性格意识有关。在婴幼儿时期，哭主要是一种传递信号的方式，孩子在无法用语言表达自己的意愿和想法时，就会号啕大哭，以此来表达饿、渴、热、冷、痛、尿床或不舒适、身体不舒服等多种可能性，这时父母就会根据具体情况做出判断。

美国某大学的学者做了一个相关的实验，他对几百名男性和女性进行长时间的跟踪调查，分别研究后发现：在他们伤心难过的时候，痛快地哭过的人，自我感觉尤其是心理的舒适度都比哭之前好了许多，身体的舒适度也有所提高。这位学者更进一步的研究表明，人们在情绪压抑的时候，身体内部会产生某些对人体有害的生物活性成分，而这些成分是可以通过眼泪流出体外的，哭泣后，情绪强度可降低 40%。

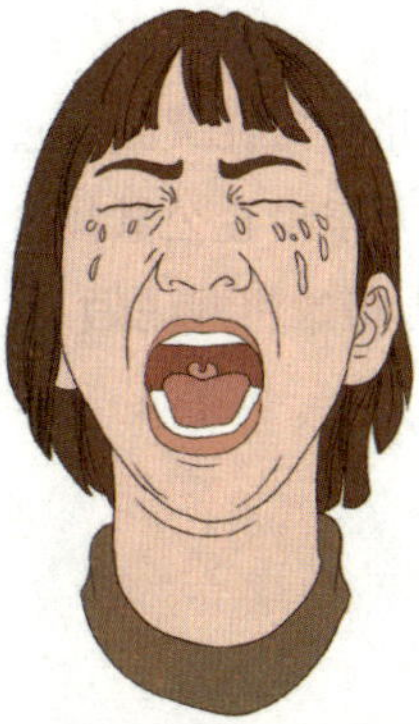

美国生物化学家费雷认为，人在处于极度悲伤的情绪中，强忍泪水不哭，就相当于“慢性自杀”。因为那些不爱哭泣、不愿在人前哭泣的人，没有利用眼泪消除和排解消极情绪的压力，其结果是影响身体健康，甚至促使某些疾病恶化。比如结肠炎、胃溃疡等疾痛就与情绪压抑有关。长期不哭的男性甚至有可能引发胃溃疡病和精神分裂症。他调查发现，长期不流泪的人，其患病概率比适时流泪的人高出一倍左右。但是哭也要注意把握适度原则，过度的号哭会导致咽喉部位的不适和疲劳，抽泣时也会使呼吸变得不规律从而影响心律的速度，甚至造成心跳不规律。

因此，当一个人处在悲伤之中难以自拔并且泪流满面的时候，你的安慰最好是“适当地哭一哭吧”，而不是“别哭了”。

一张痛哭的嘴

在痛哭的时候，嘴巴的变化特别值得关注。颏肌通过较大程度的收缩将下嘴唇的中部向上推起，下巴部位会随之形成表面凹凸不平的肌肉隆起；这时，下嘴唇中部向上推起的部分将原本可以露出的部分下齿遮住，但此时两侧嘴角还保持着向侧面偏下方向拉伸的状态，因此嘴角部位的下齿又显露出来了，这就造成了下嘴唇曲线呈“W”形。这样的口型，是痛哭表情所特有的。人在放松的状态下，唇部曲线也是自然形成的，因为周边的肌肉没有出现明显的控制和收缩；而当人受到惊讶或惊恐的情绪刺激时，嘴巴会下意识地张开，这时，唇部可能会将牙齿遮住，尤其是下齿，几乎显现不出来；而绝大多数情况下。人的嘴唇是微微闭合着的，因为口腔只能在封闭的场合中积聚水分，长时间地张着嘴会让人出现口干舌燥的感觉。

值得注意的是，经过科学家的细致观察，在尽量大幅度地咧嘴的同时，嘴部周边几组肌肉的协同作用会在下唇靠近两侧嘴角 1/4 处，形成一个较为明显的转折角度，使下唇的咧开程度大于上唇，这就形成了一个近似梯形的口型。这个口型是最有利于发出尖利且气息充沛的声音。因此大声喊叫时候的口型与哭喊时的口型十分相似。同时，梯形的口型源于上唇的提升和下唇的下侧方向的拉动，嘴唇会因为拉紧而变薄。

因为在哭喊的时候，嘴部咧开达到了平时很难达到的限度，因此常常在哭喊的过程中会有口水过多地分泌，这也再一次加深了形象的破坏。所以成人很少在公共场合大声痛哭。演员在演痛哭的戏码时，常常需要充分地调动情绪，否则很难将戏码做足，看上去也会显得十分虚假。

眉毛和眼睛表露的悲伤

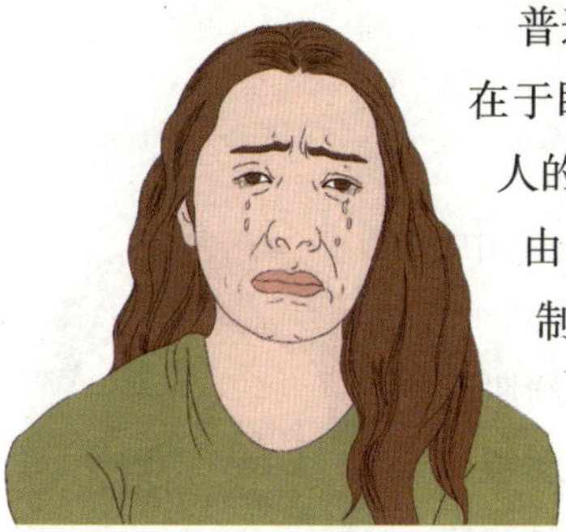

普通程度的哭泣与痛哭的表情相差不多，两者的差别主要在于眼睛的闭合程度和气息的剧烈程度。悲伤程度一般时，人的眼睛通常是睁开的,但是悲伤时的眼睛与平时有所区别。由于内心难过会使眉毛下压，因此上眼睑的提升会受到抑制，眼皮上会形成细微的褶皱。人在感到恐惧时眼皮上也会出现褶皱，但是与悲伤时相比要更为明显，这一点是睁着眼的恐惧和悲伤表情的主要差别。

除此之外，由于眼轮匝肌发生收缩，并且主要是下部分收缩，会导致下眼睑轻微上提。这就使虹膜被遮住的部分增多，虹膜的上下缘都被遮住了一部分。由于眼睑比平时遮住了更多的眼球，眼神就会显得比较暗淡，失去了平时的光彩，而眼睛中的警觉神情也在瞬间消失。这是由于眼睛张开的幅度减小，使得眼球的黑白对比减弱，而且眼球的反光面减少造成的。

悲伤时眉毛的形状是较为复杂的。悲伤的情绪会导致眼轮匝肌的收缩从而使双眉下沉，但是由于眼睛是睁开的，眉毛又受到向上的相反作用力的拉扯。这就使眉毛先向下压低，然后眉头向上挑起，而且向上提升的幅度要比闭着眼痛哭时更明显，这一点是区分痛苦与普通哭泣的主要标志。即使哭泣程度减弱，但是悲伤的情绪还是会使眉毛保持这种复杂的形状。额肌和皱眉肌一直在进行相反方向的角力，额肌向上提拉眉毛，而皱眉肌则将眉毛向下压。将眉毛向下压的力被额肌的收缩力所中和，从而导致眉头向上挑起，眉头之间形成的垂直皱纹显示出皱眉肌的收缩程度。而在放松状态下，眉毛不会出现这样的形状。额肌和皱眉肌的角力使眉毛呈现出不同的形状，一些人的额肌较为强势，他们的眉毛就会保持水平状态；而有些人的皱眉肌较为强势，则他的眉毛呈现出八字形，或者平时说的“囧字眉”。但相同点在于，悲伤的表情中眉毛都会显示出纠结的样子，而眉头旁边 1/3 处的扭曲程度，体现了内心悲伤的程度。这种眉毛是典型的悲伤表情，可能是由于内心的痛苦被抑制造成的纠结，使眉毛变得扭曲，从而增强了表情的感染力。

这种扭曲的眉形不仅会在痛哭时出现，还存在于任何一种悲伤程度的表情中。有时人在没有感到悲伤时也会出现这样的眉形，例如在寒冷的冬天，恶劣的天气也会让人们不经意间皱起眉头。

在这种情况下，这样的眉毛更多代表了身体上感到的痛苦，而非内心的悲伤。这是由于恶劣的天气和悲伤的情绪都会使人感到无力改变的负面情绪，所以会出现相同的表情。

苦涩的嘴唇

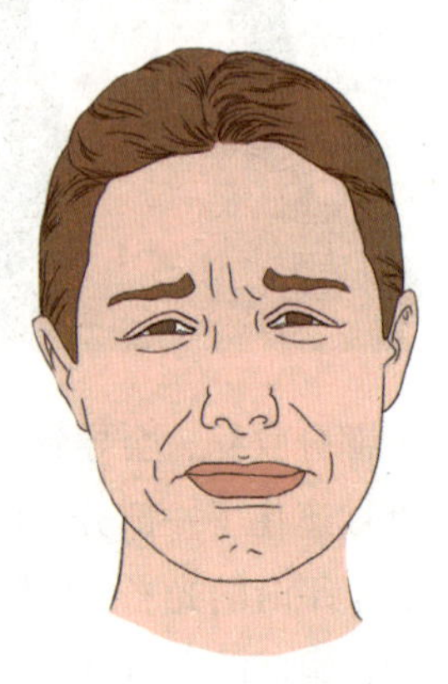

人在感到悲伤难过时通常会紧闭嘴唇。在这样的表情中，在颧小肌或提上唇肌的控制下，上唇向上提升的程度减小，嘴唇显得比较平直；降口角肌使嘴唇外侧出现皱纹；颏肌使下巴变得凹凸不平。与痛哭的表情类似，嘴角也会在颈阔肌的作用下向两侧咧开，但是变化比较轻微，不像痛哭时的幅度那么明显。颈阔肌的收缩通常出现在哭泣或者将要哭泣的脸上，特别悲伤时颈阔肌的收缩程度较大，而当悲伤程度减弱时，颈阔肌的收缩力度就会变小，嘴角的拉扯也会变轻或者消失。

这样的嘴部形态是典型的悲伤反应，出现在各种不同程度的悲伤表情中。甚至在没有感到悲伤的时候也会出现这样的嘴部表情，例如人在吞咽非常苦的中药时，也会瘪起嘴来，这是由于悲伤和苦都使人感到了不适，因此这样的嘴唇被称为“苦涩的瘪嘴”。如果一个人的脸上只出现了苦涩的瘪嘴，而没有其他有关悲伤的表情特征的话，则说明这个人的心里可能有惭愧、辛苦、感到勉强等类似悲伤但是程度较轻的情绪。

瘪嘴也可能是由于对嘴部动作的克制导致的，例如有人憋不住要大笑时，就会将嘴唇紧紧闭起来，嘴唇的紧闭程度和痛哭时抑制哭声的嘴唇看起来差不多。在学校颁奖礼或者公司的表彰大会上经常能看到这样的嘴部表情。在校长或领导向表现优异、成绩突出的学生或员工进行表彰和鼓励时，逐个念到他们的名字，并讲述他们的优秀事迹和所取得的成绩，这时被念到的人就可能会出现由于颏肌收缩而造成的瘪嘴。但是这种场合下的瘪嘴并不是悲伤的表现，而是表示当事人在克制自己兴奋的笑容，使自己不要得意忘形，而是要尽量显得低调谦虚一些，因此这种嘴唇通常会配合着积极的面部表情。这种嘴唇也有可能是获得奖励的人对自己付出的努力和代价感到辛苦和不容易的表示。

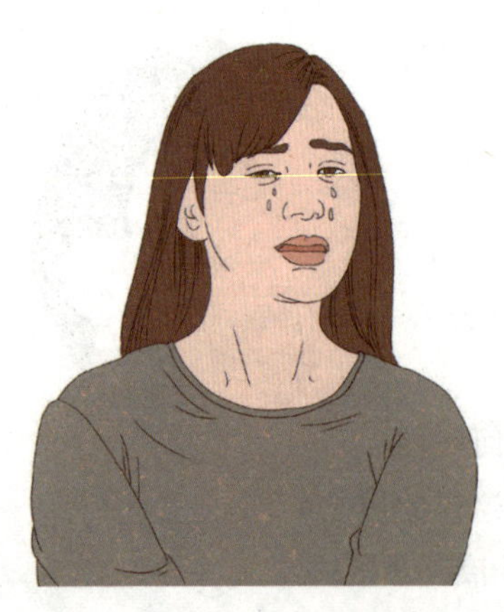

有时，用上齿咬着下唇也是一种强忍悲伤的表现，行为人仿佛是在极力克制自己的情绪，避免哭出声来，给身边的人造成影响。而实际上，这种表情具有十分明显的指向性，身边的人看到这样的表情，就能准确地意识到行为人正沉浸在悲伤之中难以自拔。通常情况下，女性更容易做出咬下唇的动作，看上去更加柔弱凄婉，楚楚可怜。男性则表现为咬紧牙关，双唇紧闭。

平静之中隐藏的悲伤

成人因为所处的环境、与身边人的关系以及维护形象的考虑，不会选择像小孩子一样非常直接地哭出来，男性尤其明显。但是这并不意味着坚强的人就躲得过悲伤，只不过他们会选择一种相对不易察觉、更加隐秘的表现方式来表达，比如转移注意力然后强颜欢笑，长时间地沉默不语，或是用吸烟或饮酒来排遣忧愁。

在多数情况下，当悲伤的程度较深，例如亲人或爱人骤然离世，即便是找到了适当的发泄机会，内心深处的悲伤也还需要长时间的消磨。这对于大多数人来说，都是一种煎熬，因为没有人会一直陪在身边，并且即便是有人能做到长时间的陪伴与安慰，意识主体自身的伤痛也必须由自己来一点点地消化和化解。

因此很多时候，那些经历了重大创伤的人在经过一小段时间的调整和恢复之后，心情会稍稍平复一些，悲伤的情绪也会暂时隐藏起来，回到正常的生活和工作轨迹上来。但实际上，他并没有走出悲伤的阴影，这种表现只是暂时的平静，而真正的悲伤还深深地隐藏于表面的平静之下。如果细致观察，你会发现，他平时的表情依然是常常紧锁着眉头，嘴角紧闭，几乎没什么笑容，即便是身边的人主动营造轻松欢快的氛围，他的面部表情也是轻微地附和和敷衍。他做任何事情都很难提起激情，因为他不能再肆无忌惮地发泄自己内心的悲伤以影响他人的正常生活安排和心情，但又做不到完全迎合大家的情绪，所以显得闷闷不乐。

如果在日常生活中，我们身边的朋友或同事出现了这种情况，那么我们不必强行地为他制造欢乐氛围，因为他几乎不可能融入其中，与其白费力气，倒不如为他留一片相对安静的个人空间，或是由与他关系亲近的一两个朋友适时陪伴在他身旁，陪他散散步，听他把自己心里的苦闷讲出来。

静静的忧伤

在悲伤的程度较轻时，人也许并不会哭出来，而只是默默地表现出忧伤的表情。与痛哭相比，平静的悲伤持续的时间要更长，这是因为痛哭会消耗很多的能量，而默默的悲伤所需要的能量较少。但是这种平静的悲伤不利于消极情绪的发泄，痛哭可以发泄一下心里的苦闷，而默默悲伤却会长时间影响人的情绪。一个大声痛哭的人止住哭泣之后，脸上紧绷的肌肉就会开始放松，最先放松的是眼部的肌肉，随后是拉扯嘴部的颈阔肌，嘴唇便不再紧绷，最后脸颊放松，下眼睑也松弛下来。程度较低的悲伤中唯一留下来的表情是痛哭扭曲的眉毛和微微噘起的嘴唇，就算嘴唇也恢复了，扭曲的眉毛还是会保留在悲伤的面孔之上。

在平静的悲伤状态下，嘴唇并没有过于明显的表现，只有颏肌和降口肌会轻微地收缩，使嘴唇看上去有些不悦。由于悲伤程度不大，呼吸没有变得很急促，所以嘴唇不会像号啕大哭时那样张开，通常情况下是通过口轮匝肌的收缩使双唇紧紧地闭合。这种紧闭双唇的动作是无意识的克制，是由于人的主观意识想要控制自己的表情，不让他人看出自己的悲伤。在这种情况之下，口轮匝肌的收缩力度较小，并不会影响到其他部位的表情特征。

人在平静的悲伤时，眼睛表现得比较正常，并没有明显的变化，有可能微微张大，也有可能稍微闭合，总之眼睛并不是平静悲伤的重要表情标志。眉毛则是判断这种情绪的主要特征，这是因为不管在哪种程度的悲伤情绪下，眉毛都会表现出不同程度的扭曲。在这种情况下，眉毛的形态较为特别，眼轮匝肌没有进行收缩，因此眉毛并没有向下沉；而额肌的收缩导致眉头轻微上挑，但又由于皱眉肌的作用使整条眉毛向内皱紧，因此眉毛呈现出一种扭曲的纠结的形态。即使一个人脸部的其他部位极力想表现得平静自然，但是这种扭曲的眉毛也会暴露他心底的真实情绪。

现实生活中，很多人会因为微小的事情影响到情绪，从而使得自己的内心产生小小的不愉快，这种不愉快又很难找到倾诉对象，这时行为主体就会尽量掩盖这种不愉快，逃避与其他人的接触，在相对安静的环境或气氛中静静地忧伤。

深深的忧虑

当人们为一件事情感到忧虑的时候脸上就会出现忧愁的表情，嘴唇轻微闭紧，眉毛向上提升并且轻微扭曲。闭合的嘴唇表示的是一种克制的情感，而皱眉则显示出内心的压力。在忧虑时眼睛并不会睁大，因为没有什么直接的刺激需要张大眼睛获取信息。在火车站经常能够看到这样的表情，售票口前长长的队伍中人们都在焦急地等待，很多人都会做出抿紧嘴唇的动作，这是由于他们都在担心排到自己时票已经卖光了。

忧虑的面部表情是，眼睑的扩张程度较小，并伴随向上提升的动作，没有闭合的趋势。表情特征比较明显地体现在眉毛和嘴唇上。眉毛向上扬起，眉形轻微扭曲和纠结，这表明内心感受到了压力。嘴唇则闭紧，有的时候甚至将嘴唇抿进去看起来像消失了一样，口轮匝肌的收缩使嘴唇绷紧，降口角肌的收缩导致嘴角处轻微隆起，这也说明内心存在着压力。如果一个人在交谈中眉毛和嘴唇出现这样的紧张状态，则可以说明他心中正承受着压力，并且为某件事情感到担忧和困扰。如果忧虑的程度减轻，则嘴部就会放松，形状会恢复自然。这时只有眉毛和眼睛能够表现出忧虑的形态，眉毛并没有大幅度向上抬高，基本处于平直状态，但是轻微扭曲。眼睑变得自然了一些，但是上眼睑的位置还是要比平时的状态略高，露出较多的眼珠。

忧虑和悲伤看上去差不多，似乎很难分辨，因为这两种表情中的眉毛形态十分相似。但是人在感到悲伤时，眼睛里不会流露出期待的神色，而往往是暗淡无光的。在机场送别亲友的人经常露出这样的表情，他们在向自己的亲人或好友挥手时会轻皱起眉头并抿起嘴唇，这体现出对远行的人的牵挂与担忧，当然内心一定也会有由于分离而产生的悲伤。或者是当一位求职者满心希望获得某公司的岗位，但却没被聘用，在知道结果的那一刻，他的眼神和表情会有非常明显的变化，那就是满怀希望的目光瞬间变得黯淡下来，这就是说，他的希望破灭了，他对于这件事，已经没有期待了。这两种感情非常类似，并且经常同时顺承出现。当忧虑的事情变成现实，而结果不是我们想要的那样时，面部就会出现悲伤的表情。

扩大的悲伤情绪

悲伤这种情绪从本质上说，是对不希望发生的消极事件产生的无能为力。除了悲伤以外，还有许多情绪也会产生这样的心境，例如愧疚、苦涩、勉强和不悦等。愧疚是对自己曾经的行为感到后悔和自责，通常这种行为导致了某种不能改变的负面结果；苦涩是对曾经发生的消极事件的主观感受，虽然事情已经过去了，但是每当想起时心中还是会隐隐作痛；勉强是强迫自己做了并不喜欢的事情，或者在进行艰难取舍之后做出的决定，这种勉强的决定意味着选择一方面，就会失去其他方面的利益，因此也会感到难过；不悦是对某件事或某个人的不喜欢、不认可、不接受，但是与厌恶不同，不悦只是个人的内心感受，并没有表现出排斥的意味。在这几种情绪之下，面部表情都会产生消极的反应，并产生类似于悲伤的表情特征。

这几种扩大化的悲伤情绪有一个共同的表情标志，即紧闭的嘴唇。这种瘪嘴的动作主要是由颏肌来控制的，颏肌的收缩导致下唇抬升，由于受到了上唇的阻力，使嘴唇中部呈现平直的状态。而颈阔肌的拉伸使嘴角向外咧开，双唇之间的闭合线也随着拉长。下巴部位的肌肉会变得坑坑洼洼，降口肌的收缩导致嘴角微微下垂，在口轮匝肌的作用下，上下唇紧紧地闭合在一起。

由于这几种情绪程度较轻，因此面部表情的变化也不明显。如果只看眉毛和眼睛，几乎看不出悲伤的表现，但是瘪起的嘴唇却能暴露出内心的消极情绪。遮住脸的上半部分，只露出嘴部的话，通过瘪起的嘴唇可以很明显地看出一个人内心感受到了不适。至于这种情绪到底是愧疚、苦涩、勉强还是不悦，就要通过具体的情境来进行判断了。

其实，在日常生活中，我们常常会遇见这种情况，尤其是在自己亲近的朋友或家人面前，因为没有必要强颜欢笑，所以我们对于表现悲伤情绪完全没有戒备，也会任凭悲伤的表情明显地写在脸上。因为在我们的潜意识里，我们需要身边的人的问候和安慰，也需要倾诉内心的不愉快。这种将悲伤表现出来的情况适用于在熟识的人面前。相反，如果我们处在一个相对陌生或是不值得信赖或依靠的环境中，我们会尽量隐藏自己的情绪，让自己看上去更加平静一些，这是一种现代人的自我保护方式，即避免引起他人的注意，从而减少成为目标的可能性。

令人厌烦的苦瓜脸

在社交生活中，我们的情绪很容易受到身边的人的影响。如果在一个轻松欢快的气氛中，群体之中有人闷闷不乐，整个群体的气氛也会受到影响。“苦瓜脸”的出现就会产生这样的影响。

生活中常常有些人被称作“苦瓜脸”，他们总是哭丧着脸，嘴角向下耷拉着，眼神中也完全没有兴奋和激动的神色，说话时的语气也是不冷不热，总像是有人得罪了他一样，看上去怒气冲冲的。身边的人总是害怕和他打交道。实际上，“苦瓜脸”的人并不一定是真的不快乐。

首先，有些人的面部骨骼会使得他们在面部表情放松的状态下处在“苦瓜脸”的状态，即使是他的内心没有什么不开心的情绪，心里十分平静的时候，也会摆出一副“苦瓜脸”，这是无可奈何的事情。

有这样一个做婚礼司仪工作的人的案例，他在为新人主持婚礼的时候，神采飞扬，朝气蓬勃，活力四射，语言表达流畅清晰，给人以十分风趣幽默的感觉，非常具有亲和力，但是他却很少接到生意。原来，实际生活中的他是一副典型的“苦瓜脸”模样，总是让人觉得他处在沮丧和不悦之中，在和新人谈具体细节的时候，他就用这样的一副“苦瓜脸”来说话，这让顾客十分担忧他的主持风格，因此对方常常要求换人，他也因此十分苦恼，因为他并非有意这样的。

实际上，摆脱“苦瓜脸”并非毫无办法，微笑则是最好的方式。在日常的工作和生活中，只要诸位“苦瓜脸”常常微笑，就能够掩饰苦瓜脸带来的缺憾，让他人感觉到一种轻松和友善，从而为自己增加受欢迎度和其他机会。

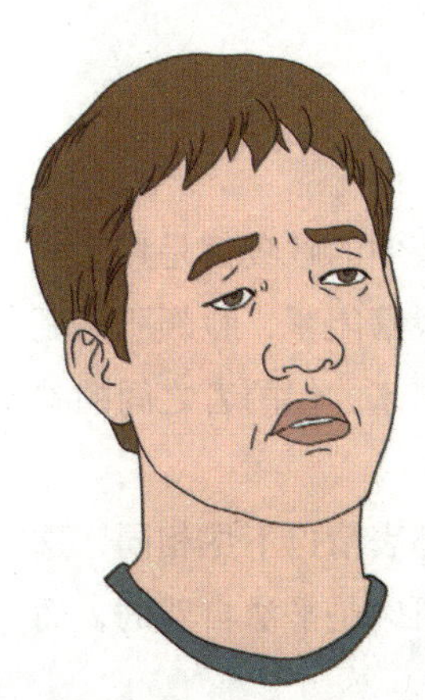

而有些人则是因为情绪化太过严重，凡事总是表达在脸上，又常常因为一些鸡毛蒜皮的小事而闷闷不乐，这种“苦瓜脸”则是后天的习惯养成了。这类人常常会真正影响到他人的兴致和群体的气氛。这就是一种令人不快的“苦瓜脸”了。如果你是这样的人，那么就应该注意了。这样的习惯很可能影响你在社交场合中的形象和办事效果，因为没有人喜欢看见这样的表情，也没有人会喜欢情绪化的人。你需要练就一身本领，具备足够的自我调节情绪的能力，在心情受到微小事情影响的时候，能够快速有效地为自己找到更好的转移或化解办法，避免消极的情绪写在脸上，以免给他人的情绪造成负担。

女性的撒手锏

现实生活中的女性常常要比男性更加情绪化，也更加容易将情绪表现出来，尤其是在处理恋爱或婚姻内部问题的时候，女人常常喜欢运用各种男性最怕的手段来达到威胁对方、使对方妥协的目的，最典型的就是我们常常说的“一哭二闹三上吊”。

哭仿佛是女人的天性，女人的眼泪对男性也具有十分的杀伤力。在男性面前，当女人的某种要求得不到满足的时候，她们常常会选择哭泣来博得男性的同情，使男性的心软下来，从而向自己妥协。

女性的哭泣是显示自己软弱无助的重要手段，尤其是嘤嘤而泣的哭，这种梨花带雨般的哭泣动作通常会将女性柔美动人的一面展示出来，她们紧蹙着眉头，脸上挂满泪珠，这会让男性觉得不答应她们的要求就是不怜香惜玉。女人声泪俱下的哭泣也非常具有杀伤力，那种边哭边喊的样子像是她占尽了全世界的道理，而对方则一无是处，她的要求如果还是得不到满足，那男性则是罪该万死了。

女性在显示自己的悲伤的时候，有一种别样的风韵。如果在咖啡馆里看见一位独坐的女性神情忧郁，面容憔悴，低首蹙眉，就会联想到她经历了怎样的遭遇与不幸，甚至会有男性主动上前搭讪，询问是否需要帮助。女性在无助的时候，男性往往愿意挺身而出，送上帮助和问候，以此显示自己的体贴与关怀，并更多地展示自己身为男性、身为强者所具有的能量和担当。

你真的会区分痛哭和大笑吗

人在痛苦地大哭时和开怀大笑的表情有些相似，这两种表情中的呼吸都是痉挛式的，并且伴随着声音的发出，下巴向下垂，嘴角向两旁拉伸，眼睛闭紧，脸颊肌肉绷紧并向上提升。虽然日常生活中大哭还是大笑我们一眼就能认出来，但两者之间的差别其实是由各个部位细微的差别所构成的。

总的来说，痛哭和大笑的表情中眼睛周围的形态不同，嘴部表情也不尽相同，这两点是最为明显的判断标准。具体的区别还有：大笑时前额的肌肉是平滑自然的，而痛哭时额部眉头中间有纵向皱纹和倒 U 形皱纹。大笑时眉毛仅受眼轮匝肌的控制，双眉降低；而痛哭时眉毛同时受到额肌、皱眉肌、眼轮匝肌的作用力，使眉毛整体较为平直，而眉头扭曲并轻微上挑。大笑时上眼睑运动不明显，下眼睑向上闭合，并且下眼睑下方会出现笑纹，眼睑的闭合还会使双眼之间鼻根处出现水平的皱纹；痛哭时上眼睑向下紧闭，而眼皮上的皮肤由于受到眉毛的影响而出现斜线皱纹。大笑时脸颊隆起，皮肤显得光滑而富有光泽；痛哭时脸颊也会隆起，但是看上去暗淡无光。大笑时上唇剧烈提升，露出大部分上齿，法令纹显得深长，嘴角向耳朵的方向咧开；痛哭时上唇提升，鼻翼两侧形成法令纹，嘴角向水平方向咧开。大笑时下唇完全伸展并拉长，嘴唇表面较光滑，露出一部分下齿；痛哭时下唇中部向上推起，使下唇呈现 W 形，只露出嘴角处的牙齿。大笑时下巴是光滑平展的，嘴角下方有沟状皱纹；痛哭时颏肌隆起，使下巴表面变得凹凸不平。

这些五官的表情都是自然的生理反应，需要整体调动面部器官，绝大部分肌肉都处在紧张收缩的状态之中，因此是很难刻意模仿的，这需要充分的情绪调动和渲染，否则就会显现出一种极为单调的表情，从而泄露自己伪装的本质。同时痛哭和大笑的表情需要聚集大量的能量，调动身体其他部位的肌肉和神经共同工作，也就是说，在痛哭和大笑的表情结束后，这些肌肉和神经需要一个缓慢的过程恢复到原位，并不是瞬间收拢的。因此只要我们在现实生活的交际场合中仔细研究这些表情中的细微之处，就可以很轻松地看出哪种表情是真实的，而哪种表情是伪装出来的。

第十五章

居然是这样：惊讶与意外

真正吃惊的表情不到1秒钟

在日常生活中，我们经常能从对方的脸上看到这样一种表情：头微微抬高、眉毛上抬、眼睛骤然睁大。虽然程度有所不同，但通常，我们都将这类表情称为惊讶。不管对方愿不愿意让我们看到，但不可否认的是，一旦他们的脸上出现了这些反应，我们便可以判断，这突如其来的外界刺激必然是他所关心的，却也是没预料到的，这刺激了他的大脑反应神经，瞬间做出了一系列惊讶的表情。

家里养过宠物的朋友肯定有切身的体会，不论是猫还是狗，它们对外界的任何变化都表现得非常敏感。突如其来的声响、陌生的气味甚至阵阵微风落叶，都被它们敏锐的感官所捕获，传入大脑高速运转，判断可能的危险，并付诸后续的行动。这时，动物们往往会出现与人类相似的惊讶反应，它们的头会突然抬高，眼睛睁圆，盯着刺激源的方向，它们的耳朵也会突然竖起，对周围环境警惕戒备。而这个过程却非常短暂，可以说是稍纵即逝。

人类与动物一样，经过上亿年的进化和角逐，时至今日，人类自身存在的这套神经、肌肉相关的反应机制日渐完善和成熟，反应速度

极快，绝对不会超过1秒钟！人们在接受外界某种刺激的情况下（通常都是当事人所关注的人、事、物出现了某种意外），我们的大脑可以在短时间内做出反应，神经系统能够调动所有感觉器官，于是面部肌肉群也立刻配合，相应的表情便出现在了我们的脸上。在这瞬间的过程中，神经元及整个神经系统消耗很大，因而身体的其他部位也就相对静止不动，满足大脑的高速运转和精密的计算与判断，以便于指导接下来的行动。

超过1秒的惊奇表情是装出来的

很多选秀节目都会出现这样的桥段，当主持人宣布最终获奖者的话音刚落，镜头上便会出现一张张充满惊讶之情的面孔。他们大多眉毛高扬，眼睛睁得大大的，满眼都是不可置信的神情，嘴巴大张，有的人不禁用手捂住了嘴。这些无疑都是惊讶的表现，可是如果这些表情和动作超过一秒钟，我们就可以断定，这些人是在作秀！

这绝对是有科学根据的。美国心理学家、面部表情研究专家保罗·艾克曼领导的研究小组就做过这样一个实验，他们对40名研究对象进行了无伤害的、意外的刺激，并暗中对实验对象的表现进行了录像。之后，研究小组使用PAL制式视频对这些录像片段进行了分析，他们选择实验者面部器官改变程度最大、肌肉收缩最明显的状态来计算实验者的惊讶持续时间。他们惊讶地发现，在标准PAL制式的视频为25帧/秒的情况下，40名实验者的真正惊讶持续时间仅平均占了6帧。

也就是说，当我们受到外界信息源的刺激时，神经系统接收到这一信息开始运作，而面部肌肉也立即开始收缩配合。面部肌肉从一开始收缩至收缩到其最大程度这一段时间极其短暂，仅持续1/4秒！当面部肌肉不再收缩时，我们内心的“惊讶”也就随之而去。这也意味着，正常情况下，人们真正能感受到的“惊讶”只有1/4秒！可通常，我们“惊讶”的面部表情保持时间却并没有这么短暂，这是因为，这一微妙变化的过程中还有一个最高指挥官——大脑在发挥作用，大脑指挥着我们的面部表情，对外界突如其来的变化做出反馈，把自己的惊讶情绪充分地向外界表达。这也就是我们之所以能在电视上看到那么长时间“惊讶”的原因啦！如果在生活中遇到这样的人，虽然他们可能是个天生的好演员，可还是要奉劝大家，警惕他们吧！

惊讶时额肌充分收缩

我们可以将因惊讶情绪而产生的这些面部表情分为两大类：饱满的惊讶表情和一般惊讶表情。这种分类主要是根据面部表情出现的程度不同而做出的。饱满的惊讶表情形态的出现，往往是因为受到了较强烈的外界刺激，面部五官也因此呈现出这些变化：双眉高抬却不狰狞，相对依旧保持原状；眼睛突然大睁，眼白部分也露出较多；嘴巴会随之张开，但嘴唇表皮不会产生变化。大部分的惊讶表情还会伴随一次短暂的吸气，呈现出一种瞬间的停顿状态，这也是一种典型的冻结反应。

这些典型面部表情的出现，主要是由于人受到外界刺激的瞬间，面部肌肉会迅速收缩来配合内心惊讶的情绪出现。当肌肉收缩到最大限度，惊讶情绪也会随即消除。因而，面部的五官变化都与相关的肌肉收缩有关。惊讶情绪产生时，面部出现的双眉高抬的表情特征就是额肌充分收缩的结果，这在饱满的惊讶表情中经常可以看到。并且，眼睛的骤然睁大也与额肌的充分收缩有着密切的关系，在额肌与上睑提肌的相互配合下，上眼皮也会有向上提升的变化，眼睛也因此表现出了睁大的状态。眉毛与眼睛的变化状态是情绪表达的主要载体，惊讶情绪也少不了眉毛和眼睛的共同作用，它们的变化都与额肌的充分收缩息息相关。

惊讶时的眉毛会大幅上扬

人们在表现惊讶情绪时，面部五官便会出现相应的细微变化，呈现出特有的状态特征。眉毛大幅上扬就是其中的一种表现，多出现于饱满的惊讶情绪表达中。这主要是由于人脑在应对外界刺激时，面部肌肉群随之进行了收缩，使得五官因此产生了或细微或明显的变化。眉毛大幅上扬的出现与额肌与上睑提肌的收缩都有一定的关系。

前面提到，额肌的充分收缩，使得眉毛可以大幅度提高，这在人们接收到较刺激的外界信息时，表现得尤为明显。在额肌收缩时，面部肌群还有一块重要的肌肉也在运动，这就是上睑提肌。上睑提肌与额肌一起接收到信息，共同进行收缩运动，这就使得眼部也发生了变化，上眼皮在二者相互的作用下与下眼皮距离瞬间有所增大，也因此调动了额肌的收缩，使得眉毛有了大幅度的抬高。从某种程度上来说，眉毛的抬升是睁眼睛的一种伴随反应，但若没有眉毛的抬升，上眼皮也只能有限提升，无法完成瞪眼睛的动作。

当然，还有另外一种情况，即一般的惊讶表情，通常是由于人们刻意控制隐藏和外界刺激冲击不够的情况下产生的。在一般的惊讶表情中，只有部分面部肌肉群被调动或未被充分调动，与饱满的惊讶表情相比，面部五官的变化并不十分明显，有时候甚至很难察觉到它们微妙的变化。有时，较轻微的惊讶表情不会令眉毛有大幅的上扬，但与松弛状态下相比较，我们又可以看出眉毛还是有所抬高的。这一点我们必须要说明，大家在平时判断的时候一定要注意细心地观察。

上眼睑提升，眼睛睁大：居然会这样

在饱满的惊讶表情中，我们可以明显地看到眼睛的变化。我们通常说的睁大眼睛，一般都指的是上下眼睑边缘之间的间隙增大，多表现为上眼睑的提升。但实际上，这一动作也使得眼球更多的部分暴露了出来。因而，我们也可以将其视为惊讶表情形态判断的一个标志。在正常状态下，眼球的虹膜基本暴露在外，虹膜的上缘约 1/4 的部分被上眼睑所遮盖；而在饱满的惊讶状态下，我们甚至能看到虹膜上缘部分的眼白，并且下眼睑中间会有轻微的颤动。

当人们产生惊讶情绪时，额肌与上睑提肌共同收缩，相互配合，眉毛与眼睛也就有所变化，具体则表现为：上眼睑提升，眼睛睁大，眉毛也会有不同程度的抬升。眉毛的抬升是眼睛睁大的伴随性动作，主要是因为上眼睑的提升需要额肌收缩配合，令睁眼的动作易于完成。眉毛的大幅提升一般在饱满的惊讶表情形态中才能看到，一般的惊讶情绪很难令人们的眉毛有很明显的变化，甚至在一些情况下，几乎看不到眉毛位置的改变。

但眼睛却不是这样，无论多么微小的惊讶或多刻意的隐藏，人们的上眼睑都会有所提升，可以说，眼睛的睁大或者上眼睑的提升是惊讶情绪表情的必要形态特征。这其实是人类为了应对外界突如其来变化的一种本能的反应。惊讶情绪产生的瞬间，伴随着大脑的运转，思考我们接下来该采取何种行动。眼睛睁大令眼球增加了暴露在外的部分，以便于吸收更多的光线，从而看清楚周围环境的变化，这是一种自我保护的行为。同时，这也能获取更多的视觉信息，帮助我们的大脑对当下情况进行分析和判断，进而做出恰当的决策。

瞳孔微微放大：他有些惊恐

在我们感到惊讶时，往往会有一瞬间的静止状态，我们称之为冻结反应。这其实是大脑接收到了外界刺激，并向全身各个部位发出的警示信号。大脑利用这一瞬间要对外界环境进行精密的分析，继而指挥全身做出相应的反应行为。惊讶是个中性词，惊讶之后的反应取决于外界刺激源对人的影响。如果受到积极的外界信息的刺激，惊讶之后可能转化为喜悦的情绪，若受到负面信息的刺激，很可能会产生恐惧、愤怒等情绪。

在恐怖电影中，随着怪物的逼近，男主角也一步一步地向着房屋的角落退去，当他终于退到了墙角，无路可走之时，镜头突然拉近，屏幕上是一张有些狰狞的脸，脸上写满了恐惧！仔细观察我们还能发现，这时人的眼睛上眼睑不再上扬，而有一种倾斜下拉的趋势，如果你注意到他的瞳孔，你会发现，他的瞳孔居然在微微放大。

瞳孔是我们眼球虹膜中心的一个黑色小圆孔，是眼睛吸收外界光源的主要渠道。瞳孔可以根据光的强弱控制改变自己的大小，在光亮的地方它就会变小，在黑暗的地方则会变大。那又是什么在控制着瞳孔的大小呢？原来我们的虹膜中有两组细微的肌肉，瞳孔括约肌和瞳孔开大肌，它们一个负责瞳孔收缩，一个负责瞳孔扩大，一张一弛，配合相得益彰。而这一组肌肉又受到两根神经的控制，其中，瞳孔开大肌受交感神经支配。在剧烈的外来刺激下，会促使交感神经瞬间活跃兴奋，支配瞳孔开大肌放大瞳孔。因而，当人们受到意外的负面刺激时，可能瞬间从惊讶转到恐惧的情绪，而这时，人的瞳孔也就会微微扩大了。

嘴巴不自觉张开，配合一次快速吸气

惊讶情绪出现时，面部肌群的收缩运动不单单涉及额肌和上睑提肌，五官的变化也不只是眉毛的提升和眼睛的睁大。嘴巴也是面部五官重要的一部分，在人们感到惊讶时，嘴巴也有着自己的反应。

我们还是先来看饱满惊讶程度的面部表情，这对于我们初步学习分析微表情是十分必要的。在饱满的惊讶表情状态下，人们的嘴巴会不自觉地张开，并且，嘴唇表皮也不会有收缩变化，这种状态能保持一段时间。嘴部这一系列的动作还伴随着一个很难被他人察觉的行为——一次快速吸气！

从这一系列的反应来看，嘴部的变化都是“有意为之”的结果，目的则是为了这微妙的“吸气”。人类在几亿年的进化过程中，早已创造了一套身体调节机制，来应对外界环境突如其来的变化。这种伴随惊讶情绪出现的快速吸气，就是这样一例。快速吸气主要有两个作用：

第一，在惊讶情绪出现时，大脑也要进行精密的运转，对周围环境和后续行为做出某种考量，因此快速吸气可以迅速提供氧气供大脑运行，加速脑部的血液循环。

第二，为后续行动储备能量。人受到外界刺激，产生惊讶情绪时，大脑同时也在分析和考量周围的环境对人是否有威胁，并对下一步行动做出判断和准备。这时，快速地吸一口气不仅对大脑的运转有好处，同时，也为身体提供了必要的能量储备。惊讶情绪过后，可能面对很多情况，人们需要为自己储存必要的能量进行接下来的行动。不管接下来要面对的是惊喜抑或是悲伤，要抗争或是要逃跑，都要耗费一定的体力。所以，这种快速呼吸是十分必要的，也是自我保护的一种手段。

受到刺激时嘴巴向下轻微张开

我们往往过分关注眉眼对于表情变化的作用，而常常忽视了嘴是如何表达情感的。嘴部周围肌肉的收缩，通常与我们刻意的抵制情绪有关，是一种对外界变化的警惕、防备的生理反应。美国心理学家曾做过这样一个实验：把世界名画《蒙娜丽莎》的两个复制品摆在一起，找 30 名实验者来感受这两幅画中的蒙娜丽莎的情绪。这两幅画中的一幅不做改动，另一幅用电脑合成技术改变了嘴唇的动作，把蒙娜丽莎的嘴角向下拉。当这两幅画同时出现的时候，就可以看出非常明显的区别：一个在微笑，一个看起来很忧伤。从这个实验中我们就可以发现，嘴部动作的改变，对于我们情感表达之重要。就算是嘴巴不说话，我们内心的“秘密”也会被它出卖。嘴唇微开，表示我们对这件事有怀疑、疑问、惊讶；嘴巴大张，表示惊恐；嘴角上扬，表达喜悦之情；当嘴角下垂，则为忧

伤的反应。

当我们受到外界突如其来的刺激，产生惊讶情绪时，嘴巴会向下轻微张开，特别是在饱满的惊讶表情中呈现得十分明显。嘴部的动作具体一点来说，是在大脑的指挥下，下颌带动下唇向下与上唇分离，并且，嘴角不会向两侧有所拉伸。在人们对外界信息感到惊讶时，嘴部的这种变化其实是为了迅速地吸入空气，为之后进行的反应贮藏机动能量的表现。嘴巴向下轻微张开，瞬间使空气被顺利吸入体内，这种方式对身体的能量损耗最少，以维持大脑的正常运转。

受到惊吓，不自觉提高声音

公司年终总结大会上，总经理正兴致盎然地对过去一年的成绩教训做总结报告，突然，平日里老好人一样的销售部经理突然从座位上起身，在所有人的目光之中走出会场，愤怒地摔门而去。总经理的发言并没有因此而间断，只是讲话的声音稍稍有一些提高。这位领导者良好的心理素质和风度值得学习，不过，他的声音却出卖了他，他还是被销售部经理的行为吓了一跳！

人在受到刺激、产生惊讶情绪时，往往会有这种反应。主要有两种情况：一种可能是当时正在说话，突然受到有效刺激，其他动作还来不及做，声音却有所提高。人在说话时受到了刺激，特别是受到负面刺激时，会产生惊恐、恐惧等情绪，伴随着肌肉收缩，声带也会受到影响，振动频率也会有所增加，声音变大也是很正常的事。特别是人们做事都受惯性的影响，正在说话中的人受到正常惊吓的一瞬间还是会维持说话的状态，只是声调有所改变。第二种情况，正常状态下的人，突然遭受到意外刺激，可能会用怀疑的语气提高声调进行反问，例如“什么？”“真的吗？”等。这种行为一方面是为自己之后的反应争取时间，同时也是渴望得到外界变化具体信息的一种表现。但不管是哪一种提高声音的行为，都与人们内心惊讶的感觉有着密切的关系。

尖叫是被严重吓到了

人在极度恐惧之下，会发出阵阵尖叫。在遇到意外的负面刺激时，若一个人突然发出了尖叫，那么表明他已经产生了恐惧感，并且是极度恐惧。女孩子似乎特别容易尖叫，特别是在受到惊吓时。几个女孩子在看恐怖电影时，阵阵刺耳的尖叫和抱成一团轻微颤抖的场面是少不了的。文静害羞的女孩子，在面对淘气的小男孩突然扔过来的毛毛虫时也会吓得尖叫……

这种尖叫现象，其实是我们身体在应对外来刺激时的一种附属性条件反射行为，并非惊讶情绪产生后典型的行为特征。人们在受到外界刺激时，惊讶情绪瞬间产生，人体内与情绪有关的肾上腺素迅速增加，神经系统既兴奋又敏感，同时也对人的心理产生了影响，人们通常会感受到较大的压力。而尖叫却可以缓解因肾上腺素激增而带来的巨大压力，使他们的心理负担得以释放，人们的情绪也能有所平复，达到一种相对正常、平和的状态。总之，不论男女，在外界刺激下一旦发出这种尖声惊叫，说明这种刺激源是过于激烈的，会产生负面的情绪。

惊讶的人会深吸一口气

有时，我们受到的外界刺激比较强烈，促使我们的肌肉剧烈收缩，面部呈现饱满的惊讶情绪，同时，往往伴随着深吸一口气，并有瞬间屏息的状态，这其实是一种自我保护的本能，也是一种隐晦的冻结反应。

自然界万事万物都遵循着能量守恒定律，我们的身体也一样。我们的每一次呼吸，虽然看起来没有什么特别，却都是在给我们的身体增加“养分”，好让身体系统能够正常运行，我们每一次思考、行动，都与呼吸息息相关。而人们某种情绪的产生，其实是一种能量消耗的过程，因此，在情绪结束后，需要对身体的能量有所补充，呼吸就是其中的一种方式。

美国哥伦比亚大学行为心理研究中心证实，在受到外界刺激后，若准备有所行动，呼吸的幅度和频率便会加剧，为身体储存能量，并且二者呈正比例增加。如果外界刺激比较强烈，需要进行剧烈的后续反应，则呼吸的幅度便会增大，也就是我们常说的要深吸一口气。

因而，在我们出现惊讶情绪时，深吸一口气就是这样一种能量补充的生理反应，目的是进行自我保护，对之后的种种情况做准备。在饱满惊讶表情中经常看到的嘴巴张开，也是为了快速地进行呼吸，但并不是所有的刺激源都会使人产生饱满的惊讶表情，有时人们在惊讶情绪产生之时，并不会张开嘴，而是利用鼻子进行吸气。这虽然是人们可以掩盖自己情绪的一种表现，但无论如何隐藏自己的惊讶，也不会忘了深深地“吸上一口”！

歪过头去注意令人惊讶的事

我们的眼睛总为身体提供信息，捕捉情报。在我们受到外界刺激时，大脑会将我们的身体“冻结”，在这个短短的时间内，大脑必须完成一系列的分析、判断等行为，好对我们的身体发出指令，来应对外界的变化。大脑在这段时间内需要能量的支持，同时也需要更多的信息来协助分析及做出应对反应，而这就需要眼睛的配合。

歪过头去注意刺激源的反应，可能是发生了程度较大的意外刺激，并且这种刺激很可能是当事人感兴趣的事件；还有可能是遭受了强烈的负面刺激的影响。通常会伴随着全身僵直，不能动弹的状态，在不清楚周围世界对自己是否有威胁时，我们的身体是不敢轻易运动的，一来是减少能量的耗损，二来期望尽量减少自己的动作以达到保障自己安全的目的。特别是面对强烈的刺激源，更是如此。

刺激越是强烈，我们所受到的威胁可能越大，大脑就需要更多的信息区判断我们当下的情况。在这种情形下，我们就需要眼睛的配合了。头歪过去注意刺激源，实际上是眼睛去注意刺激源，试图吸收更多的光源，收集到更多有用的信息提供给大脑，配合大脑的需要。也是我们的身体在情况不明朗的困境下，一种本能的、自我保护的行为。

有时候惊讶会使人停住所有动作

惊讶情绪产生的瞬间虽然极其短暂，但却是非常复杂的过程。当我们突然受到外界意外刺激时，大脑会首先接到信息，神经系统立即开始工作，促使面部肌肉群开始进行收缩运动，直到这种状态达到极限，这期间，人的内心便会产生惊讶的情绪。大脑在这整个过程中一直在高速工作，一方面，周遭情况的突然变化使人自然地产生一种不安全感，促使人调用各种感官尽量去收集有用的信息，例如眼睛睁大，眼球暴露部分增加；另一方面，大脑还要对之后的情况进行预测和分析，并要在极短的时间里为之后的行动做出决定。

大脑在这极短的时间里所完成的工作量是巨大的，因而需要更多的能量输送,必须要保证大脑的“养料”在此时是充足的。如果外界的刺激源较强烈，大脑需要的能量更多，惊讶情绪的表达就需要全身其他部位的配合来进行。简单地说，就是人在惊讶情绪时，可能会停下所有的动作，直到这种情绪结束。全身其他部位暂时不动，实际上就是将能量全部转移到了大脑，使大脑供血充足，有助于大脑的有效思考和判断。因而，感到惊讶时全身不动的情况是有的，但还是要视外界刺激源的程度而定。

屏住呼吸：太震惊了

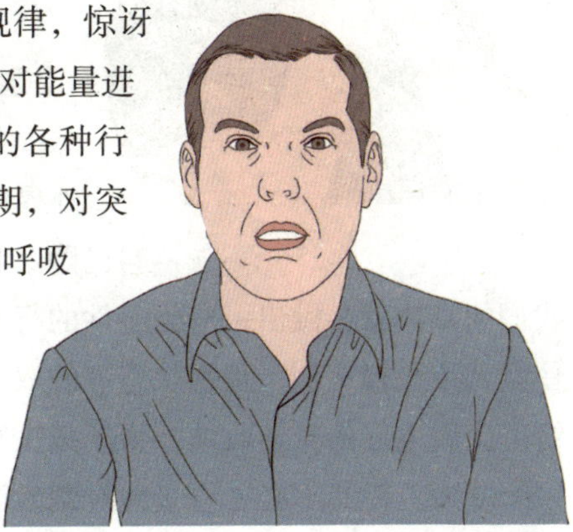

之前我们已经提到呼吸与情绪的能量守恒规律，惊讶情绪会消耗掉一部分的能量，而及时地呼吸却能对能量进行补充，维持大脑的正常运转，为接下来可能的各种行动贮存能量。而一旦外界刺激超出了人们的预期，对突如其来的刺激产生了惧怕和恐惧的情感，我们的呼吸也会随着情况的改变而改变，往往会在瞬间降低呼吸的频率和幅度，或刹那间屏住呼吸。这也是我们所说的呼吸冻结反应。

这种情况的出现，通常是因为我们产生了恐惧的情绪，特别是周遭环境无法令我们进行所期望的行动，被迫维持原状态的情况下。这种“大气也不敢出”的状态，其实是人的一种本能，就是为了保护自己。不论人还是动物，在感到恐惧、自身受到威胁又无能为力时都有这种本能的反应，只是幅度有所不同。

动物在躲避天敌或猎人追捕时往往会减小呼吸幅度或屏息逃过劫难，若呼吸剧烈，很可能会暴露自己的藏身之处，付出生命的代价。我们在恐怖电影中也经常看到这种镜头，主人公在逃避怪物追踪时慌忙躲入暗处，尽量使自己屏息，不被怪物发现。这种对呼吸幅度和频率减小的行为，目的是想尽量隐藏自己，使自己安全。又如，在公司季度业务总结的会议上，领导突然开始批评某员工，言辞激烈。其他没有做错事的员工大多是“大气也不敢出”，全都身体僵直，几乎看不到彼此因呼吸而产生的身体起伏。因为这时大家都知道，这多半是一次杀鸡儆猴的表演！

受惊，双手盖住脸

在很多时候，人突然间受到了外界的刺激，会不自觉地用双手将自己的脸盖住，似乎不想再去面对刺激源。这种现象十分普遍，看恐怖电影时就经常发生，影片中突如其来的杀戮、怪兽都给我们毫无防备的重重的一击，慌忙用手把脸捂上，不敢再看屏幕。有时突如其来的惊喜也会出现类似的反应，如现场抽中大奖、毫无预兆的浪漫求婚等，当事人都会有这一下意识的举动——用双手盖住脸。

这种举动也是一种本能的躲避性行为。人在遭到外界刺激时本能地会想要逃跑，找个安全的地方先将自己隐蔽起来，但迫于现实状况，不可能拔腿就跑，于是，我们的身体就会做出一些躲避性的行为来减缓外界刺激对心理的负面影响。用双手盖住脸就是这样一例，正常状态下的双手在受到惊吓时瞬间盖在脸上，这是一种惊讶情绪产生后本能的身体收缩，为了减少身体可能遭到的伤害。双手盖住脸也为脸增设了一个屏障，使其不必要直接面对刺激源，相当于把自己隐藏了起来。在找不到合适的隐藏点时，我们身体的一部分则担当了这个职能，尽量避免外界刺激的冲击。

这个动作还隐藏了一个暗示性信息。心理学家经过研究发现，双手盖住脸是一种寻求安慰的表现。因而，在人们感到惊讶时，不管刺激源是积极的还是负面的，在惊讶情绪产生的一瞬间，人的情绪都产生了巨大的波动，需要某种安慰。这个手势就是像其他人发出了“求安抚”的信号。

五指并拢盖住嘴唇，平复受惊情绪

一般情况下，在人们受到惊吓时，会在瞬间进行一次快速呼吸，用以存储能量，支持大脑的有效思考和判断。而快速呼吸的最有效也是最简便的方式就是用嘴呼吸，所以，在人们内心感到惊讶时，常伴随嘴部张开或微张的动作，这也是惊讶表情形态的明显特征。

不知您还记不记得“9·11”事件的新闻报道，整个美国都被震惊了，其他城市中的新闻墙24小时滚动播放事件处理的最新情况。不少美国人都全身僵直地站在马路上，一动不动地盯着电视墙，很多人还用自己的五指并拢盖住嘴唇，有些人的眼睛里还含着眼泪。这种五指并拢盖住嘴唇的动作，其实是发生在惊讶情绪之后的，是一种平复人们受惊情绪的安抚性动作。如果遭受了外界的负面刺激，特别是较强的负面刺激，人们通常都会进行一次快速有效的呼吸，因而，嘴部的反应也比较明显。而五指并拢掩盖住嘴唇的行为明显会阻碍吸气，因而，这个动作的发生一般都是在惊讶情绪过后，也就是快速呼吸过后才有的反应。将嘴盖住的直接后果就是只能依靠鼻子呼吸，这种呼吸就是我们经常说的深呼吸。它可以有效地缓解紧张、焦虑、恐惧的心情，也为全身的肌肉运动提供了充足的能量和氧气，让我们的身体和心灵都能相对放松。

受到负面刺激，做出防御姿态

当人们受到外界负面刺激时，往往会根据周边情况进行分析，视刺激源的威胁程度来决定自身应采取何种行为应对。如果刺激源占据绝对主导地位，对自己安全威胁较大，或双方实力悬殊，人们往往会采取逃避性的行为回应外界刺激源。比如双手掩面，肢体收缩，全身肌肉僵直并伴有一次短暂的屏息等行为。惊讶过后通常会产生恐惧的情绪。但如果人一旦发现似乎有反抗的可能，或发现对方实力较弱时，人们便会产生厌恶、愤怒的情绪，也会摆出一些防御性的姿势。这并不是为了进攻，因为在惊讶情绪产生时，人们对周边环境是存在疑问的，大脑一般不会做出进攻的指示，要么是逃跑，要么是防御。

当我们受到意外的负面刺激后，从惊讶逐渐转为愤怒，与此同时，我们的身体动作也会发生相应的改变。原本僵直的身体会更加紧绷，下垂的双手会暗暗握拳，似乎有攻击的架势，但实际上还是在自我防卫。双手握拳也是愤怒的典型表现。又如，有些人在受到惊吓之后，眉头紧皱，双臂交叉抱于胸前，这也是典型的愤怒中的防御姿势。这种姿势就好像在自己与外界刺激源之间拉起了一道防护网，划清界限。同时，这种姿势也透露出了对刺激源的反感和厌恶。有的人在双臂交叉时还攥紧了拳头，更加具有攻击性，但一般也不会主动进行攻击，还是以防御为先。

本来托腮的手突然张开

手托腮的举动似乎很常见，尤其是在年轻群体中体现得尤为明显。很多人都说青春期的女孩子爱托腮，其实这并非是少女的专利。一般做出这个姿势的人通常都在自己的世界中神游，或者有心事正在发呆，又或者在想自己的梦中情人，总之，人一般在幻想时总会不自觉地做出双手托腮的动作。心理学家发现，双手托腮的动作也是一种替代性安慰行为。人们把自己的手假想成他人的手对自己进行安慰，让自己继续沉溺于非现实的世界，以弥补内心的空虚和创伤。

本来在幻想中的人一旦受到外界刺激，反应会很明显，即使刺激并不强烈，也会对其情绪产生很大影响。表现在动作上即托腮的手突然间张开了手指，也意味着假想中的手消失了。人正沉溺于自己的世界时，突然被刺激拉回了现实世界，自己正在幻想中的一切都不存在了，包括在幻想中那双时刻陪伴的手。手指张开意味着原先那双安慰之手已经不再，而面对这种失去，人本能地想要去抓住和找寻，张开的手指也是一种企图掌握的手势，也透露了对幻想世界的不舍之情。再者，这种五指张开的手势也是一种自我防护的本能，在遭遇外界刺激时为自己的脸建起了一道屏障，尽量避免自己的脸受到伤害。

控制呼吸的深度和频率

我们的身体是一部高智能运转的机体，可以根据外界对我们不同程度、不同方面的刺激来进行自我调节。呼吸与身体的能量有着密切的联系，不同情绪的产生会对能量有所消耗，而呼吸却正能够在其中起到调节的作用，在我们遭受外界刺激时，通过控制呼吸的深度和频率，令身体始终保持一种平衡的状态。

当我们受到外界意外信息刺激时，会促使肌肉收缩，产生惊讶的情绪，随之出现典型的惊讶表情形态及动作反应，如眼睛睁大、眉毛抬高、嘴巴张开、身体动作停滞等。同时，当人们感觉到惊讶时，几乎是本能地会快速地吸入一口气，目的在于自我保护，对变化后的环境进行重新审视，决定该采取何种方式进行下一步的行动。这其实就是一种能量的储备和生理本能的补给。

而当外界的刺激突如其来或极其猛烈时，往往会令人产生负面情绪，我们将这类刺激源称为负面刺激。人在遭遇到有效的负面刺激时，一般都会产生不同程度的恐惧、惊恐、害怕等情绪，也会产生多种多样的微表情、微行为。而通常，人们第一反应是进行自我保护，这也就涉及对呼吸的控制。与遭遇意外刺激不同，负面刺激的刺激源对人影响更加强烈，产生的情绪也多是负面的，自我保护意识也更强烈，逃避的潜意识也被调动了起来。因此，不同于惊讶的快速呼吸，人们在害怕时，通常会减缓自己的呼吸频率和幅度，甚至会屏息以保证自己的安全。因此，我们分析微表情时，可以将人的呼吸频率、幅度作为辅助材料来进行有效的判断。

第十六章

谁在仰视着谁：服从与合作

服从于高高在上的人

在日常生活中，我们总是喜欢对那些“高高在上”的人表示出服从。所谓高高在上的人，生活中可能是指我们的父母，工作中则是上司、客户等。

社会心理学家认为作为自然人的个体之所以会有服从行为，其主要原因有两个：一个是自然个体对于合法权力的服从。在我们约定俗成的观念下，特定的情境，社会会赋予某些社会角色更大的权力，因此导致了另外的一些社会角色有服从于他们的义务。比方说，在学校里，学生应该服从于教师；在医院里，病人应该服从于医生等。而对人类反应的各种实验结果表明，越是在陌生的情境下，人们就越容易产生“服从”的意识，这是自我保护意识的表现状态之一。第二个是每个人都希望自己身上的责任得到转移。一般情况下，我们对于自己的行为都有责任意识，如果我们不希望将某种行为的责任落到自己身上，我们就会主观地认为该行为的主导者不在自己，而在我们所服从的人。因为，我们一旦服从了别人，便会在心理上营造出因执行指挥者的命令而产生该种行为的意识，因此，我们就不需要对这个行为负责，于是服从者的身上便发生了责任转移，使得人们不考虑自己的行为后果。

影响服从的因素很多，概括起来主要有三个方面：第一是命令发出者。命令发出者的权威性高低，他对服从者是否关心、爱护，他是否会对命令执行的过程负责等，都会影响到我们的服从程度。第二是命令的执行者。命令的执行者就是一般意义上的服从者。服从者的执行水平、人格特征以及文化背景等也都会影响到他对命令的服从。第三是环境因素的影响。比如，执行过程中是否有人支持自己的拒绝服从行为，周围人的榜样行为怎样，服从者一旦拒绝或执行命令的行为反馈情况如何等，也会影响到服从者的服从行为。

通过上述分析，我们可以看出，服从不是一种嘴皮上的功夫，善于称赞领导的人却未必有很多的甜蜜语言，反而是以自己的行动来贯彻上级的意愿，使被服从者的权威和威信得到认可、维护和巩固，这样，无疑是最聪明的服从，聪明的领导也最喜欢这样的赞美。而作为聪明的下属，一方面要尊重领导的决策和命令，另一方面又要能有分辨地执行领导的决定，只要事情解决得完满，把功劳很大程度上归于领导，这样才能得到领导的赏识和信赖。

有些被服从的人会骄傲

人生在世，我们要做的最主要的事情就是不断提升自己的灵魂，但骄傲的人会认为自己是十全十美的，从而忽视了对自身灵魂提升的重要性。正因如此，骄傲极为有害，它妨碍人去完成人生的主要事业，妨碍人改善自己的生活。在生活中，很多被我们所服从的人会因为其他个体的服从而感到骄傲。

在现代职场上，有很多上司非常自负，经常口出豪言壮语："没什么我不知道的，我说的一切都是对的。"这是骄傲上司的其中一种，他们大多会自以为天下没有他们不知道的事。管理学家尤因把这种心理称为"全知全能信念"。其骄傲的表现主要有：总是不耐心听完下属的话、说话时总是听几句就凭感觉下结论，还会用"我都知道了，不用说了"这种话来打断双方的谈话等，这些都是陷入"全知全能谬误"的上司表现。在这样的前提下，即使他们的下属提出了多好的新构想，上司也会以"他不这么认为"为由对这些好建议视若无睹。这种骄傲型的上司堪称是扼杀创意的好手。

另外，还有不少上司，虽然他们自满的程度还没有达到“全知全能”的地步，但也认为至少在公司内部自己算是“第一名”。这种上司觉得一切问题只要自己一出马，就能马到成功，所以总是到处干涉下属的工作。这种干涉完全称不上“美德”，只能勉强将这种上司归纳为“过分自信”罢了。他们认为自己的行为不是在炫耀，而是在向下属传授难能可贵的工作经验。他们坚信这样的传授是下属甘于接受的，也坚信这些活生生的经验之谈能够达到工作项目所需要的最好效果，还会自以为所有的下属都应该认同自己的教导是很有价值的。但这些上司却忘记了大部分下属都只把上司的经验之谈当作无谓的说教罢了。

骄傲的人总是喜欢在各种情况下挑剔和教训其他人，缺少对自己情况的客观考虑，但是，骄傲的人由于缺乏对自身的客观评价，也容不下别人对自己评头论足，因此很容易堕进骄傲所设下的陷阱。

想要合作的诚意

在《伊索寓言》中有这样一则《太阳和风》的故事：有一天，太阳和风在争论谁更有力量。风说：“当然是我，你看下面那位穿着外套的老人，我打赌可以比你更快地使他把外套脱下来。”说着，风开始用力对着老人吹，希望把老人的外套吹下来。但是它越是用劲吹，老人越是把外套裹得更紧。最后，风吹得实在太累了，这时，太阳便从云彩后面走出来，暖洋洋地照在老人身上。没多久，老人就开始擦汗，汗越流越多，于是老人把外套脱了下来。这时，太阳对风说：“温和友善永远比激烈狂暴更有效。”

正如寓言阐明的道理一样，与激烈的较劲相比，真诚的对待更有利于解决问题。因此，在双方合作时，表现出我们的诚意，是达成合作的最佳捷径。“小型企业靠人治，中型企业靠制度管理，大型企业靠文化管理。”很多企业在管理的过程中，都把这句话当成座右铭。这句名言的本质是，所有的健康文化，都必须建立在“真诚”的基础上。

诚信，无疑是合作共赢的必然要求。因此，在想与对方达成合作之前，表现你的诚意是最直接的方法。其中最关键的是表达诚意的技巧。

一是要学会“引人以利”，学会换位思考。对方之所以要合作，就是为了追求利益，要让对方注意到本次合作的利益得失。为了说服对方，彰显自身的诚意，要先迎合对方逐利的本能，示之以利，以利来激发对方的兴趣和热情，从而为今后的合作打造良好的基础。

二是“找中要害”，晓之以理动之以情，如果无法满足对方最迫切的要求，不管你的口才有多好，都是没法说动对方的。一旦我们能急对方之所急，在洽谈的过程中努力去发现对方的迫切需要或第一位需要，并提出满足其需要的现实途径，就能使对方在感情上产生“认同感”，不但能好好地体现我们合作的诚意，还能收到事半功倍的效果。所以，在说服过程中，找到对方的“急切点”之后，就能够更好地吸引对方、说服对方。

三是“互惠共赢”，强调合作目标的一致性，得到对方认可。合作洽谈虽然是为了合作，但是双方互有冲突。想要促成合作，就更要强调双方利益的一致性和互惠性，使得双方对这个合作项目都更加满意。

谁服从于谁

现实生活中，服从者与被服从者是相辅相成、相互促进的关系。一般情况下，我们能从以下几个方面看出服从者与被服从者的关系。

一是当下属敢于和上司一同承担责任时，下属具备服从上司的特质。上司也会有上司的难处，他们也会碰到很多始料不及的事情，如果在上司如此需要你的关键时刻，你能够主动站出来，服从上司的安排，为上司解燃眉之急，无疑是你服从上司的最好表现。

二是在服从的过程中彰显自身的才华。并不是说服从便一定是同质化的，在服从的过程中也能抓住机会彰显自己的特色和优势。很多专业技巧性很强的人才及下属会受到上司的特殊礼遇。如果你是一位有专业才能的人才，也想在工作中发挥自己的才华，就更加应该学会认真执行上司交代的任务，不管任务的大小繁简，都以服从并认真的心态去完成，这样，会使你更快地成为上司心目中不可或缺的倚重。

三是不盲目地服从。服从不等于盲从。当我们发现上司的决策有偏差或者可圈可点的时候，应该积极地把自己对决策的想法和建议告诉自己的上司，及时纠正纰漏，忠直进言是必须的。作为下属，不能只是刻板地执行上司的命令，而是要在短时间内对决策的各种执行可能性及预期效果做出考虑，考虑怎样做才能更好地维护公司的利益和自己的利益。当上司知道这一点之后，一定会对你刮目相看。同时，始

终要记住一点，那就是你是来协助上司完成经营决策的，而不是来制定决策的。所以，上司的决定不完全符合你的预设想象时，作为员工，都要全心全力去执行上司的决定；在你执行任务时，一旦发现这项决意的确存在错误，那就要尽己所能，让这个错误所造成的损失降到最低限度。

在这个世界上，“没有卑微的工作，只有卑微的工作态度”，个人的发展与团队的发展是有着密切联系的。一个人要是乐意为企业奉献，那么企业也一样会给予相应的回报。

低头处世，昂首做人

有人说，低头的人没志气；也有人说，低头的人城府深。其实不然，生活上，我们低下的头，可能不过是一个动作表现，但是动作上的低头和心理上的低头还是有区别的。

富兰克林被称为“美国之父”，在他年轻的时候，一位老前辈请他到一座低矮的小茅屋中见面。富兰克林到了，他挺起胸膛，大步迈进茅屋，可是一进门，“砰”的一声，富兰克林的额头撞在门框上，顿时红肿了起来，他很疼痛而且很困窘。没想到，老前辈看到他这副样子，非但没有安慰他，反而大笑着说：“很疼吧？你知道吗？这是你今天最大的收获。一个人要想洞察世事，练达人情，就必须时刻记住低头。”事后，富兰克林记住了老前辈的教导。

在我们的生活交际中，也会经常看到一些无论说话还是走路都微微低头的人。这种人之所以低头，不代表他一定是对自己缺乏信心，反而，这只是他自我保护、寻求机会、等待进步的表现。

有个公司招聘员工，门外排着长长的队伍，应聘者逐个走进去接受考试。但是，进去的考生，很快便都哭着跑了出来。因为主考官什么都没问，只是不由分说，凌空劈来一记耳光，之后，主考官问：“这是什么滋味？”自然，那些哭着跑出门去的人都不能得到聘用机会，因为他们是真正低头的人。后来，有个年轻人进去了，同样遭到了主考官劈来的一记耳光。主考官问他：“你感到什么滋味？”年轻人定了定神，马上还给主考官一记同样的耳光，说：“就是这个滋味。”让人们意想不到的是，这个年轻人被录用了。

富兰克林以低头抵达成功，年轻人却以昂头被录用，这说明了低头和昂首的区别。其根本，不在于我们的生理动作是昂首挺胸，还是低头不语，而在于我们的内在心态。

拥抱

情侣之间的拥抱，说明这两个人幸福甜蜜；夫妻之间的拥抱，说明这两个人之间理解宽容；朋友之间的拥抱，说明他们之间互相信任；吵架之后的拥抱，说明他们已经原谅了对方；相逢之后的拥抱，代表思念与激动；离别前的拥抱，代表不舍与期待。

拥抱，是我们无声的身体语言，也是最简单直接的表达爱的方式。

想要真正了解一个人，其实很简单，可以从他的言语举止看出来。据心理学家介绍，人与人之间的拥抱姿势与双方关系的体现有很大的关系。

那么，面对拥抱，我们到底应该如何区别？以男女拥抱为例，在家庭生活中，男性和女性处于被服从和服从的关系上，那么男性和女性之间的拥抱会有何差别，其拥抱又体现何等关系呢？喜欢从背面环拥女人的男人，一般比较理性，他更注重与爱人之间有精神上的交流，所以女人不用过分期待这样的男人会把“我爱你”这种甜言蜜语经常挂在嘴边，因为这种男人是典型的行动派。如果男人用胳膊拥住女人的肩，表明他很小心，他在观望你的情绪。这样的男人会很尊重爱人，和这样的男人相处，他会将爱人想要的东西一一说出来，不喜欢女人自顾自生闷气，否则只会被他误读为女人讨厌他。相反，如果一个男人喜欢出其不意地一把将女人拉入怀中，让女人的脸贴着他的胸膛，再用他的双臂紧紧拥着女人，其实男人是在告诉自己的女人：“我很爱你，相信我，我会给你幸福的！”一旦男人喜欢抱自己的女人枕在他的腿上，这样的男人容易有恋母情结，在情感上比较依赖另一半，情绪上比较多愁善感，更喜欢女生对他说“我爱你”。作为生活中的听众，这样的男人一定是另一半心事的耐心听众。

从拍照站位中找出领导者

要从拍照站位中找出领导者，我们可以首先从了解合照排位的基本原则开始。有座位式的合影安排，第一排一般为座位，第二排及以后各排为站位。第一排领导同志的人数不管是单数还是双数，均按单主位原则排位，排名第一位的领导同志的位置居中，其他领导同志按排名顺序分别安排在其左右两边。安排以站位形式合影的，为表示友好，主人与主宾共同居中，按礼宾次序，以主人居右，主宾居左，主客双方间隔排列，两边位主方人员把边。

如果换到实际操作上，给领导拍照，要注意的地方也很多。首先，在选择拍摄角度方面，我们要选好拍摄角度、拍摄位置，占据最有利的位置。事先要有思想准备，了解清楚哪些领导来，走什么线路，会去什么地方，会出现在什么位置上，而拍摄者又应该在什么位置上才能拍到领导与别人的交流，事先都要有个预案。其次，选择拍照位置上，如何安排主、次位置的问题。除了要照顾拍摄过程中所牵涉到的方方面面，更重要的是要安排好主次位置，如果是只有一个上级领导来，其他领导都可以不多考虑，将来的领导放在照片第一排中央的主位置上就好，但是一旦遇上是多位主要领导同来的情况，就要事先考虑好。遇上情境比较特别难拍的，或者拍摄的人的位置不好的话，又或者靠近相机的人影像会特别大等情况。在这种情况下要懂得取舍，通过取景，把周围一些次要人物都给去掉。先把重要的突出出来，只突出中间的一个人或两个人，然后再拍一张全一点的合影。

还有一种很特殊的情况，就是领导不在中心方位，这时候就要把握好“新闻点”，把想要表现的人物放到这四个交点上或附近，用以突出照片的趣味性。这样，领导虽不是主体位置，但是在趣味点上，同样是照片的主要反映对象。胆子要大，多与领导交流。要尊重领导，但不要怕领导，在不影响领导办事的前提下，适当的时候该开口的要开口。例如，领导站的位置不合适，就要“提醒”一下他拍照站位。

真正的合作建立在尊重与互惠上

合作双方的信任是相互的，只有信任他人才能换来他人的信任，不信任只能导致不被信任。那么，就是说，真正的合作建立在尊重和互惠的基础上。首先，我们要明白，什么是“尊重”。尊重对方的表现有很多。第一要在心理上尊重别人。人的地位虽有高低之分，但人格上却并无贵贱之别。因此在与别人交际、寻求合作的时候，我们要在心理上有尊重别人的想法，才可能做出尊重别人的行动。第二要在态度上尊重别人。在交际过程中要谦虚待人，礼貌待人，注意倾听别人地谈话。在讨论时，对对方提出的要求和方案预设，要实事求是、对事不对人地评论，这也是尊重别人的表现。第三要在礼仪上尊重别人。在社交场合，男方将女方的手捏得太紧，时间过长是对女方的不尊重。参加朋友的宴会而蓬头垢面，不修边幅，是对朋友和宴会不尊重的表现，会让朋友反感，甚至疏远自己。站着与别人交谈而脚不停地颤抖，会使人产生对彼此谈话不耐烦的联想。与上司、长辈或新朋友坐着交谈时不要求正襟危坐，但是也不能跷二郎腿，甚至上下摆动。因为这也是一种外在傲慢，是不尊重对方的表现。

其次，什么是“互惠”？互惠，就是处理事情公平合理，不偏袒任何一个人，也不偏袒任何一方，对参与合作的每一个人，都分配出其个人应承担的责任，并保证每一个参与者都可以得到自己应得的利益。这种以公平为基础的合作，能使人们各自的积极性和创造性得到应有的发挥。商场合作上，经常都会以“互惠心理”来促成一致，比方说，合作一方得到了另一方的恩惠，就会产生做点什么来回报对方的心理。好比生活中，一个人帮了我们的忙，我们也会帮他的忙，或者送他礼品、请他吃饭以示回报。如果你想从某人那里得到回报，不妨先付出，让对方产生互惠心理，不得不有所行动。俗话说：“吃人家的嘴软，拿人家的手短。”一个人，一旦接受了别人的好处，占了别人的便宜，再面对别人的请求，就不好拒绝了。所以如果我们有求于人，不妨先给对方好处，让对方先占你的便宜，让他欠你的人情，然后再提出请求。

设身处地为别人思考，是一种心理服从

美国直销皇后玫琳凯有一次参加了一堂销售课程，给她讲课的是一位很权威的销售经理，会后，玫琳凯排了一个多小时的队，只是为了想和经理握手。好不容易轮到玫琳凯和经理面对面交谈了，但那个著名的销售经理竟然没有正眼看玫琳凯，只是一味朝她的肩膀处看去，一心看看队伍还有多长，全然不察觉自己正在和别人握手交谈。这样的经历让玫琳凯备受打击，也得到了启发。此后，玫琳凯在自己产品的宣讲会、公开演讲等场合，形容自己的心情，就是：每当看到很长的人龙，她都会觉得累，但是一旦觉得累了，便回想起当年的情境，想到自己不能和那个经理一样，让等待自己的人失望，于是她便会打起精神，全力以赴。

换位思考是设身处地为他人着想，即想别人所想、理解至上的一种处理人际关系的思考方式。人与人之间要互相理解、信任，并且要学会换位思考，这是人与人之间交往的基础。无论生活中，还是工作上，都要学会互相宽容、理解，多去站在别人的角度上思考。同时，换位思考是人对人的一种心理体验过程。将心比心，设身处地，是达成理解必不可少的心理机制。从客观上来说，它要求我们把自己的内心世界，比如自己的情感体验和思维方式等跟对方联系起来，换位思考，从而与对方在情感上得到沟通，为增进理解奠定基础。简单说来，所谓的设身处地，就是“如果我是他，我现在站在他的位置，我该怎么做呢”？对于围棋高手来讲：对方好点就是我方好点，一旦知道对方出什么招，大概就胜券在握了。所以，设身处地、换位思考地为别人着想，无疑能帮助我们化解交际过程中所遇到的冲突，能够放下自己的主观意识去体谅和理解别人，才能使沟通双方达成真正的沟通。

值得一提的是，设身处地、换位思考只宜律己，不宜律他。也就是说，如果我们作为要求的一方，我们应该考虑对方被要求的心态和情境，而不能单纯地认为对方应该站在我们的角度上，乐于接受我们的要求。同样，如果我们作为被要求的一方，应该设身处地地想想到底为何上司会提出这样的要求，而不是总是抱着期望，期望上司能够设身处地地为自己着想，放弃原本的工作要求。

从众心理对促成合作很有效

在我们的日常生活中，“从众现象”是一种较为典型的社会行为，而之所以会产生这种现象，就是因为“从众心理”。在很多时候，我们也会听到身边的人说“从众”一词。那么到底什么才是从众呢？从众心理的概念及其形成原因又是什么呢？英国著名心理学家麦独孤在 1908 年所著的《社会心理学引论》一书中提出，人类有 11 种本能，其中两种本能，“屈从本能”（自卑感）和“群居本能”（孤独感）就是从众心理的根源之一。“从众”并不是人类的专利，在动物界也会出现，比如从羊群和鸟群身上，就能明显地看到这一现象。人类的从众既有由于恐惧孤独而产生的本能成分，也有其社会属性的作用。同时，“从众”的另一种解释是：个体为了适应团体或群体的要求而改变自己的行动和信念的过程。它是指个体在受到团体或媒体的压力下，个人放弃自己的意见而采取与大多数人一致的行为。有时，个体并没有自己的意见，抱着无所谓的态度，跟着大多数人走。有时，个体有自己的看法，但与大多数人或其他所有人的看法都不同，在群体压力下，放弃原先的意见，改变态度和立场。有时，个体只采取了与众人一致的行为，但并没有改变态度，内心里仍然坚持自己的意见。凡此以上的各种情形都可归为“从众”心理的表现。

对于市场经济而言，适当运用良性的从众心理，可以较好地带动产业发展，获取商机，促成行业内调整和合作。例如，在销售人员推销过程中，销售人员应该使用“事先承诺”这条诱因，先是通过鼓励和引导，让顾客对产品做出积极评价，这样顾客听从别人建议的可能性就会大大降低，销售业绩也会提升。对于户外广告设计，应该更多地使用群体规模和地位规则诱发从众心理，如广告中应该出现大量的目标人群，具有说服性的权威人物等。又比如，现在流行的绿色环保食品发展，就是一个很好的例子。绿色环保和节能都是现在的世界时尚潮流，很多人都会争相购买。正因如此，在合作双方促成协议谈判过程中，亦可以适当地引进商家的从众心理，吸纳所有从众投资的可能性。

拥抱对手使自己站在主导位置

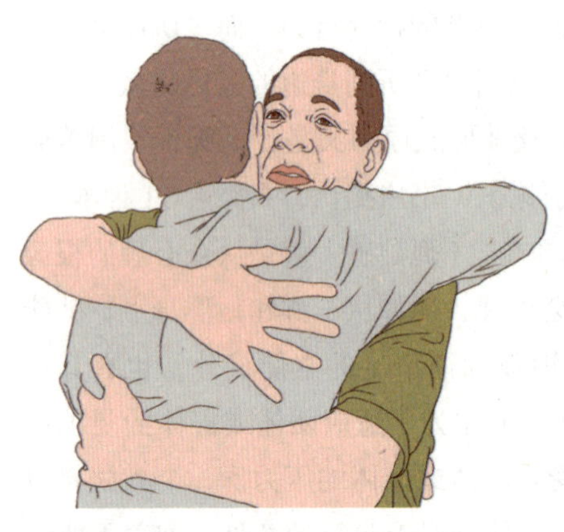

从前有两家商店开在各自的对面，经常对着干，大家都互相看不惯对方，双方打价格战打得连顾客都怕。其中一位店主的朋友前来探访，店主非常苦恼地向朋友解释双方争持不下的原因，在于两家店所卖的东西几乎一样，价格一样，连两个店主的性格都一样。朋友笑了笑，让店主每天早上当众拥抱自己的对手。店主马上骂自己的朋友神经病。朋友说："尽管大方地把你的祝福送给你的对手，有他存在，你才有动力去进步；你的拥抱，是你成功的第一步。"

店主不知道该不该信他，第二天真的当着所有街坊的面，拥抱对手。对方措手不及，不知所以然。接下来的时间，店主也是这样，天天给对方一个拥抱。久而久之，店主这家店的生意好了很多，尽管后来，对方开始还以拥抱，但是为时已晚。因为，街坊们知道，两家店的东西无论是质量还是价格都是相同的，唯一不同的是，首先踏出第一步拥抱对手的店主，他待人宽厚，有一颗善良的心，大气大度，于是街坊们便冲着这个都来光顾这家店了。

我们既不能蔑视对手，也不该轻视自己，因为，对手是和我们拥有同样生命重量的人。当众拥抱对手其实可以让自己站在主动的位置上。一旦你采取了主动，不仅能够拖延住对方，让对方困惑你的行为，使对方搞不清你的态度，还可以使旁观者困惑。其次，一旦你连对手都能拥抱，那么久而久之就会练就出一种亲和力十足的习惯，让你无论跟任何人相处，都能容人、容事，变得更加豁达。

低调做人，是服从的表现

《道德经》中称："以其不争，故天下莫能与之争。"不争，并非是一种消极逃避，百事退让;不争其实是一种低调的"争",是一种"善胜"的"争",是"天下莫能与之争"的符合天道的"争"。低调是谦卑，学会在适当的时候保持适当的低姿态，绝不是懦弱的表现，而是一种智慧。更加不是低人一等，不是一味的忍让，是一种以退为进的攻伐之术，是一种不争而获的谋略。

首先，在处世姿态上要低调。凡事要平和待人留余地，用平和的心态去对待任何人和事，时机未成熟时，要学会忍耐，懂得分清轻重缓急，大小远近，该舍的就得忍痛割爱，该忍的就得忍，从长计议，从而实现理想，成就大事，创建大业。羽翼未丰时，要懂得让步，低调做人，往往是赢取对手怜惜、不断走向自身强大、为自己争取伸展势力空间，最后反过来使对手屈服的一条有用的妙计。

其次，在心态上要真正地低调。在功成名就时更要保持平常心，以一种责任感，一种办事气魄，一种精益求精的风格和一种执着追求的精神，完成好手头上巨细无遗的所有任务，不论事情大小，不论是多细小的事、单调的事，也要表现自己的最高水平，体现自己的最好风格，这才是心态上低调、做事上高调的最好表现。最后，在言辞上要更加低调、低调，再低调。永远不要揭别人的伤疤，戳别人的痛处，不能拿朋友的缺点开玩笑。不要以为你很熟悉对方，就随意取笑对方的缺点，揭人伤疤。那样就会伤及对方的人格、尊严，违背开玩笑的初衷。说话时，更加要放低说话的姿态，面对别人的赞许恭贺，应谦和有礼、虚心，这样才能显示出自己的君子风度，淡化别人对你的嫉妒心理，维持和谐良好的人际关系。同时，说话时切忌不可伤害他人自尊。

在当今社会与人相处的过程中，凡事处理得稍有不当，就会招致很多麻烦，轻则工作生活不愉快，重则影响职业生涯、家庭幸福。因此无论做人还是做事关键在于把握好度，说白了就是一句话，做人要低调，做事要中庸。遇事遇人，都要从实际出发，从自己所处的境地出发，从日常生活的琐事出发，实事求是，并见机行事。

身处劣势时，示弱能激起他人的怜悯之心

在我们的实际工作或生活中，经常会有一些强者专门欺负弱者，即恃强凌弱。因此，在不影响自身发展的前提下，尤其是当我们处于劣势的时候，适当示弱也许能让对方摸不清你的虚实，降低了对方攻击的有效性。例如，当确实不知事实真相时，我们可以示弱。比如，在开会时，参加的有工程部、生产部、物料部、人力资源部、模具部等部门，正好

讨论到员工数量是否能满足目前的生产和工程，需要人力资源部门的意见时，你作为人力资源部经理应如何应对呢？如果你不了解整个产品的工艺流程，不明白模具部的工位等，你很难给出你的意见，这时你若为着面子，讲出一个数字，其他与会者一定会追问，为什么是这样一个数字呢？其实遇到这种情况想应付过去，也很简单，只要介绍一下目前各部门的人力资源状况，然后话锋一转，但由于自己对工艺流程、生产安排及订单具体情况了解不到位，就不发表意见了，希望听听各位的意见，一定为各部门做好支持……当自己做错事情的时候，我们需要示弱。当遇实力强过自己的对手时，我们也需要示弱。在职场上，当遇到比自己强的对手时，我们自身一定要保持高度警惕，不轻易表达自己的观点，否则，就会引起对方的强烈驳斥。

适度进取，不要永远低头

虽然说，低头是低调的表现，但是人总有昂首的一天，哪怕是服从，根据不同的情况，也总有适度进取的机会。那么我们该如何适度进取呢？首先，我们要打造自身的差异性。任何性质的单位都需要有工作能力、创造业绩、懂得与人相处的员工，因为所有的单位都有明确的职责、所有的领导都有考核指标，即使公务员也有任务要求，有严格的考核体系，只有拥有优秀的员工，才能出现优秀的组织机构。因此，我们首先要明确自己的优势，树立自己和别人不同的差异性，打造自己的含金量和不可取代性。然后，要营造和谐的人际环境。

一般情况下，现在职场上的人际环境由上级、同级、下级、关联部门、客户关系等几个部分组成，在职场上首先要表现出合群性，学会跟随主流思想，不能个性张扬、独树一帜。真诚待人，保持中立立场，不介入任何团派，尤其不能锋芒毕露、居功自傲，要恭俭尽职，不争权夺势。不要在公开场合谈论个人私事，在职场中每个人都是竞争对手，不可轻易地深度交心，最危险的敌人是最亲近的人，尤其是个人隐私是不可泄露的。

同时，还要与我们的上司保持一定的距离，职场不是家庭，上司不会因私交和同情降低对你的工作要求，反而可能因为你和上司套近乎而成为同事们的众矢之的。一位极了解你的上司不会给你带来任何真正的益处，除了对你绝对的控制。最后要做一个忠诚度高的职场工作者。对老板忠诚是必须的，所有的老板都非常看重这点，无论是多随便、多随和、多无所谓的老板，其内心深处也很在意员工对自己的忠诚度。表现忠诚的关键是做好每件事，站在领导的角度替他去想。领导需要业绩，团队的成绩就是他的需要。甜言蜜语、溜须拍马没有用，实实在在的支持才能打动他的心。

但同时也要掌握适当的度，愚忠反而有副作用，一是老板会看扁你，把你当成他的奴仆一样呼来喝去；二是同事们讨厌你有拍马屁之嫌。一旦老板失势，你也将随之完结。因此，凡事不卑不亢，坚持实力至上，有尊严地工作，是最适当的尺度。

把功劳留给大家分享

所谓树大招风，在这个竞争激烈的社会，没有一个上司喜欢自己的下属锋芒毕露，甚至功高盖主。所以，当个安稳的服从者，就必须戒除居功自傲的非分之想。这样才能在合作的机制下，寻求良好的生存环境。

清朝的年羹尧，早期仕途一帆风顺，入朝当官，升官非常快，不到十年已经成为朝廷重臣。但是，他在后期的政治生涯中有点喧宾夺主，这让雍正非常生气，渐渐开始对他暗中谋算，忍无可忍。最终，年羹尧在雍正的谕令下被迫自杀。

其实，功劳是让出来的。首先，论功行赏，一要讲君臣之道，主次有别；二要讲集体主义。从主次有别的角度上讲，作为下级，我们要多尊重上级的面子和尊严，不要过分强调自身的能力和实干。其次，从集体主义的角度上讲，我们不应该过分强调个人，而要多强调集体协作，尤其在这个团队合作精神如此重要的时代。当一个广告文案被客户接纳和赞扬的时候，你要学会说这不是你一个人的功劳，是公司团队合作出来的功劳，将功劳给大家分享，这样才能更好地和谐同事之间的关系。

第十七章

日久生“隐情”：习惯信号

见到强势的异性往往会顺从

人与人的相处方法各异，有的人喜欢顺从他人的指挥，有的人却喜欢领导着别人做事。特别是面对着异性，每个人的表现更是不同，往往会与遇到同性时表现大相径庭。

有这样一类人，就是他遇到个性强势的异性时，往往表现出无限地顺从他的行动和指挥。这种人在人际交往中更倾向于去讨好和顺从异性，因为他们对强势的异性有着一定的敬畏感，觉得看见他的时候就有一种想被领导的状态，而这样的人不是过于没有自信就是习惯性“被”做决定。如果在婚姻生活中出现一方顺从着另一方的情况，那家里就很可能有一方在家里说话是占绝对地位。

弯着腰握手,代表着顺从。一个人的握手姿势经常可以反映出“统治”或者“服从”的姿态。我们会在一些场景中看见这样的握手方式。在酒店的门口，主办方接待者在等待领导的到来，当领导的车到达时，接待者就会主动上去帮忙开车门，并且伸出双手，弯着腰与领导握手。这种情况就属于谦恭式的握手，也叫“乞讨式”握手、顺从型握手。这种握手样式就传达了这样一个信息，弯腰握手的人处于被动、劣势的地位。我们举的例子是在起点不平等的情况，贵宾的到来肯定要让贵宾觉得地位高、受尊重。当一个人是在生活中就习惯用这种方式的话，除了代表这个人经常处于被动之外，性格上也比较软

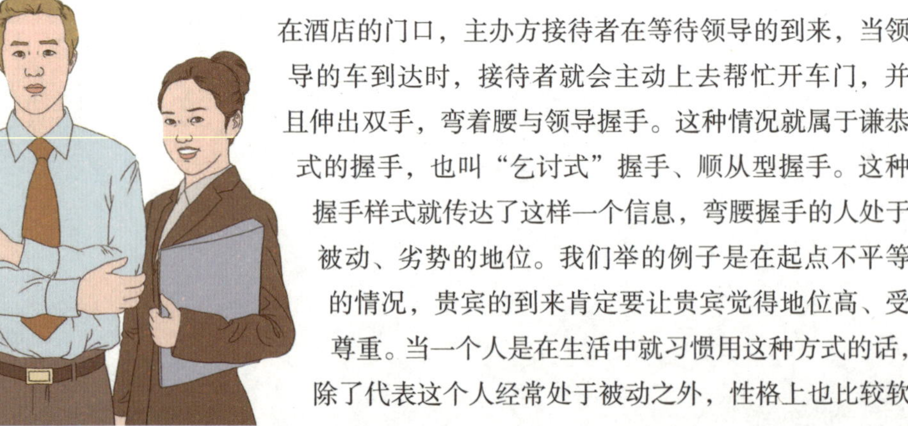

弱，容易因为别人的建议改变自己的看法，愿意受对方支配；但他们的优点就是为人比较谦和、平易近人，不会固执偏激。

听人发言往往直视对方的人自我感觉良好

眼睛是心灵的窗户，从眼神则可以看出一个人的内心状态，是紧张还是放松，是害怕还是勇敢。所以，我们也可以从一个人的眼神看出那个人是否处于自我感觉良好的状态。

当有两个人在交流，其中一个人发言，另一个人直视着对方，这种时候就可以看出直视发言者的人是处于一种自我感觉良好的状态，为什么会自我感觉良好呢？因为直视着对方就代表感觉双方的对话是安全的，这时候互相没有形成一个攻击性的状态，所以很放松，看着对方，这样也在某些程度上表示对对方发言的尊重和赞同。

而且在自我感觉良好的状态下，这个人除了会直视对方之外，还会在对方发言结束后给予赞同的声音或者是胸有成竹地提出自己的理论，总体来讲这是一种自信的表现。

每当落座时都整理仪容：自我感觉良好

在落座的时候会自觉地整理自己仪容仪表的人，是一个自我感觉良好的人。这种人对自己的形象是很注重的，因为他们觉得良好的仪容仪表可以为自己的整体形象加分，锦上添花。我们经常看见一位气质优雅的女性出席宴会，当她坐下之前会整理一下自己的裙摆或者是衣角，坐下之后还会整理一下自己的头发，放好随身带的包等，以展示自己最佳的形象。

这种情景我们并不少见，但较少从这样的情景中看出这个人的内心活动，有时候做出这个动作的人都不觉得自己是自我感觉良好，觉得这只是自己一贯的动作而已，从这样的信息中也传达出了这样一个信号，当一个人感觉自我良好的时候都是觉得理所当然的，并不是刻意去完成这些动作。

谈论陷入僵局时玩弄手指代表紧张

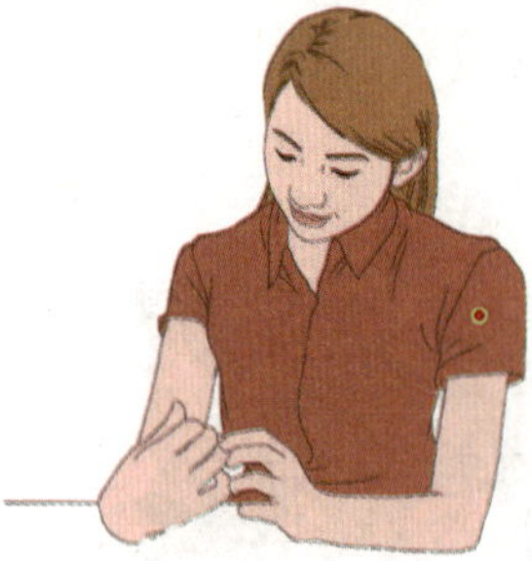

警方在审问犯人的时候除了在对话中取得有效证据，一些微行为也是警察破案的线索之一，主要是看这个人有没有说出实情。眼神、手部动作、腿部动作都是不可以放过的细节。我们在一些警匪片中经常可以看见这样的情节：警察与嫌疑犯录口供，但双方的对话陷入僵局，而嫌疑犯没有回答对方的提问或者只是简单地回答，嫌疑犯表现出若有所思的表情，不断地玩弄自己的手指。这种情况基本可以判断出，嫌疑犯很紧张，有压力，并且感觉到没有安全感，不断地通过玩弄手指给自己心理暗示，提示自己要淡定和从容，安慰自己目前的状况是可控的，没有那么糟糕，不需要紧张。

这种可以归结为将紧张的情绪转移，这种转移可以转移到话语中，转移到眼神中，或者转移到手部、腿部的活动中。很容易判断，当嫌疑犯不想表达实情的时候肯定不会将这种紧张转移到话语、表情上；对于他来说，最安全的办法就是转移到那些看起来不太明显的转移中。

列席会议时抬头倾听：认真顺从的人

开会是每个人都不可避免的，从开会的就座位置到表情神态，都透露着这个人的性格与态度。在一场会议上，假设你是主持者或者领导，就下个月的销售策略提出建议与要求。列席的有的是埋头苦记，有的是眼神呆滞地望着某处，而有另外一个人一直抬着头望着你认真地倾听，你会觉得这第三个人是你最容易掌控的人，他在传达的是愿意顺从你的信息。行为学家对列席人员的举止形态的研究也表明，参加会议时会抬头倾听的人是顺从的人。他们觉得开会是展现自己的一个机会，也许有的领导平时很少有机会可以见到，而开会时抬着头倾听领导讲话，可以向领导表达自己的忠诚与服从，而这样，可以直接影响自己的职场竞争力。如果是同级开会也是如此，抬头倾听别人说话的人在同事中人缘是比较好的，不会与同事针锋相对，有

分歧时多数也是会服从别人的意见。这类人觉得不表态，或着是跟着会议领导/讲话者的态度是比较稳妥的明哲保身法。表态时他会先看脸色，别人表示满意的就跟着夸赞几句，别人对讨论的话题有疑惑的，他就跟着摇头，所以久而久之形成的风格，就是认真地抬头倾听每一个说话的人，当没有什么议题需要提出意见时，他总是说：“没问题，我没意见。”

列席会议时，低头倾听代表没有安全感

低头倾听是与抬头的含义截然相反的。参加会议时总是低头倾听的人，他们入会场时，不敢坐在前排，情愿躲在后面的角落，即使是坐在第一排，他们也是尽量地低头。这些是羞涩、胆怯和自卑的行为，带着极度的不安全感。这个情况我们经常可以在新人刚入职参加会议的人员身上观察到。

对于刚入职场的新人来说，这是一个陌生的开会环境，由于不了解公司的情况与氛围，所以开会的时候大多数都是低头倾听的，也从不发表自己的意见，新人会担心自己的想法不够成熟、怕得罪人，所以会用倾听而不是发言来尽量保持中立。另外一个情况是谈判的时候，弱势的一方也多数会低头倾听，他们对形势十分清楚，自己是处于下风的，他们对自己的情况坐立不安，感觉到了危机或者威胁，所以选择了低头这一身体语言。看到这样的身体语言的时候，你就可以判断对方要么是缺乏自信，要么就是已经感觉到了危机，你可以根据自己的需要用其他的身体语言来对应或者化解。

拍打头部的后悔心情

当一个人错过了什么事情或者忘记要做某件事，总会情不自禁地拍打自己的头部，说一些“哎，忘记了，太对不起了”之类的话。没错，拍打头部这个动作在绝大多数的情况下想表达的意思，就是在向他人表示很懊悔和自我谴责，因为忘记别人交代的事情，或者没有完成好。当你问他：“我的事情你办好了吗？”如果他还没开口之前就做了拍打自己头部的动作，那你也不用继续问下去了，肯定是他忘记了你之前交代给他去做的事情了。

拍打头部表示后悔的心情，但拍打前额和后脑勺又分别代表着不同的性格。

如果一个人在表示后悔懊恼时是拍打自己前额的人，这种人的性格是坦率、真诚的，他们心直口快、富有同情心。你从来不必担心这种人会“耍心眼”，就算你教他他也不会。因此，如果你想了解一个人的某些小八卦、小秘密时，找这种人准没错。当然，这种性格不代表他是一个不值得信赖的朋友，相反他们是会为朋友两肋插刀的人，会时刻想着朋友。你要记住一点，万一这种人有什么地方得罪你的话，一定要原谅他，因为他绝对不是有意的。

如果一个人在表示后悔懊恼时拍打自己的后脑勺，那么，我们可以很确定地告诉你，这种人是一个不太注重感情的人并且待人苛刻，如果你想选择这样的人当你的朋友，你要知道，你身上一定要有某个方面可以供他利用，不然他也不会当你是朋友。当然，这种人对事业孜孜追求和勇于开拓的精神是值得大家学习的，而且这种人对新生事物的学习能力特别强。

站立时，靠在门廊上的人自我评价很高并且野心勃勃

俗话说“坐有坐相，站有站相”。当然，这个“相”是怎样的，每个人都有着自己独特的理解。现实生活中大多数人的“站相”都是形态各异的，但这些各异的姿势也可以让我们从中一窥他心里的奥秘。

当一个人站立的时候喜欢靠着门廊，那么他一定是一个自我感觉很好的人，并有着坚强的毅力和强大的野心。这样的人多为领导型的人物，他宁愿用一个硬物来给自己当支撑都不愿意靠着别人或者坐下来，证明他是一个可以统揽全局，并且给别人派发任务和指令的人。这种情况出现在女人身上的时候居多，这样的女人多是雷厉风行的女强人，是可以长期孤军奋战的人，她对自己的事业也是充满着信心和规划，做好了挺身而出的准备，并且给人一种豁达乐观、气宇轩昂、高瞻远瞩的感觉。

摇头晃脑者唯我独尊

在我们的日常生活中，经常可以看到这样的情况，就是有的人会用“摇头”或“点头”的行为来表达自己对某件事情的看法，“点头”表示肯定，而“摇头”表示否定。但这

样的分析是基于正常的情况进行的，如果一个人长期莫名其妙摇头晃脑的话，也许你也不需要去猜测他的情绪，估计他是一个有病的人。

当排除一个"病人"的情况，单纯从身体语言的角度来看的话，会用"摇头"或"点头"表达自己意见的人通常是自信爆棚、唯我独尊的人。这种人会理所当然地让别人帮他做事情，但是当别人完成了事情之后却很难得到他的赞同，因为他常常不满意别人的做事风格。

这种人对事业的执着和大无畏的精神是受到很多人的欣赏和崇拜的，但这种人总是喜欢在各种社交场合中找时机表现自己，因此也会时常遭到别人的厌恶。

交谈时摸头发的人问心无愧

有这么一种人，当他与别人面对面交流的时候，总要时不时地摸一摸头发，不管当下是坐着或站着，这个动作总不会忘记做，给人的感觉就是想引起别人对他发型的兴趣一样。其实并不是这样的，这种人不仅是在交谈时会这么做，平时生活中他也不曾忘记这个动作。就算是他独自一个人在家看连续剧，他的手也会隔三岔五地"检查"自己的秀发，生怕头发上沾了什么不好的东西。

或许你看了这个小动作会觉得有点不舒服，但有这个习惯的人通常是一个性格鲜明、个性突出的人，他们疾恶如仇、爱憎分明、敢爱敢恨。对他们来说，人生就必须做到问心无愧。当他在公共汽车上遇到小偷，肯定会上去喝止小偷的行为，如果身体允许的话，会把这个小偷痛打一顿，以表示正义。

这种人一般很善于思考，凡事会考虑后再行动，但有个缺点就是缺乏对家庭的责任感。

这种人的生活也是充满新鲜感和挑战的，对他们来说，生活的喜悦来自于对事业追求的过程。成功了，他会说："真开心，要的就是这种刺激的过程。"而当面对失败，他会自我安慰："我问心无愧，因为我已经做了。"

歪着脑袋倾听表示聚精会神

有的人在倾听的时候脑袋永远放不正，肯定要歪着脑袋听才觉得舒服。其实这是一种聚精会神倾听的表现，表示听得特别入神。这种情况经常出现在听先进事迹报告的现场里，当英雄人物在汇报事迹的时候，说到激动人心的部分，人们就会听得入神，会情不自禁地歪着脑袋，并时不时带有点头的动作。

这种歪着脑袋倾听表示集中精神的情况不仅仅出现在人类身上，其他动物在精神集中的时候也会有相同的表现。比如一只三个月的小狗每当看到或听到那些可以吸引它注意力的新鲜的事情（如看见新的狗屋、第一次见到其他动物）的时候，它的头就会不自觉地歪向一边，这个时候就表示它对某种事物产生了极大的兴趣，正集中精神欣赏着、关注着。

用点头的方式鼓励对方深入思考

我们时常会在一些访谈类节目中看到这样的情景，主持人通常都会用迎合的应答方式来诱导被访者继续顺着话题滔滔不绝地说下去。最简单的回答方式就是："嗯！说得没错……"

一般访问者除了通过语言来回答问题，还会用身体语言加以补充，多数时候就是用"点头"。两者加起来的作用是对被访者有一个增强信心的作用，而被访者接收到了这样的信息之后也会提高自己的思考和进取心，这时就会讲出更多的话，话匣子就关不住了。

去应聘单位面试的情景，我们大多数人都不会忘记。我们最关注的也是主考官的表情，当主考官频频点头示意时，作为应征者就会信心大增，也会让自己觉得面试成功的机会更大。原因是什么呢？因为主考官做出点头的动作也表示"我正在听你说话"或"请继续说"的意思，这种信号一旦传递给应征者，应征者就会觉得"对方已能明白我的话了"或"对方接受我的说法了"，因此内心会很大程度受到鼓励或欣赏，便会滔滔不绝地说下去了；当看见主考官极少点头的情形时，应征者就会觉得有点失落，感觉自己面试"没戏"了，因为觉得自己无论说什么都不会引起主考官的注意和兴趣，也就不愿继续说下去，最后会出现相对而无语的情形。

点头不一定是肯定的答复

当主考官对着应征者点头，会在很大程度上鼓励应征者，提高他的思考和进取心。这种积极的效果是相对应征者而言的，但不是所有主考官的点头都是表达肯定的意思，肯定只是点头里面的其中一种意思而已。所以，作为应征者对于主考官的点头还是需要有所判断，不要会错意了。

有一个关于点头方面的实验，结果发现，点头传达的信息不止一种。

首先，也就是我们比较熟悉的“肯定”。当倾听者针对双方的谈话内容或音律对着讲话者做出点头的动作时，就是表示对说话者有某种承诺的允许和好感。

其次，是表示倾听者不耐烦。当倾听者对于一个内容的谈话，在短时间内连续点头超过三次，则表示对于谈话内容不耐烦或者带有否定的意味。

最后，是一个不专心的表现。当倾听者点头的动作与谈话的节奏严重不相符时，则倾听者没有专心在听说话者的说话内容，或者是有事情隐瞒。

嘴形所透露的喜悦和无奈

嘴巴在身体语言里也扮演着重要的角色，即使没有发出声音也会“说话”，也可以传达信息与情感。

嘴唇紧闭表示和谐宁静、端庄自然。比如司乘人员、空姐，迎宾礼仪人员一般就是嘴唇紧闭，笑不露齿，给人大方端庄的感觉。

嘴唇半开或微微全开则是表示疑问、奇怪、有点惊讶。比如看到让我们意外的新闻时，会微微张开嘴。

嘴唇呈圆形全开一般表示惊骇。比如我们看恐怖电影或者悬疑电影会不自觉地张开嘴巴用手捂着。在平时与人的交往中，注意不要轻易地出现嘴部动作，除非是为了某种沟通谈判的需要。

嘴角微微上扬，这是善意、礼貌、喜悦的表现。这个身体语言传达的是正面的信息，会让对方感觉到我们的真诚和善意。如果你需要营造和谐的沟通氛围，比如记者招待会、见面会，或者希望交易能成功，请在谈判时记得把嘴角微微上扬。

嘴唇半开或微微全开则是表示疑问、奇怪、有点惊讶

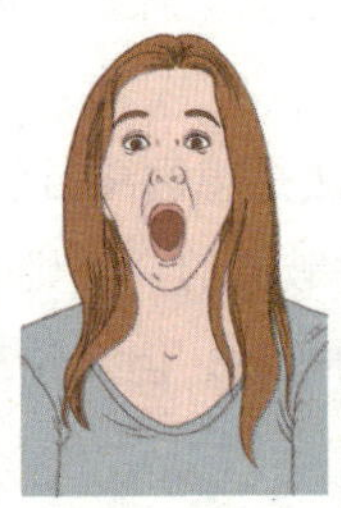
嘴唇呈圆形全开一般表示惊骇

嘴唇紧绷，多半是表示愤怒、抗拒或者决心已定

嘴唇紧闭表示和谐宁静、端庄自然

嘴角向下通常表示的是痛苦悲伤、无可奈何的神情

嘴形所透露的喜悦和无奈

嘴角向下通常表示的是痛苦悲伤、无可奈何的神情，代表对方的信息让我们产生了负面情绪。比如学生被告知考试不通过，或者面试者被通知没被录取，通常都会嘴角往下垂。

嘴唇噘着，一般都是表示生气、不满意。比如，小朋友想吃糖没获得批准，经常就嘟起嘴巴。比如，男女朋友间吵架了，女方一般会嘟着嘴表示不满。注意这种表情一般不要在正式的场合出现，这是对对方不尊重、不礼貌的表现。

嘴唇紧绷，多半是表示愤怒、抗拒或者决心已定。特别是一言不发或者故意发出咳嗽声并借势用手掩住嘴，则是表示掩饰自己内心真实的情感，就是俗话讲的“心里有鬼”，有说谎之嫌。

眉毛的“动作”所透露的心理信号

当你想起眉毛的作用，你第一个会想起什么？过去的人认为眉毛的主要功用只是防止流下的雨水和汗水滴到眼睛里面去，其实这只是眉毛最基本的生理功能而已。眉毛在人的脸部是一个很神奇的部位，看起来它就是定在那里，其实它的“动作”是很多的。它对于我们的表情有一个辅助的作用，那就是可以更加充分地展现人内心深处的情绪变化，传递人内心的真实想法。

所以，每当我们的情绪发生改变，眉毛的形状也会随之发生改变，这种变化我们也称为“眉毛的动作”。眉毛的动作所传达的信号内容是各异的，我们简单介绍几种重要的信号。

（一）低眉

这种眉形是一种带有防护性的动作，想表达的意思就是要保护眼睛免遭外界的伤害。这种情况一般会发生在当人们感觉到正在受到侵略的时候。

（二）皱眉

皱眉可以表达的情绪有很多，包括惊奇、诧异、错愕、否定、怀疑、疑惑、不了解、恐惧和愤怒等。

一个眉头深皱的人，通常都是忧郁的，他们内心的想法是想逃离目前的生活境遇，但又因为某些原因无法做到逃离；一个在大笑的时候同时皱眉的人，则表示这个人的内心有着轻微的惊恐和焦虑，他们想通过笑来掩饰自己的行动，但无论对着什么笑他的内心都是有困扰的，因为他很想退缩。

（三）眉毛一条降低、一条上扬

当眉毛两边的形态不一样，一条降低而另一条上扬时，就表达着这个人一边脸显得激越，另一边脸显得很恐惧。当一个人的眉毛斜挑时，这时他肯定是一个怀疑的状态，那条扬起的眉毛就代表一个问号。

（四）打结的眉毛

什么是打结的眉毛呢？一般是指两条眉毛同时处于上扬的状态，并相互趋近。这种眉形想传达的就是这个人有着严重的忧郁，而且目前的烦恼让他觉得无所适从。一些有慢性疼痛的人就会经常表现出这样的眉形。而急性剧痛的人表现出的眉形却不是这样，他们表现出来的是低眉而面孔扭曲的反应。

此外，闪动的眉毛代表友善，双眉上扬表示非常欣赏或极度惊讶，眉毛完全抬高表示难以置信，眉头紧锁表示内心深处忧虑或犹豫不决等。

指尖相碰的姿势所透露的心理信号

"指尖相碰"这个姿势属于自信、有优势感，驾驭能力强。

从上下级的相互关系中，我们都可以观察到这个有趣的姿势。它是比较孤立的、简练的姿势，表达一种对局势与环境的把握，自信而且无所不知。领导给下属下达任务时，经理给部下发号施令时，这个姿势很常见。而在一些职业比如会计师、律师、经理之类的人群中尤为常见。

指尖相碰可分为两类：高举姿势和放低姿势。谈话总结和发表意见时通常采取的是高举姿势，而倾听讲话或命令时自然采取放低姿势。研究指出，女性一般都采取放低姿势。如果是头往后仰，采取高举姿势时则显示出一种扬扬得意或骄傲自满的样子。

虽然指尖相碰的姿势被认为是传达积极的姿势，但它如果与其他姿势一起结合的话既可以用于积极的方面，也可能用于消极的方面，甚至可能造成误解。例如，推销员向顾客推销产品时、竞选者在演讲时，都可能做出一系列积极的姿势，包括手掌张开、身体微倾向前、抬头等。但是推销结束时或演讲结束时，顾客（听众）可能采取一种指尖相碰的姿势。

如果他们指尖相碰的姿势前有其他一些积极的姿势，则说明推销员成功地出售了产品也解决了顾客的问题，获得订单，或者是竞选者成功赢得选民的信任获得职位。另一种情况，如果在指尖相碰前有一些消极的带拒绝态度的姿势（如双臂交叉、双腿交叉、目光转向别处以及许多手碰脸的动作），那么，则是顾客认为产品并不符合他的内心期望与现实需求，销售员没有解决他的问题，或者是竞选者没有成功地在选民中赢得支持。虽然这两种情况下指尖相碰的姿势都意味着信心，但对推销员或竞选者来说，一个是积极的，一个是消极的，对方在指尖相碰以前的动作是关键的线索，决定着最后的结果。

搓手的心理信号

我们都习惯搓手，这是传达内心有期待、表达美好愿景的信号。

很多场合我们都可以看到这个身体语言。从谈判到会面，到日常生活，这个动作几乎是最常见的。比如与客户的会面，主题是讨论即将到来的节日促销的细节，在会面接近尾声的时候，如果客人突然很放松地靠在椅背上，大笑着边搓着双手大声喊："方案差不多够好了。"这样的表现则意味着他用自己的身体语言告诉大家：他期望这次的促销可以大获全胜。

玩扑克或者赌博的人掷骰子前会用手掌搓骰子，表达希望成为赢家的欲望。

或者我们会看到手舞足蹈的推销员跑进销售经理的办公室，搓着手掌说："老板，接下了一笔大单子！"

主持人会一边搓手掌一边对听众说："有请我们下一位发言人进行精彩演说。"

当一个人跟你说话时急速地搓动手掌，他想跟你说，他可以满足你所期待的结果。比如，你打算买房子，房产经纪人听到你的述说后可能会急速地搓着手掌说："我恰好有一处房产符合你的条件。"经纪人言下之意就是他期望你满意这个结果。但是，如果他慢条斯理地搓着手，对你说，他有一处理想的房产，那么，他可能会占你便宜。于是，推销人员不成文的习惯就是，如果向潜在客户推销时，一定要使用急速的搓手掌姿势，以免顾客产生怀疑。相反如果是顾客搓着手掌，对推销员说："让我看看你们能够提供些什么？"这表示顾客希望你有他需要的好东西。

双手攥在一起的心理信号

双手紧紧攥在一起似乎是给人信心满满的感觉，因为人们采取这个姿势时，往往笑容满面，看起来心情愉悦。但这是一个误解，这个动作表示的是失望者敌对。比如，当推销员在做产品介绍的时候，边说话边攥着双手直至手指开始变白，仿佛被焊接在了一起，结果人家觉得他很紧张这笔生意没有谈成。又或者当两个敌对者在不能表示公开敌意的场合被迫要交谈时，你会发现他们都是双手攥在一起的。

心理学家尼伦伯格和卡列罗对攥手姿势进行研究后，得出的结论也是一样：这是一种消极失望的姿势。在自己的面前攥手；把攥起的手放在桌子上；如果是坐着，把手放在膝盖上，如果是站着，把手放在大腿前……这些都是属于消极的姿势。

还有研究进一步表明，手举得越高的人越难对付，好像他心里所筑的墙一样，现在没心情没耐心跟你沟通。想反，手举得不太高的人相对比较好说话，心情相对比较轻松。就是说手举起的高度和他此刻的心情好坏有一定的联系。与其他负面姿势一样，如果要继续有效沟通，那么要想办法递递东西之类的使他松开手指，露出手掌，改变敌对的状况。

控制性和屈从性的握手

在正式场合里首次见面时，我们都会用握手来开始与对方的关系。握手时手掌向上和手掌向下这两种姿势有截然不同的含义。这种握手也表达了三种基本态度。有控制性的握手:“这个人企图控制我，我要小心点。”有屈从性的握手:“我能够控制这个人，他会听我的话。”还有属于平等的握手：“我对这个人有好感，我们会愉快地相处。”

握手时手掌向下，翻转手表示控制性。手掌向下握对方的手掌是表示你是这次会面的控制者。行为学家在研究了 50 多个成功的高级经理的行为后表明，他们在商务会面中都是主动地握手，而且还使用了控制性的握手方法。

握手时手掌向上是想跟对方表达你愿意被他控制，这种握手能在见面时传递出自己愿意作为弱势的一方的信息。不过，也有例外的手掌向上并非是顺从，而是有其他原因。握手的姿势可以给你一些线索，帮助你对握手的人做出一些估计：顺从的人使用顺从的姿势，霸道的人使用比较咄咄逼人的姿势。

“争夺战”经常会发生在两个不肯退让的人身上，并没有正面对恃，行为也只是象征性的，他们都想让对方的手掌采取顺从的姿势。可以想象这种较量会两手掌都呈垂直姿势，而双方试图营造一个尊敬和融洽的感觉，结果就形成老虎钳似的握手。当父亲给孩子演示“男子汉的握手”，我们往往就会看到这种互相钳着的握手姿势。

手的任务：触摸、指向以及发信号

在男女的非语言交流中，手要肩负起至少三个重要任务：触摸、指引以及发出信号。手势在生活中是除语言外最经常用到的，甚至在对话的时候我们都会借助手势来说明、渲染和停顿等；我们会用手在空气中比画着，或熟练生动或生疏笨拙地模仿各种动作；当我们要开始一次对话或者是想请对方加入一起交流，我们也会用手来辅助表示邀请。手指也有很重要的作用，比如当你把一只手指按在嘴唇上时，就代表希望周围喧闹不已或者是窃窃私语的人能安静下来。这就是指尖所蕴含的力量。

手和手臂能表达很多情感与意愿，或邀请、或拒绝、或中立不感兴趣。我们习惯用手臂或手搭建起一道封锁线，暗示我们对向我们走来的人或者对方传达的信息缺乏兴趣；我们会用手捂住眼睛，或者干脆闭上眼睛好一会儿，表示不想看到对方；我们还可以双手交叉、紧握拳头阻隔着我们的身体来防御。

当遇到自己很抗拒、很反感的情况，甚至受到冒犯时，我们会条件反射地用手抓着前臂，绷紧肩膀，或者用一条手臂横在身上摸着另一侧的肩膀或脖子来部分地保护自己。如果在谈判中正在与你交流的人摆出这个姿势，说明你可能对他们有威胁，而他们对你的接近采用了这样的防御姿势，你要接收这个信号并做出改变。当对方放下防线，你就要用更积极的、无敌意的身体语言信号去进一步回应，努力让对方的防线完全松懈，帮助你获得谈判的胜利。

从穿鞋习惯看女人的心理性格

有这么一句话，要想看出一个女人的生活品味，第一步就是要看她的鞋子。从这句话中我们就可以看出鞋子已经不是单纯用来保护足部了，它还可以诉说出一个人的性格及心事。

1. 喜欢穿凉鞋的女人

当一个女性喜欢穿凉鞋时，证明她对自己是十分有自信的，她喜欢将自己最美丽的一面展现给大家看，因为凉鞋肯定会露出脚趾，至少是要对自己脚部很有自信的人才会选择凉鞋。这种人通常交际圈很广，而且人缘也不错，对异性也充满了兴趣。这种类型的女人通常会对自己的男朋友有很多要求，希望自己的男朋友可以和自己有一致的看法，她个性比较固执，别人不太容易说服她。

2. 喜欢穿高跟鞋的女人

这种类型的女人比较喜欢思考，是一个智慧型的女人，她的个性成熟大方，对待工作和生活都是兢兢业业、相当尽责的。因为她要想的问题很多，所以对待周围的人、事物也会有比较高的要求，如果周围的人、事物无法满足她的要求时，她的脾气就会变得比较暴躁。所以她选择男朋友时会喜欢坦诚相对的人，并且要大方地对她好、关心她，当她觉得你是一个值得交往的对象时，她会很好地对待你，不会摆架子、故意刁难。

3. 喜欢穿运动及休闲鞋的女人

这种类型的女人表面上看来很容易相处，实际上她是一个戒备心很强的人，她非常会保护自己。看起来好像很容易和男生打成一片，而实际上她只是把这些男生都当成普通的好友一般，反倒是对于心里喜欢的那个他，她会选择保持一定的距离，敬而远之。很难看出她的内心想法，因为她时刻在保护自己，其实她的内心有着非常脆弱的情感。

4. 喜欢穿学生样式、造型简单鞋子的女人

这种类型的女人个性是单纯敏感的，因为她有着严谨的家庭教育，所以经常压抑自己的情感。因为这一类型的女人从小就被爸妈管得很严，学校、工作场所风气较为保守，她们自然就有这种内敛的言行举止，但她们内心是澎湃的，总是希望自己有一些经历，这种女人要谨防单独行动时受骗。

5. 喜欢穿短筒靴子或长筒马靴的女人

这种类型的女人喜欢无拘无束的生活，个性独立，勇于表现自己。通常这种女人很有能力，外表也是很出众的，经常受到异性的青睐。尽管她看起来平易近人，但要成为她的另一半必须才华出众并且了解她的个性，才有可能赢得她的芳心。

6. 喜欢穿厚底鞋、造型特殊鞋子的女人

这种类型的女人是一个追求流行、注意时尚的人，她喜欢成为大家的焦点。外表给人的感觉是大胆，但她的内心是相对内向保守的，因为她对自己的信心不是很足，想要通过大胆的打扮引起大家的注意。如果想要成为她的男朋友就必须多给予她鼓励和肯定，让她更加自信。

从写字的习惯看人

字体扁的人内心坚定，毅力顽强，外界环境无法轻易地影响他们。他们这种坚定有时候会变成固执，甚至是钻牛角尖。这种人对工作认真负责，条理清楚，按照计划

行事，但有时太追求计划而变得不灵活，缺乏弹性。

字体比较小的人（常常在 4 ～ 5 毫米）通常比较低调、不受别人关注，谦虚朴素，带着点羞怯与恭顺，甚至唯唯诺诺，可是对细节很敏感。

字体细小（大小在 2 ～ 4 毫米）的人心思缜密，有较强的观察力和专注力，办事认真但警戒心很强，容易受环境影响而改变，太过于在意别人的看法。

字迹细小且越写越往上的人注意力比别人容易集中。字迹细小但越写越往下的人，比较容易摇摆，性格软弱。

字体大（大小在 6 ～ 8 毫米）的人是好吸引别人眼光的、爱显摆的、做事很快速但是却很莽撞的人，自己想怎么做就怎么做，只想达到自己的目的却不注意细节，非常以自我为中心。

字体垂直的人的指引是实践才能出真知，他们特立独行、理智、逻辑思维强，可以很清楚地根据形势做出分析判断，而且一旦做出决定后就会贯彻下去，绝不轻易改变。他们很清楚自己的目的，自我控制力强，行事谨慎有节制，对工作都认真尽职，有始有终，可以托付信任，而且对情绪控制得很好。

字体向右倾的人是很积极向上的人，有强烈的主观能动性，不会被困难打倒，独立自主，思想进步，对未来都充满信心，注重精神层面多于物质层面，并渴望自己能在精神领域里有所领悟。很多心理学家、咨询师都是这种人。如果字体向右倾斜并行行向下倾斜，那么他是一个常常自我反省的人，意志比较薄弱，容易被他人掌控。

字体向左倾的人多属于小心谨慎好做自我批评的，他们会很关注自己的需求，自力更生，独立自主。但是对周围环境反应不强烈，他们会压抑自己的情感不流露出来，不容易冲动，不易与人有正面冲突。这类人有敏锐的洞察力，可以帮助别人发现一些细微的东西，是很好的倾诉对象。

字体中等的人是在什么环境下都能生存的人，能快速地适应改变了的外界环境，同样奉行实践重于理论的宗旨，待人处事都从理性的现实的前提出发，而且人缘不错，基本都可以与同事相处友好。

字体是圆形的人风格如其字，性格温顺，心地善良，通情达理，情感至上，体贴包容。他们的性格坚韧，对社会上的很多东西都觉得可以接受，适应性强，对待朋友采取中庸之道，不会固守己见而与人产生正面冲突，在受质疑的情况下仍可以控制自己的情感与冲动，行事审慎，考虑周全。

手摸颈后者掩饰情绪

大家都有这样的经验：当老师在批评学生时，学生会习惯性地用手摸摸颈后；当别人交代你的事情你忘记了，你会习惯性地摸摸颈后；当你迟到时，你会习惯性地摸摸颈后。可以看出，摸颈后这个动作表达的是悔恨或者懊恼的情绪。

有个姿势被称为“防卫式的攻击姿态”，就是人们在遇到危险时，常常会不由自主地用手摸摸脑后，心理上觉得脑有手保护着，会有安全的感觉。但是对于防卫式的攻击姿势来说，这种防卫是伪装的，因为手最后是放到了颈后，缓解这些被责备责怪后产生的负面情绪，而不是停留放在脑后。比如，女性会撩起头发把手伸向后面，来掩饰自己心里的懊恼悔恨，并一副毫不在意的表情。

第十八章

对你有意思：表白信号

对方在体现灵活有力的肩膀

在不同的情境下，人体的肩膀也会不自觉地做出一些符合当时心情的细微动作。例如，你见过一个人心情很沮丧，脸色阴沉，明显很不开心，但是肩膀还在不停地晃动或者抖动的情况吗？你见过一个人兴高采烈的时候，肩膀是自然下垂，整个身体呈现出很垮的姿势吗？没有吧。相信大家在日常生活中都没见过这么表达自己情绪的人，这也就体现了肩膀可以暗示情绪的功能。

所以，当两个人在一起时，你可以适当地注意一下对方的肩部动作，看看他在跟你聊天的时候，是哪种情绪比较多，如果对方在交谈时总会时不时地扭动肩膀、耸肩或是做一些很轻松又略带撒娇意味的小动作，那么他很有可能是很喜欢也很享受这段时间的相处。如果对方是异性的话，也许还会对你有意思哦！

一个人的肩膀是否可以自在地活动，可以透露出这个人现在的精神状态是否处在一个比较紧张的状态，如果心情太拘谨的话，身体语言也是会不自觉地受到限制的，肩膀自然也不会自然地摆动了。所以，肩膀是个可以“说话”的神奇结构，有时候，如果你能够掌握好肩膀的动态，就有可能会掌握住自己的幸福哦！

因此，在约会的时候，女性如果想表明自己对对方的好感又不好意思开口直说的话，可以穿一些小露肩膀的衣服，比如无袖上衣或者是无袖连衣裙，这样不但可以充分地展现灵活的肩部动作，还可以展示自己雪白光滑的肌肤，为自己的形象加分。另外，不要以为只有女性的肩部可以说话哦，男性也是一样的，所以男性在日常健身时，不要只注意锻炼手臂与腹肌的部分，还要多多加强对肩部肌肉的锻炼，让你的肩膀也更加吸引别人的注意！

喜欢他就模仿他

当你喜欢一个人的时候，总会想要和他有很多相似之处，仿佛这样做你们之间的距离就更近了一步。事实上，由喜欢而引起的模仿行为在生活中是很常见的，不只人类会在故意或不经意中模仿自己喜欢的人，动物也会通过模仿来向异性表达自己对对方的好感，博得对方的青睐。因为这种微行为在生物界非常普遍，所以有人类学家将这种有趣的行为命名为“嗜同神经行为”。

在约会的时候，尤其是吃饭时，如果你发现你吃一口什么，他就跟着吃一口什么；你看看窗外，他也看看窗外；你喝了口汽水，他也跟着喝了口汽水……那很有可能就是他要向你表白的预示。其实这种行为并不难理解，当他模仿你的一言一行的时候，就会在潜意识中把自己当成是你，好像这样你就会更加容易在你们之间找到共同点，也就更容易对他产生那种熟悉的亲切感。有了亲切感，那么你就会对他放下一些多余的防备或是省掉了一些烦琐的了解过程，感觉你们很有相似之处，毕竟两个相像的人在一起是一件比较容易的事。

事实上，不只是将要表白或是对你有好感的人会有意无意地模仿你的行为，就算是已经成为情侣的人，也总是会模仿对方的思想或是行为，两个人在一起的时候是这样，两个人没在一起的时候，其中一个可能会回想起两人在一起时的场景并不断模仿，还会发出会心的微笑。情侣装就是一个很好的例子，两个人穿着相似或是一样的服装穿梭在人群中，仿佛这样就可以缩短两个人心灵之间的差距，让人感觉更加亲密。

展露温暖的微笑

微笑是一件厉害的武器，在大家都高兴的时候，微笑可以让人的心情更加愉悦。就算在大家都不高兴的时候，微笑也可以化解怒气，就像阴沉沉的天空中洒下的阳光，总能战无不胜。微笑是有温度的，当你看见一个人对你微笑的时候，心里总是会有一种暖洋洋的感觉，你也会不自觉地微笑起来，这就是微笑的魔力。所以在爱情关系里面，微笑也是必不可少的表达工具。当然，微笑也是分为很多种的，不同类型的微笑也代表着不一样的情感，不一样的对象。

在面对心仪的异性时，所展露出来的微笑是最美丽的，不矫揉不造作，只是单纯的由于内心的幸福感和荷尔蒙的作用所展现出来的。这时候，你的眼角会出现细微的鱼尾纹，眼睛也好像要眯成一条线一样，颧骨周围的肌肉会自然收缩，带动嘴角上扬，形成最温暖的微笑。

在对方向你展示温暖微笑的时候，就相当于把自己最美的一面展示给了你，他希望在你心中永远都保持着积极正面的形象，好像有了他，你的周围就会多了一份欢乐一样，当你发现了他这点可爱，也许你对他的看法就会有所改变，甚至大幅提高。

微笑虽然是非常简单的一个动作，却有着巨大的魔力。别人在向你微笑的时候，除了想将自己最可爱的一面展现给你之外，其实还有别的想法，就是希望可以将自己这种积极向上的情绪传染给你，希望你在跟他相处的每一分每一秒中，你的心情都像他的微笑一样美好。

微笑是世界上最美好的语言，虽然它没有声音，也并不豪迈，更不会动人心魄，只是淡淡的一笔，但却足以温暖人的内心，驱散人们心里的阴霾。

与你在一起时总表示心情愉悦

在你的身边，有没有那么一个人，好像他在你面前从来都没有伤心、失望、难过的时候？好像他从来都是开开心心的？好像他从来都不会觉得疲惫，从来都不会抱怨？

时间久了，久到你以为可能他天生就是个乐天派的时候，突然有一天你发现他心情郁闷，或是表情沮丧，或是郁郁寡欢，你的心里就会有一个疑问：他也会不开心?

是的，他会不开心，每个人都会不开心，之前他也有过不开心，只是你没有发现，而你之所以没有发现，是因为对方不想让你发现。他只想让你看到他永远笑容满面的样子，看到他精力充沛的样子。他这么做的原因有很多：可能他不想让你因为他的不开心或是疲惫担心，可能他想保持在你心目中永远阳光帅气的形象，可能他想在你的生命中一直以一个正面的形象出现……这么多的可能，可能都是出于一个原因，那就是他喜欢你。而且如果他真的喜欢你的话，和你交谈也许是他最开心的事情，那么心情愉悦也就自然是应该的了。也有可能你遇到他的时候正是他心情不好的时候，而你的突然出现就像一道亮光一样划破了他的阴霾。

这种心情愉悦对于你来说，何尝不是一种温馨的存在。你在每次看见他这么开心地跟你在一起时，你的心情也会不知不觉地开心起来。可能本来痛苦的加班会因为他的夜宵和他的乐天而有种另类的美好。所以如果你发现一个人在跟你相处时，总是很开心，心情总是很愉悦，那么很可能过不了多久，你就要收到一份表白。

快速眨眼：表现得很可爱

眼睛是人们心灵的窗户，别看这“窗户”很小，作用可是不得不让人重视。有时候，眼睛的一个小动作就可以表现出很多含义，比如眼睛向下瞥就是看不起或是不满意的意思，眼睛突然睁大表示惊奇，等等。如果是快速地眨眼睛呢？想象一下，如果现在有一个小女孩就站在你面前，快速地眨着她的小眼睛，你会不会觉得她很可爱呢？当然会啦。其实人们生活中眨眼的频率通常是每分钟 20 次左右，但如果这个人的情绪处于高度活跃状态的时候，眨眼的频率就会加快。

不仅仅小女孩的快速眨眼可以给人一种可爱的感觉，任何人在快速眨眼的时候，这种可爱的感觉都是普遍存在的。因为在快速眨眼的时候，眼睛可能会因为视觉效果差的关系而显得更大一些，睫毛也会更长一些，看着自然也就会更动人一些，这副动人的模样如果深深地刻画在了你心里，那么对方想要展示自己可爱一面的目的也就达到了。

当你喜欢一个人的时候，自然就总是会想让对方看见你可爱的一面，可爱的表达方式有很多种，而快速眨眼就是其中很典型也是很常见的一种。如果一个异性的朋友总是会通过这种方式有意无意地向你放电的话，那基本上就可以确定他对你有意思了，如果你也对对方有意思，女性可以表示出娇羞的样子，男性可以勇敢地直视对方，这样对方也能够明白你的心意。

当然，快速眨眼也可能会给人两种感觉，第一种就是前面说的很可爱和招人喜欢，但另一种可能就正好相反，会让人觉得做作、不舒服。如果你对他并没有那方面的心思，不如扭过头去，假装没看见，然后再找个机会暗示一下，其实你只把他当成好朋友。

凝视对方可以增进感情

在有感情的异性之间，眼神的交汇确实可以产生一种电流，让男女双方都陷入一场混乱的电场中。在这种“电场”中，眼中的对方会比平时看着更有吸引力、更迷人，这就是眼神的力量，古人说“含情脉脉”，就是这个意思。这时候的凝视，真的能够起到“此时无声胜有声”的效果。当你在一个人的眼睛中看见自己的反射影时，是一种很奇妙的感觉。

说凝视可以增进彼此之间的感情是完全有可能的，而且在眼神凝视的时候，人们通常都会很容易想到与对方在一起时的美好画面。眼神和眼神的交流在某种程度上就是心与心之间的交流。而且通常人们总会喜欢在对方的眼神中寻找诚实与认真，如果你可以将你内心的真实想法透过凝视时的眼神传递出去，绝对会有意想不到的效果。

如果你发现身边有一个人喜欢用眼神注视你，那么很有可能他喜欢你，你要做的就是进一步确认，当你发现他又在盯着你看的时候，你可以小幅度地瞥他一眼，辨认出他是用哪种眼神注视你的，如果是很深情，或是看着你眼神好像有点幻想什么的那种，那他很有可能就是对你有意思了！而且对方在凝视你的时候，心里肯定也是希望你是有所回应的，他也希望可以在你的眼神中找到自己的影子。所以如果你的心中真的也有他，那你完全可以大胆地直视对方，让对方知道你对他也是有好感的，双方就可以为这段感情的开始做些准备了。

看她的时候她会羞涩

一般来说，男人的神经比较大条，有时候你盯着他看他也没什么反应。而女人就比较细腻，很容易会发现有人在看自己。所以羞涩这种情况发生在女生身上的可能性比较大，但对于一些性格比较内向或是腼腆的男性来说，也是有可能发生的。

在人与人工作交流的日常生活中，眼神的交流是必不可少的，有的时候眼神交流的作用还会远远的大于说话与肢体语言的作用。如果你身边有一位女性，在跟你说话的时候很少或者是基本上从不看着你，甚至有时候会刻意躲避你的眼神，这时你可能会认为她为人不懂基本的礼貌。

如果这样想，你可是大大的冤枉她了。因为你会发现，她跟别人在一起的时候总是谈笑自若，好像只有在和你交流的时候才会出现拘谨、不自在的情况。所以她并不是不懂眼神交流的基本礼貌，那是为什么呢？很大一部分原因可能是她喜欢你！男人和女人的思维运转模式是不一样的，当一个男生遇到自己心仪的女生时，大多都会比较主动地采取行动，而女生则会因为天生的腼腆而习惯性地处于被动的状态，这个时候害羞肯定是难免的。

所以如果你发现哪个女生跟你说话的时候不看着你，而是四处张望或是低头不语，而当你们的眼神有交集的时候，她又会迅速地转移目光，好像慌慌张张地在找什么一样，那八九不离十，就是她看上你了！又由于性格腼腆，不好意思说明，才会使自己处在一个比较尴尬的处境，而且往往这种女生都是没有什么恋爱经验的女生，在对你的喜欢之中大多还有些崇拜的成分，所以不要再木头脑袋地把人家的真心当成是讨厌了。这种羞涩其实是很容易看出来的，当然前提是在你足够细心的情况下。

距离控制：你可以靠近我

在现实交往中，我们不难发现，好像每个人都有一个安全的保护距离，在国外被称为“personal space”，也就是个人空间的意思。换句话来说，就是当一个人与你的距离太近时，不管这个人跟你关系多好多密切，一旦超过了某个距离，就会让你产生一种不自在、想逃避的想法，就好像他涉及你的底线与隐私一样。所以在人与人的日常交往中，没有必要变成“狗皮膏药”，否则很可能适得其反，保持适当的距离也许会更有利于促成事情的发展。那如果对方向你发出“你可以靠近点”或是“你可以离我再近一点”的信号时，又是什么意思呢？

这种距离尺度缩小的原因可能就是他对你有意思。上面已经提到了个人空间的问题，如果在这种前提下对方还是想要你们俩之间的距离近一点，或再近一点，就说明他很欢迎你去参观他的“空间”，去探索他的世界，他希望你可以从多方面了解他，进而对他也有所好感。例如，你们是同事，本来工作上面的交集就比较少，所以平时也是很少来往，但是你突然发现这个人总是会以各种名目接近你，并且在这种情况发生的时候，他都会主动缩近你们之间的距离，好似不经意，但如果把中间的时间差省略的话，就会发现在开始交流与结束谈话的时候，你们之间的距离已经缩小大大的一段了，只不过是你自己没有感觉而已。而且在距离足够近的时候还会自然而然地产生一种暧昧气息，这也许就是他想要的，在这种距离与气氛下，脸红心跳是很正常的反应，当然也是意料之中的好结果。

所以看一个人面对你时对距离的控制程度，也可以知道这个人对你的防备程度，如果真的有一位异性朋友喜欢你离他很近，不要觉得他很奇怪、很冒昧，你可以多观察一下他和别人接触的时候是不是也会这样，如果他对别人表现正常，维持在一定安全距离之内，而只有在与你相处的时候才会有“特殊待遇”的话，基本上就可以确定他喜欢你了。而且这种人的侵略性会比较强一些，因为他在让你接近他、试图了解他的圈子的同时，也在接近你、试图去对你的圈子有更多的了解。

爱屋及乌是一种爱

所谓爱其屋，及其屋上之乌，在爱一个人的时候，对他的全部，他的好、他的坏，与他有关的任何东西，都会不由自主地统统接受，这就是爱的神奇力量，所以你也很有可能在爱他的过程中爱上他的生活、他的习惯与他的爱。甚至是在别人眼中的那些缺点，也会被你理解为可爱或者淘气，因为当你的心思都放在他身上的时候，他的一切都会是你关注的对象，你不会放过任何一个可以与他接触、与他交流的机会。

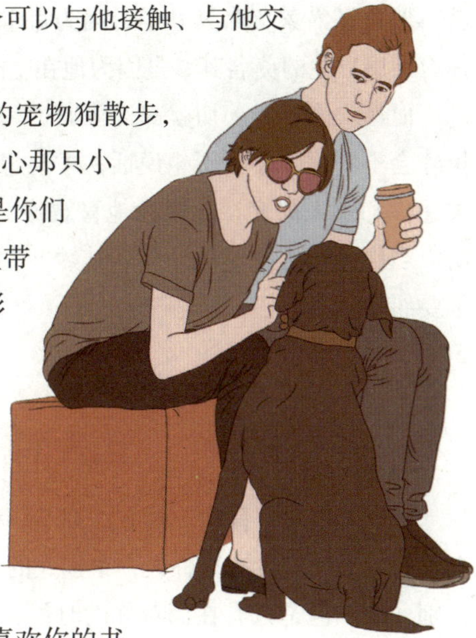

比如，你看见自己心仪的他正在带着他的宠物狗散步，你总是会忍不住走上前去，做出很喜欢、很关心那只小狗的样子。或许在路人看来，那只小宠物就是你们这对小情侣一起养的一样，这就会给你的心里带来很大的满足感。再比如，他最近很迷一部影视作品，你就也会像发了疯一样地喜欢上这部作品，然后从这部电影或电视剧中边看边揣摩他的喜好。他下次再兴奋地谈起时，你就可以一同加入激烈的讨论了，这样在周围的人看来，你们俩有很多相似的地方，总是有很多话可以聊。

如果你发现你身边有这么一个人，好像很喜欢你的书、你的包、你的狗，很喜欢你喜欢的一切，并且总能找你喜欢的话题……你应该想到其实他是对你有意思。而他之所以会对你喜欢的有兴趣或者了如指掌，都是他爱屋及乌的表现。

莫名的醋意

他今天怎么又莫名其妙地不说话了呢？刚刚还在这里，怎么突然就消失了呢？本来你和他在路上说说笑笑地走着，交流、聊天好像都很愉快，这时对面或是身后突然一个异性朋友叫住了你，然后你们停下来笑嘻嘻地说了几句话，话的内容不重要，关键是你们两个的交谈看似很开心，之后你们再告别，回到了各自的位置上，你突然发现，身边那个刚刚还给你讲冷笑话的人突然之间变得只字不语，莫名其妙地沉默起来了，或是等你转过头发现刚刚还和你聊得很开心的他突然间不知道跑到哪里去了，无影无踪。

这种事情是经常发生的，就是明明之前什么都是好好的，然后跟别人说了话或者开了什么玩笑之后，气氛就突然变得冷漠或是尴尬了。当你事后问对方当时到底怎么了或是为什么突然消失了的时候，他总是会用那种看似无关紧要的理由搪塞你，比如“突然想起来还有事要做”“就是一天下来有点累，不想说话了”，这样的理由也把你搞得哑口无言。

任何事情都是有原因的，只不过是那个人想不想说的问题，如果是上面那种情况就不要再怪人家莫名其妙了，因为每个人的感情世界都是莫名其妙的。事实上，他对你有意思！他的莫名其妙是因为他在吃醋！

他喜欢你，那一切就都说得通了。因为他喜欢你，所以看见你同其他异性说话心里才会不舒服，才会不想说话，才会想要躲你躲得远远的；因为他喜欢你，才会那么关注你和别人的交谈；因为他喜欢你，才不想告诉你他当时的表现是在小气地吃醋。所以当你身边再有这种“莫名其妙”发生的时候，一定要先把情况弄清楚，再考虑要不要纠结。

因爱而恨也是一种爱

每个人表达“喜欢”的方式都不一样，所以世界上才会有千千万万种表白的方法。在你的生活中有没有这种人，跟别人的关系都特别好，说说笑笑，显得特别容易相处、特别开朗，但是只有在面对你的时候，总是会找你的碴、挑你的刺，就好像跟你天生八字不合，看你什么都不顺眼一样。这个时候，你会想，这个家伙是不是脑子进水了，为什么时时、事事都要针对我？真是一朵奇葩，不过，你不妨再多想想他为什么要这么做。

换作是你，在什么情况下，你会把对一个人的讨厌表现得那么明显，恨不得对方比谁都知道自己对他的反感？答案就是在你需要对方知道你讨厌他的时候，但你为什么希望他知道呢？因为你想让他关注你的一言一行，那你为什么想要他关注你呢？因为你对他有意思，你很关注他，所以你也希望他可以关注你，而且讨厌、嫌弃、挑刺都有个巨大的前提，就是了解，如果你总是可以挑出他的毛病，那就说明你已经对他有着很充分的了解了，而这种了解的动力就是因为你喜欢上他了。

所以，如果你的身边真的出现一个跟上面描述很符合的人，请先不要武断地判断他讨厌你、看不上你，所以才会事事针对你。仔细想一想，一个人可以挑出你那么多毛病也是一个大工程，如果不是因为看上你，又何必费那么大的力气找你的不是呢？而且人类的通性就是对与自己意见不合的人特别关注，所以你可能也不难发现，在你纠结为什么他讨厌你的同时，你的目光也已经渐渐地被他吸引过去了。

想要一起旅行或度假

假期的时候有人结伴同行总是最好不过的了，如果能够和喜欢的人一起出行的话，那这个假期堪称完美。所以如果有人邀请你和他一起去旅行或者是度假，多半就是他对你有意思。如果一个人看到另一个人就来气，恨不得除之而后快，又怎么会跟他一起出去玩呢？这样不但会浪费自己的时间，也会浪费自己的感情，更重要的是让自己憋气。

一起在陌生的地方旅行还可以增近彼此之间的感情，因为那种感觉就好像是在一片孤独荒芜的小岛上，周围没有认识的人与物，对身边的一切都是不熟悉的，唯一可以依赖的就是你身边的那个他，这样可以让两个人的关系更进一步。有的时候“旅行”只是一个出行的代名词而已，叫它“长约会”，也没什么不可以。而且在旅行的过程中还会改变彼此之间的印象哦，想一想，你们平时只是偶尔见个面，或者一起吃顿饭，但是一起去旅行就不一样啦，你们可能从早上刚起床到晚上睡觉之前的这段时间里都在一起，这么多的时间去了解一个人的脾气、性格是足够的了。

所以，如果有人提议想要和你一起旅行的话，可能他不只是把你当作一个单纯的好朋友，可能他是想要更多地了解你，也想让你更多地了解他，增加你们单独相处的机会，让你可以慢慢地发现他的好，喜欢上他。

试探性的表演

身边一个平时玩得很好的朋友，你以为你对他已经了解得够充分了。但是他最近却出人意料地在和其他的女人搞暧昧，而且好像还总是在眉来眼去的时候朝你瞟那么几眼，搞得你浑身不舒服。他到底是怎么想的，怎么会突然变成这样呢？于是你去向你们俩共同的朋友询问他最近的情况，可是好像其他人都不知道他的这回事，都没有听说过的样子，“没有啊，他怎么会像你说的那样呢”“是你想多了吧”……其他人全部都是类似的回答，难道真的是自己的幻觉吗？

当然不是，既然看见了就应该相信自己的眼睛，在这么简单且明显的事情上还是不需要有那么多疑惑的——他喜欢你。他喜欢你为什么还要在你面前和别的女人纠缠不清呢？那是因为他希望知道你对他的感觉，他想要看看在他与其他女人有情况的时候你是什么反应，会不会在意、会不会吃醋、会不会转头就走或是狠狠地瞪他一眼……所以你才会在他搞暧昧的时候看见他向你投来的飘忽不定的眼神，因为那才是他这些行为的真正目的。

频繁的短信

随着社会的不断发展，手机似乎已经成为了人们随身必备的电子产品。确实，手机给我们的生活带来了极大的便利，当然，给表白也带来了便利。

有的人喜欢发短信，有的人却嫌麻烦，有什么事打个电话，一句话就能说清楚了。其实，发条短信与直接打个电话的感觉还是不一样的，似乎短信总会比电话多那么几丝暧昧的信息，而且在打电话的时候，有的人一紧张就会出现口吃的情况，但是换作发短信就会大大地减少尴尬与紧张感。就算一不小心打错字了，还可以删掉重来，但要是说错了话，就很难收回了。所以在通常情况下，一些难以启齿的话通过短信的方式表达出来也不失为一种不错的选择。

一些没有营养的短信相信大家都收到过，如果只是偶尔的话，只能说明你那个朋友在那个时候比较无聊，只是想找个人说几句话而已。但如果你经常收到这样的短信，而且总是出自一个人之手的话，你就该想到，可能他当时的感觉就不只是无聊那么简单。你想想，他干吗总是只给你发这种没有营养的短信呢？难道他就是故意想要打扰你的生活？当然不是了，如果细心的话，就会发现，他给你发的短信看似是完全没内容的，但实际上是对他这一天生活的简单描述，比如吃饭啊、学习啊、工作啊，他希望通过这些短信可以让你更加了解他，更加关注他，并从他向你描述的内容中找到自己感兴趣的东西，从而对他也产生兴趣。

所以经常给你发一些可有可无的短信，并不是说明这个人很无聊，也许更多的是因为他不论在干什么的时候都能想到你，什么都想要在第一时间找你倾诉。所以当你再收到这种短信的时候，不要只回一个“哦”或者是“呵呵”之类的话，这样可能会伤害到他的感情，最起码他并不是想打扰你的生活，只是在默默表达自己爱意的一种方式。

喝醉后的电话

每个人在喝醉了之后的表现都会不一样，有的会大笑，有的会大哭，有的还会惹是生非，但除了这些以外，还有一类人在醉酒的时候思绪会比平时更加清晰明朗，而且对某个人的思念也会表现得更加明显，一般这个时候他会鼓起勇气，拿起电话，拨出早就背得滚瓜烂熟却一直没有勇气拨出的那个号码，然后乱七八糟说着自己都不知道是什么的东西，再匆匆地挂掉，留下电话那头的一片茫然。

其实这种电话几乎每个人都打过，在意识介于清醒与不清醒的状态的时候，尽管身边有着朋友的陪伴，但是内心还是会感觉到孤单、无助，这个时候你就会特别希望得到自己心里面那个人的关心。而且“酒壮怂人胆”这句话并不是没有道理的，在爱情面前，每个人都会变成痴痴傻傻的“人”，尤其是在喝醉酒的时候，你会在潜意识里允许自己的行为脱线一次，然后，电话就拨通了。

但是你所有的勇气都会在电话接通，听到对方的一声“喂”之后灰飞烟灭，于是你便又恢复了平时的紧张、结巴、语无伦次、前言不搭后语……你会觉得自己的表现实在是太糟糕了，如果不是电话还通着，可能你早就已经钻到地缝里去了。相信这种感觉所有的人都会理解，但是一旦你变成了接到电话的那一方时，你的思维就总是会好像打了个结，怎么都不会往他是因为喜欢你这方面考虑。如果下次再接到这种明显喝醉了的朋友的电话时，也许你应该认识到，在他的心目中，你的关心比什么都重要。

在你面前哭泣

俗话说“男儿有泪不轻弹”，如果一个男人在你面前掉眼泪，就说明在他心里你占有很重要的分量，是一个很值得信任的人。试想一下，如果一个异性充分得到你的信赖，在你的心中占有很重要的地位，那么你对他的感觉也肯定不一般。

一个男人在你面前哭的时候，就代表他对你卸下了内心的防备，在他的思想观念里，你就是他的“圈子”里的一部分，他信任你，他相信你不会因为他的哭泣而嘲笑他、看不起他或是对他产生什么消极的印象。如果一个在你看来是个普通朋友的异性，有一天突然在你面前放声大哭或是小声抽泣的时候，不要用惊讶的眼神看着他，这样会让他更加受伤，你要做的就是尽你所能安慰他，毕竟他不是见到每个人都可以卸下防备吐露真心的。这个时候如果你对他也有感觉的话，不妨把安慰当成是一个机会——一个可以让你们俩更加了解，关系更加亲密的机会。

如果你的另一半选择在你面前哭泣，就说明在他心中你们俩的关系可能已经不仅仅是情侣那么简单了，这个时候的爱情也不再是单纯的爱情，而是正在向亲情转化，他希望有一天你可以成为他的后盾，他在外面拼搏后的港湾，他内心的支柱。也许这种微妙的转变已经在他的心中酝酿很久了，也许他已经把你当成妻子的最佳人选了，你们的美好未来也即将到来了，随时做好迎接幸福的准备吧。

分享喜悦

幼儿园里的小男孩如果喜欢上了一个小女孩，就会把自己的糖果和玩具与她分享，享受跟她一起玩的美好感觉。经历了岁月变迁，男孩以为自己长大了，但是在他们心里，这个习惯其实一直都没有变。

当一个男人心里有你的时候，必然会想要把他最在乎、最喜欢的东西与你分享。这种分享不单指升职加薪一类，更多的是别人不能明白与了解的、专属于你们两个人的快乐。

在成长的过程中，男人其实只是把他们幼稚的一面隐藏了起来。既然是隐藏，那么就是说，幼稚还是大多数男人所共有的特质，只不过是不会轻易表现出来而已。只有在喜欢的女人面前，这种特质才会不经意地流露出来，比如说他可能喜欢收集玩具模型，可能喜欢吃甜品，就像小时候一样。社会要求男人要成熟，有担当，在众人面前他就不得不收起自己的这一面。但是在心爱的女人面前，他会希望对方了解他的全部，喜欢他的那些不为人知的小爱好，所以，他会表现出自己幼稚的一面。

如果一个男人对你分享他的喜悦，而且只是对你，那么不要怀疑了，这是一个十分明显的信号。

超常的活跃

最近有没有一个人总是在你身边绕来绕去，好像你到哪里都会看到他，而且他并不是以安静的形式存在的，反而像一个多动儿一样超级活跃，讲笑话、唱歌、大笑，好像只要有他的地方就会马上变得热闹起来，而恰巧的是，这种热闹总能让你赶上，可时间久了你就会发现这并不是恰巧，而是他只在有你的地方才会变得这么超常活跃。

这就是他对你有意思的一种信号！在你周围表现得这么活跃，目的就是想要多多吸引你的目光，让你更加关注他，或许你会喜欢他这样的幽默、这样的热闹，他恨不得将自己全部的好都一次性地展现在你眼前，所以活跃“过度”也是可以理解的。不过这种方法一般人会有两种看法，一种是觉得这个人好像有点傻，而另一种就是觉得这个人可爱。作为当事人，你的想法如果是前者的话，可能对方还要再下一番心思才能把你虏获，如果他这样你都觉得可爱的话，不如现在就承认了吧，其实你对他也是有好感的，既然他主动走出了这一步，不如就顺着台阶走下去，看看一直走下去会是什么结果。

有一点你还是要先搞清楚的，是对方本身就是这么一个比较热闹的性格，还是他的性格其实是有一点闷的，只不过是因为想要引起你的注意才会突然变得活泼。搞清楚情况，免得你喜欢的只不过是那个“失常”了的他。

无处不在的巧遇

当一个男人喜欢上你，就会时常想见到你。有种明知不可为而为之的冲动。男人又是一种爱面子的动物，他不好意思直接约你，就会想办法制造一次又一次的巧遇。

当你和某位男士总是不期而遇，一天中频率在三次以上的时候，那么你就要小心了，因为要么是他喜欢上你了，要么就是你已经变成了他的猎物。要怎么来区分这两者，这个问题说简单可以很简单，但是因为需要综合考虑的因素很多，所以又比较复杂。

首先，要判断这个男人是出于什么目的。现在的女人也可以在事业上做得风生水起，有些事业上的合作，为了谈成生意，对方会无所不用其极，所以有利益牵扯的男

人，出局。现今时代，什么样的男人都会觉得自己是情圣，处处留情。这种男人深谙女人爱浪漫这件事，制造偶遇不过是想得到你，而且分手了就会怪什么有缘无分，说些不痛不痒的话，所以情种，出局。一个值得去爱的好男人应该身家清白，与前女友泾渭分明，不与女同事暧昧不清，不寻花问柳。如果一个老实男人，肯为了你，制造这些不期而遇的小浪漫，那还等什么呢？

无数次的巧遇已经是一种信号了，不要再犹豫，不妨大胆地给些回应，这样一段感情才可能往下一步进行。

热情与冷漠的集合体

感情本来就是一件很纠结的事情，有心思的那个人有时弄不清楚自己的想法是件很正常的事情，所以在不同的心境下，喜欢一个人的表现就可能不同，甚至可能是截然相反的。如果一个人对你特别热情，跟你在一起的时候好像显得特别开心，但是有的时候又会躲得离你远远的，这时候估计你已经摸不到头脑了，难道那个人讨厌我？为什么上次一起聊天的时候还那么积极？……好像怎么都解释不清对方的行为。

其实感情的纠结不仅仅是当事人心里的纠结，有的时候这种纠结会通过日常的行为表现出来。如果他今天本来心情就很好，看见你的时候心情就会变得更好，在这种情况下他的态度通常就会比较明朗，对你也相当的积极；如果他今天心情不佳，看见你之后就会不知道怎么开始与你的对话，似乎什么都想说，但似乎又什么都说不出来又懒得说，这时最简单的方法就是离你远点。

所以，对你忽近忽远也是一种喜欢你、对你有意思的信号，不过这种人之所以会有这样的表现，有两种可能，第一种是他太在乎你的感受了，所以接触到涉及你的事情的时候就会变得很敏感、很善变。另一种情况你就应该小心了，也许对方是一个情场高手，这一招可能是他使出的“欲擒故纵”之计，想要让你习惯上他对你的热情之后，再用冷淡来吸引你的目光，所以身在棋局的你一定要分辨清楚自己是处在哪种情况之下。

小惊喜、小礼物

以前生活水平比较低的时候，能够填饱肚子就很不错了，所以一年之中好像只有过年的时候才会像模像样地过，别的都是马马虎虎。而今生活水平提高了，我们每年有数不尽的节日，不管是西方的，还是东方的，似乎人们总是不肯放过任何可以庆祝、可以给生活放松压力的机会。过节了，小礼物总是必不可少的。那么，你有没有经常收到一个人的小礼物呢？如果你身边真的有这样一个人，那么恭喜你，他是对你有意思了！

不同的礼物可以代表不同的含义，比如一个杯子就可以代表“一辈子”一条围巾就可以表示“温暖”或者是“我想绑住你”等，这种小礼物看似不起眼，但可都是经过买礼物的人精挑细选才选中的，所以不要轻易地觉得一个礼物没意思。

平安夜时会有一个苹果，圣诞节时会有一个小礼物，新年、元旦、情人节……都会有收不完的小礼物，有的甚至连重阳节都不想放过，他好像总是会有说不完的理由，让你根本无法拒绝他的礼物。对方希望你每次看到礼物的时候都会想到他，都会念着他的好，希望有一天你可以看出他的心意，然后在下一次接受礼物时说的不只是“谢谢”。

不经意的触碰

这种微行为通常是女人用来表达爱意的方式，如果一个男人也用这种触碰的方式向对方表明好感的话，可能会在浪漫的爱情故事还没有发生之前就把对方吓着了，毕竟男人的这种肢体主动总会给女人留下不太靠谱的印象。女人这种不经意触碰的行为也不是很明显的，只有在你很细心的时候才能发现。

每个女人在心里都会有一个把别人隔离在外面的安全距离，如果她对你有好感的话，她会在心里面想要离你近一点，想要让你与别人不同。如果你没有发现她对你的感觉，你是不会有所行动的，既然你没有表现，女人通常就会给你一种你应该有所行动的信号，这时她会装作有意无意地触碰你，比如拉着你的衣角、轻轻地打你一下、摸一下你的头发……很多这种小动作其实就是她向你传递的情感信号，她想让你知道她希望你们之间的距离可以比现在更近一些，也就是你们的关系可以更近一步。

如果你足够敏锐就可以发现这些小信号，不过你也要看看这个女人是不是同时会对很多男人都这样，因为如果这种“不经意”的小触碰经常发生在不同人身上的话，那么可能这个女人的性格就是这样，这种情况下还是不要误会的好。如果她只对你一个人这样，那你基本就可以确定，她是对你有意思了。女人的脸皮比较薄，让她们主动是需要很大的勇气的，对于她们来说，这可能已经是最明显的暗示了，如果你还没有及时地认识到这种情感表达，那你很可能就会错过这段缘分了。

昵称的内涵

“猪头”“小白”“傻子”，你最近是不是经常为这种来历莫名其妙的称呼感到困窘呢？以前从来都没有人这么叫过你，怎么会突然就冒出来这么多昵称？而且好像给你起这么多昵称的全都是那一个人，貌似他很乐此不疲。你有没有想过在什么情况下一个人会给你起各种各样的昵称呢？

答案很简单，那就是在他不希望对于你来说自己和别人一样的时候，换句话说，就是在他喜欢你的时候。你身边的朋友都叫着你的名字或者那些早已传得滚瓜烂熟的外号，对于一个喜欢你的人来说，他希望自己可以与别人有所区别，就算只是称呼这件小事他也是很在乎的。而且叫你不同的昵称，不但可以把自己与别人区别开来，还会被其他人当作一种亲昵的行为，让别人以为你们俩之间好像发生过什么故事一样，这时对方心里就会产生一种满足感与优越感。

所以，当你被一个人叫着各式各样摸不着头脑的称呼时，要清楚地知道他这样做的原因，如果你对他没有那方面心思的话，或许直接告诉他你不喜欢这样被称呼会更好。但如果你也很享受这种过程，并且对他也有好感的话，不如也尝试着给他起一个小昵称试试，看看对方在被你这样称呼的时候是什么反应，这样也好更加确定对方的心意。如果对方的反应先是一愣，之后就是傻笑或者是满脸幸福满足地答应时，那基本上就可以确定他对你有意思了。不仅如此，这样做还可以方便增进你们的情感，既然这样何乐而不为呢？

第十九章

地面无声的言语：走姿信号

昂首挺胸彰显气势的走姿

有的人走路的时候会抬头挺胸，雄赳赳气昂昂，迈开大步向前走，他们觉得这个姿势是自己气魄和力量的表现，只有昂首阔步，才能彰显出自己强大的气场。当然，凡事有利必有弊，这种姿势也不可避免地会带给旁人一种高高在上的感觉。

另外，这种人凡事都以自我为中心，好妄自尊大，清高孤傲，不屑跟别人交往，别人自然也不会想用热脸来贴冷屁股，所以这种人的人情比较淡漠。他们也很有自知之明，凡事只相信自己，无法接受别人的意见，不会轻易向别人伸出援手，也不会轻易地寻求别人的支持帮助，即使是对他自己完全无法解决的事情也是一样。他们反应快、思绪敏捷，逻辑思维清晰，做事有条有理，而且比较全面，组织能力强，对目标明确，以统御力见称。

在仪容仪表方面，他们对自己的要求非常高，务必时刻让自己保持最完美的形象，从整体搭配到细节都力求做到完美无缺、无懈可击。弱点方面，他们大都有点羞怯懦弱，缺少坚强的毅力。很多时候，他们都有着宏伟的目标，但是由于不够坚强，很有可能在遇到困难的时候半途而废。

锋芒太露摇摆不定的走姿

有的人走路的时候习惯左右摇摆，而不是一直往前走。一般来说，这种人都很高调，喜欢成为人群中的焦点，时时都想要表示出自己比其他人优越，希望大家都来关注他、仰视他，并且非常享受那种高高在上的感觉。想要展示自己好的一面本来也无可厚非，但是由于他们太过高调或者锋芒太露，有时候光顾着展示自己，却忽略了别人的感受，甚至为了凸显自己而抢了别人的风头，这往往会招致对方的厌烦。就算对方没有直接表现出来，但是心里也是有所忌讳的。

由于这种人有一种希望自己时时可以压倒别人的心理，这会导致别人疏远他们，不愿意跟他们交朋友，更不愿意跟他们交心。所以这会让他们没什么好人缘，甚至会比较孤独。

代表信念的步伐——整齐的走姿

有的人走路步伐很整齐，如同军队出操一样，双手会有规则性地摆动，脚步沉稳有力，一步一个脚印，非常有规律，看起来与平常人走路区别非常大，而且很怪异，但是他们自己却并不认为这有什么特别的，甚至觉得只有这样走路才自然，才能代表他们钢铁一样的信念和意志。他们是意志力非常强的一类人，对内心的信念与想法有非常执着的坚持与贯彻力，一旦决定了要做的事情，无论是工作上还是生活上，任何外界条件都无法改变他们，也不会对他们有一丁点的影响。

如果他们工作晋升到成为了领导级别人物的时候，一般都是独裁型的，不容许任何人对他们的任何决定表示质疑，他们不会听取别人的意见。

步伐急促的人讲效率

这种人是典型的行动主义者，他们大多数充满精力、精明能干，敢于向现实生活进行各种挑战，并且勇于承担责任；但他们的个性比较急躁，有时会冲动，潜意识里总觉得时间很紧迫，得加紧完成工作才行。他们有着过人的适应能力，凡事讲求效率，从不拖泥带水等。如果你的下属里有这样的人，应该努力发现他们的优点，如果你安排他去完成某项工作，他一定会在最短的时间里完成。另外，从工作性质上来说，这种人从事营销业务类的工作会比较好。

这种人对待朋友是真诚的，很多人愿把他们作为可靠的朋友。他们对待恋人也是忠诚的，由于他们性格的原因，他们会非常直接，喜欢和不喜欢都会马上给予回应，不会拖拖拉拉，拖泥带水。

内八字步的走姿

有一种走姿是脚呈内八字形的走路。这些人走起路来略显滑稽可笑，他们总是笑呵呵的，一副老实巴交的样子，给别人一种憨憨的感觉，也踏实厚道。但是在这憨实的外表下却是一颗不安分的心。他们非常注重生活中点滴的细节，不管是什么事情，他们都喜欢按部就班地完成，严格遵守着自己的计划表。一旦出现了突发事件而无法按照自己的习惯或者规划进行时，就会马上阵脚大乱、手足无措，不知道如何应对。特别是当他拥有一定权力的时候，成为聚光灯下众人焦点的他会觉得浑身不自在，无所适从，并开始烦躁不堪，没有办法应对这种突然到来的压力。他们很会照顾别人，如果别人遇到了什么麻烦，需要向他们求助，他们绝对不会推托，绝对会全力以赴。而且，在向别人伸出援手之后，他们是绝对不会放在心上，或者等待对方回报的。

在现实生活里，多是一些青春的小女孩喜欢走路内八字，给人一种无知、天真可爱的感觉，让男生忍不住要去保护她们，这个走姿多少也符合那个年纪的特征。如果是一个成年男子走路呈内八字的话就不太好了，给人一种“娘”的感觉，这样也就会影响别人对他的整体印象了。

身体微倾，看上去不稳的走姿

有的人走路的时候习惯把上半身微微向前倾，像是因为走得太过急促，整个人马上就要倒下去一样，实际并非如此，这只是他们走路的一种习惯。他们给人的感觉一般比较温柔腼腆，不太习惯于表达自己内心的感受，更不用说与人分享了。大部分时候他们都是内向安静的。

如果是在聚会上遇到他们，你会发现他们大部分时间都是坐在角落里，默默地注视着周围的人。就算见到潇洒英俊的男性或者靓丽抢眼的女性，他们也只会脸红心跳不知所措，绝对没有勇气去主动跟大家交流互动。如果在朋友们的起哄下勉强让他上去搭讪，他甚至会羞涩地跑掉。他们为人很谦虚，彬彬有礼，非常注重自身的修养，所以男性“温文尔雅”，女性则多属于“大家闺秀”。他们语言都比较朴实，不会油腔滑调、花言巧语，在别人眼中甚至会有些木讷，所以能够走进他们内心世界的人不多。一旦有人能够和他们交上朋友，就会发现对于友情他们都非常珍惜，尽管平时不苟言笑，但是对人很真诚，可以是至死不渝的友人。相对其他类型的人，他们是比较脆弱、容易受到伤害的一群人。甚至是当他们受到伤害的时候，都会选择逃避，自己暗暗地舔舐伤口，让自己平复下来，而不是去找朋友或者跟旁人诉苦、倾诉。

侵略性的外八字走姿

前面我们讲了走路内八字的人外表憨厚，却有一颗不安分的心。而走路双脚呈外八字的人性格和内八字的人截然不同。走路外八字的人是一个具有侵略性的人，他们擅长在别人不知不觉中将他人的东西占为己有。这种人走起路来用力而急躁，脚下生风，生怕错过眼前那些可以占为己有的“好东西”。

如果你的身边有这样的朋友的话，可要小心看好自己的东西了，免得一个不经意，就变成他的。这种人不管做什么事都很积极，不会唯唯诺诺，勇于承担起责任；应变能力强，凡事可以快刀斩乱麻。

当你犹豫不决、做不了决定的时候，问一问他的意见，马上就会有答案了。因为他们可以给朋友意见建议，而且大部分时间都可以让这个意见迅速解决朋友的困扰，所以人缘不错，常能自动打开人际关系上的困局。

在日常生活中，我们较为常见的是男性走路外八字，女性走路外八字的比较少见，这其中有很多原因，比如女性走路外八字看起来不够优雅、现实生活中充满侵略味道的女性也不多见等。

步伐凌乱的走姿

有的人走路的时候步伐凌乱无规律，左右摇晃，时而大步时而小步，时而直线时而曲线，有时候甚至会自己踩到自己的脚。在别人看来，好像是喝多了一样，走路摇摇摆摆。一般来说，这种人多数做事没有章法，想到一出是一出，很有可能会给别人来个措手不及。从性格上来讲，这种人通常会缺乏忠诚度，目无尊长，一旦出现利益的冲突，他们很可能会为了利益而背叛身边的人，甚至会不惜牺牲亲人的利益。时间久了，众叛亲离，甚至会遭遇破产的命运。

拖着鞋子走路

在我们的印象里，只有那些有急事来不及提上鞋子的人才会拖着鞋子走路，而且不会持续很长时间，走几步就会调整到正常的走姿。但是在现实生活中，有的人走路确实很拖拉，一边走，一边还要用鞋跟拖磨着地，发出唰唰的声音。通过观察他们的鞋跟你就可以发现，这类人的共性就是鞋跟的磨损都比较严重，左右边不平行。这种走姿表现出的是懒散，缺少组织纪律性，没有积极的生活态度。他们不喜欢变化，总是安于现状，不希望有任何改变，一旦有所改变，就会无所适从，于是他们宁愿不要改变。他们大多碌碌无为，本身不求上进、不思进取，命运好像没有给他们过人之处，但是也没有比别人差多少。

走路常回头的走姿心胸狭窄

有的人总是一边走路一边不停地往回看，好像后面有谁在跟着自己，他们的眼神漂移，不时望向身后。不是被跟踪追尾，也不是有事情发生，他们就是这种习惯，必须频频回头，走两三步就往回望一下，然后继续往前走。正如走路的风格一样，这种人很容易就觉得别人不信任他们、在挑战他们的权威，而且喜欢攀比，看到别人的什么好东西，自己就得有更好的。

除此之外，他们还有点小肚鸡肠，如果别人做了点什么不好的事情，他们会斤斤计较很久。他们都很多疑，人生字典里好像没有“相信”这两个字，惯于猜忌身边的人和事，心胸狭窄，一看到别人比自己好就会心生嫉妒，对别人冷嘲热讽。但是，他们并不会自己努力来超越别人，而只是会嘲讽别人，说别人坏话。有时候一些很简单的事情，比如请他们吃饭，或者送他们点东西，会因为他们的疑神疑鬼而变得异常复杂。这种性格当然让他们几乎都没有固定的关系网，人际关系几乎是零。另外，他们还非常爱以自我为中心，爱表现自己，缺乏团队精神。就连普通的相处都无法和谐，还时不时会闹出人事纠纷，影响工作进度，所以这种人几乎是不受欢迎的。

大步向前的走姿

不同于小快步走路的人，有的人走路习惯踱着大方步，看似优哉游哉，但是却精神饱满，呈直线前进。我们在电视剧中经常可以看到这样的镜头：独裁者迈着大步对着大家发号施令、司令员在地图前面大步来回指挥战斗、旧社会的码头大亨跨着大方步站在高处对着工人激情地演讲……

这些人都有一个共同的性格特点，那就是独立心强，强势，不容许被质疑。他们一般都有着较高的社会地位，大部分都处于领导位置。但是他们也有共同的缺点，就是把事业看得重过一切，家庭反而被放到了次要的位置上。

看似精神衰弱的走姿

有的人走路非常没有精神，软弱无力，步伐飘浮，表情呆滞，看起来好像没有睡醒，一副在梦游的样子。即使他是身材魁梧的人，人们也完全感觉不到他的阳刚之气，只会觉得他非常懦弱，没有一点气场，一点小小的挫折或打击就可以打倒他。所谓相由心生，从面容上看起来没什么精神，实际上他的心理承受能力也是如此，不堪一击。遇到一点小小的打击都能让他颓废很久，好像是正好为自己的懦弱找到了借口，他会一直沉浸在这种感觉里面，不会主动去摆脱。也许他不是生来就是这样的，是因为有些童年的阴影、情感创伤使他觉得自己被遗弃了，生活没有希望了，但是他不想去做改变。另外，他的抗压能力比较弱，如果有心理创伤，会很难愈合。

步履矫健的人比较精明

这种类型的人是精明能干的人,他们不会好高骛远地“做梦”，只会根据实际情况做事，所以这种类型的人比较容易获得事业上的成功。从走姿来看，他们步履矫健、精力充沛，看着就很有感染力，面对工作的时候他们会三思而后行，有可行性、可操作性的事他们才会去做，如果看起来没什么可行性，不管这件事情看起来多么诱人，做成之后会有多么丰厚的回报，他们也会不为所动。他们拒绝做“空想家”，在他们眼中，踏实肯干才是成功的唯一方法。

面对生活，他们也是脚踏实地，一步一个脚印前进，他们喜欢细水长流，而不喜欢大风大浪。在为人处世上，他们重情重义，遵守诺言，有着“君子一言，驷马难追”的魄力；而且他们也有自己的主见和判断力，不管别人说得多么天花乱坠，他们也不会轻易地听信，是一个值得交往的人。

健步如飞的人比较急躁

走路健步如飞的人个性通常比较急躁，特别是在遇到紧急情况的时候，他们更是会不顾一切快速前行，甚至会一溜小跑，就像屁股后面着了火似的，闯红灯、不走人行道、翻越护栏这样的事对他们来说是常做的。其实他们有这样的走姿也是和他们的性格有关系的，他们个性比较急躁，没有耐心，通俗地讲就是一个“急性子”。他们做事的时候是很讲究效率的，肯定不会拖泥带水。如果遇到自己能做的事情，他们肯定不会推辞，会痛快地答应下来，并且会利落地做完。如果是超出自己能力范围之外的事情，他们也会去尽力一试。他们充满着活力，并且是正直的人，面对挑战时他们也会勇往直前。但有时候由于过于讲究效率，就会导致有时候的决定过于草率，缺少必要的细致。所以，在遇到自己能力范围之外的事情时，最好能够果断地拒绝，以免给自己带来困扰，也免得别人误事。

走路慌张的人比较能干

患有焦虑症的女性走路的时候就会慌慌张张，她们以小碎步的快走代替“大步流星”，而且经常会改换走路的方向。如果一个男人走路的姿势也是这样的话，那么就可以判断出，这个人个性比较阴柔，喜欢“鸡蛋里挑骨头”。

无论男人女人，凡是走路比较焦虑的人都是典型的行动主义者，他们充满着活力，精明能干，勇于接受现实生活中各种各样的挑战。一旦接到什么任务，他们肯定会立刻开始。如果他是你的下属，你会觉得这样的人很难管，因为他们不好对付，他们往往会不顾你的警告，我行我素，按照自己的方法去工作；但他们又可以按时按量地完成你交代的工作，甚至有可能会提前完成，而且如果发生错误，也会勇于承担责任。如果你有这样的一位上司，那你可能会比较痛苦，因为他比较心急，而且总是喜欢拿自己的标准去衡量别人，做事也比较急躁，所以你的任务会比较重。

这种类型的人也很适合当朋友，他们会乐意帮你，也不会出卖朋友。但他们可能生活没有太多的闲情逸致，可能饭后散步对他们来说都是一件奢侈的事情。

步伐平缓的人守承诺

当你看到一个人走路的速度较为缓慢，基本可以判断出他是一个守承诺、不会好高骛远的人（老年人也会有这样的走姿，但是考虑到他们的年龄和身体状况，暂不列入判断范围）。有这种走姿的人无论在什么情况下都是一副慢腾腾的样子，或许你站在他旁边已经着急得和“热锅上的蚂蚁”一样，但他的表现还是不紧不慢。可以说，他们是典型的慢性子。这样的人做事都是不急不躁的，做事肯定是要“三思而后行”，如果要他们在仓促下做决定，他们宁愿选择沉默，而他们对自己也很了解，知道自己有几斤几两，因此绝对没有想过“癞蛤蟆吃天鹅肉”这样的事情。

他们对待事业也是认真负责的，可以靠着自己的实力一步一个脚印向上走，如果他们有机会得到晋升的话，你一定要相信他是靠着自己的实力和认真负责的态度获得了成功，因为他们不是通过关系、靠后台上位的人。

他们对待朋友也是重情义、守承诺的，他们是最讨厌别人说谎的，因为他们觉得朋友就是要交心，自己对别人付出了真心，自然也要换来别人的真心，如果换来谎言的话，还不如是陌生人。他们对待撒谎的人也是很“绝”的，一旦发现有人说谎，那么一辈子都不可能再当朋友了。但他们也有一个小缺点，就是不大信任别人，他们一定要“眼见为实”，所以有时候会让人觉得这个人很多疑。

走路躬身俯首的人缺乏自信

当你在路上看见一个躬着身子俯首前行的人，如果仔细观察，就会发现这个人脸上的表情也是不自信的，充满着犹豫和不安。没错，这样的人就是自信心不足的人，他们只喜欢平静的生活，不喜欢做冒险的事，缺乏一定的胆识与气魄；但他们个性谦虚谨慎，不喜欢华而不实的人、事、物，在人际交往中冷静沉默。如果不到万不得已，他们也很少表达自己的看法。在别人看来，他们对任何事都没有特别的兴趣，好像对任何人和事物都非常冷淡，其实我们都错怪他们了，他们并不是待人冷漠，只是不擅长表达自己而已。由于这种个性，他们的知己也不多，但他们会十分重视彼此的友谊，会为对方赴汤蹈火、两肋插刀，所以这种人适合深交。

走路翩翩若舞的人善于社交

走路翩翩若舞的女人居多，她们走起路来通常扭动着腰肢，看起来花枝招展，婀娜多姿。对于男人来说，这样的女人看起来性感迷人、风情万种，让人不自觉会为其着迷，想要与她们接近。的确，这样的女人大多是社交高手，她们热情似火，对人善良随和，所以她的朋友圈也很广而且很多。现代的大多数人都觉得这样的女人妩媚、迷人，走路的风格将女性曼妙的身材展示得淋漓尽致，也体现了当代女性的风采和气质。但是也有人不太喜欢有这样走姿的女人，一般是思想比较守旧或者从小家教很严，不苟言笑的人会不喜欢这个类型的女性，因为这样的走姿也让人觉得她是刻意想要勾引他人，看起来轻佻。对于这种走姿的看法是见仁见智的，到底如何还应具体情况具体分析。

手足协调的人严于律己

一个人如果在走路的时候手部和脚部都很协调的话，就证明这个人对自己的要求是很高的，并且不允许自己出任何差错。他的精神时刻处于高度集中的状态，在乎自己的言行举止，希望自己的一举一动都可以成为别人的榜样；这样的人比较适合做组织、协调的工作，因为他足够严谨，意志力坚强、组织能力强，让他策划一个活动是绝对没有问题的。这样的人对于生命是很珍惜的，对于定下的目标，他会孜孜不倦地追求，不会因为别人的一两句话或者外部环境的变化而放弃自己的理想，可以说，他会为了实现自己的目标不惜一切。这样的人也有缺点，轻的我们会说他强迫症，一言一行都必须顺从自己的意愿。严重的常常会让周围的人敬而远之，因为他们总是会因为太过坚决而做出武断的决定，说一不二。

手足不协调的人生性多疑

如果一个人走路的时候双手摆动和双足行进不互相协调，而且步伐也是时而长时而短，就说明这是一个生性多疑的人，而且他的走姿也让人觉得很不舒服。因为这种人多疑的个性，所以他们做任何事都是小心谨慎的，做一个决定往往要经过诸多考虑，瞻前顾后，有时候好不容易等他们做出决定，可能已经错过了最好的时机。另外，虽然他们做事的时候要经过认真的思考，但是他们做出的决定多数时候是为了减少自己应负担的责任，并不是为了整体的利益。这样的人是一个责任感不强的人，做事情往往也是虎头蛇尾，有时会为了逃避责任突然“消失”了。所以要让这种人办事也应该慎重考虑，或者应该做好万全的准备，因为他可能会随时“消失”，并留下一个烂摊子，让你无法收拾。

走路上半身不动的人不爱交际

当你看到一个人走起路来上半身基本可以保持不动，也没有双手自然左右前后挥摆的动作，但腿部却很用力而且步伐十分急促时，基本可以判断这个人很不喜欢交际。在这类人眼中，人际交往是一件浪费时间、浪费精力的事，是那些闲极无聊的人才会做的，对于自己这种忙于正事的人来说，是肯定不会在这个方面浪费时间的。而且他们觉得交际不会给他们带来任何的好处或者收益，交际带来的都是不正当的或者有后果与代价的收获。但他们又是高智慧的人，内敛、观察力强，总可以在无声无息之间给人意外的惊喜，每每做出这样的事情时，都会引起大家的纷纷议论。某种程度上，他们会过于保守和虚伪，所以他们的人际圈不广，好朋友也比较少。

走路落地有声的人志向远大

有着远大志向的人通常走路都是昂首挺胸的，脚步也落地有声，而且他们的速度也偏快，让人感觉这是一个充满斗志、精神焕发的人，比如精英白领，或者是企业高层。这样走路散发出来的气场是很震慑人的，好像掌控了一切运筹帷幄。这种人通常有着远大的理想，对自己的未来有一个完整的计划，知道哪一步该做些什么，并为之不断奋斗。他们的人生目标很明确，懂得为未来打算，希望通过今天的不断努力获得更好的生活，一步步达到梦想的彼岸。他们也是理智的人，处乱不惊，即使遇到突发情况也能够控制住自己的情绪，不会鲁莽行事。这种人适合做情侣或者另一半，因为他们对待爱人热情如火并且重感情。

沉着冷静的人走路不疾不徐

文质彬彬又沉着冷静的人走起路来是不疾不徐的，双手自然轻松向下摆动，让人感觉很有文化、有教养与气质。当他们遇到问题时不会一下子就惊慌，而是会冷静地对待，不会轻易地大动干戈，哪怕就是着火了，也很难看到他们惊慌失措的样子；但他们也有缺点，那就是胆小怕事，在没遇到事情的时候可能比较大义凛然，看起来像天塌下来都不怕，但是一遇到事情就暴露出本性了，会逃避闪躲，能不出头就不出头。

另外，他们心中没有坚定的目标和理想，也比较没有原则，对待工作和生活也是得过且过，只求可以安稳地过日子即可，属于极容易对生活满足的人。所以他们给人的感觉就是不思进取，总是在原地踏步，不够创新和突破；如果一个女人走路的姿势是这种的话，那么她应该是属于大家闺秀或者贤妻良母类型的。

走路犹疑缓慢的人性格软弱

如果一个人走路看起来总是很犹豫、缓慢，就可以看出这个人生性比较软弱，做事犹豫不决。他们在走路的时候总觉得自己陷在沼泽中，前路困难重重，不知道如何往前迈，他们总觉得前进的时候有阻碍，所以他们习惯性看见有困难就退缩，甚至还没有困难他们就自己胡思乱想做出很多的假设后干脆就放弃了。这种人做事情总会考虑再三，冒险的事情是绝对不会做的，宁愿比别人晚做选择，也不喜欢张扬和出风头，总是三思而后行。这种人有时候会因为浪费太多时间在做选择上面，或者因纠结一些无伤大雅的小细节而错失良机。但这种人很适合做朋友，为人坦率，胸无城府，对待朋友是真诚又珍惜，与此同时，他们会很慎重地择友，不会呼朋唤友，也不喜欢五湖四海皆兄弟。他们交朋友的风格跟做选择一样，总是思考再思考后再决定。宁愿走得慢，也要走得方向对。

走路速度适中，手掌自然握成拳

走路速度适中，不慢不急，双手下垂并自然握成拳状的人是富有正义感的人，他们有着很强的行动力，一旦确定目标他们就会马上去做，最讨厌拖泥带水或纸上谈兵，在生活中他们也看不起那些做事拖拉的人。他们内心充满正义，不畏惧权势，敢于仗义直言，对于弱者他们是全力去帮助，所以很深入人心。这种人也是富有爱心的，他们很热衷做义工、做善事。对于爱情，他们是勇于表达自己的真情实感的，对于异性他们也喜欢那些个性豪爽、富有爱心的人。但这种人在感情上就比较传统，他们的付出是实实在在的；他们不会介入不明不白的感情纠葛中，就感情问题而言，属于理智胜于感情的类型。

含胸走路的人没有自信

含胸走路这个姿势是一个不健康的姿势，因为当一个人做出含胸的动作时，肺部的舒展空间就会被“挤压”，这时，人的呼吸也会变得短促，直接影响了心肺功效。含胸走路得人看起来没有精神。其实很多时候那些含胸走路的人都没有发觉自己是这么走的，只是潜意识下就有了这种姿态。这种人通常是比较没有自信的，每当想藏起自己的自卑时就下意识地含胸。这种人除了不自信，还不够干脆，要做一件事情往往要犹豫很久。

其实含胸走路这个习惯是可以纠正的，最关键的就是提高自己的自信心，告诉自己并不差于别人。

贴着墙走路的人缺乏安全感

有时候你会发现明明道路很宽敞，周围没什么人，也没有障碍物，但有一些人就是不走在大道上，偏偏要贴着墙或者栏杆走。其实这是一个人缺乏安全感的表现。因为他们觉得走在路上就会有路人不停地盯着自己看，对于此，他们会很害怕，浑身不舒服，很想找一个东西当“靠山”，所以墙、栏杆就是最好的选择了。通常这样的人性格里带着几分胆怯，你要想让他果断做主，那比登天还难。他们对待爱情也很被动，是女孩子的话还不打紧，如果是一个男孩子的话，那要等他主动去追女孩子可能性就太小了，因为他自己都找不到安全感，何况要给女孩子安全感呢？

边走边摸头发的人自恋

一边走路一边摸自己头发的情况多出现在青春期的少男少女身上，因为这个时候的人开始注重自己的形象，也萌生了对异性的好感。走路的时候不断摸自己的头发，生怕迎面的风会把自己的秀发弄乱了；或者是遇到异性都会不自觉地摸自己的头发，都是想吸引他人的做法。摸头发的动作不一定要走路才可以做，坐着站着都可以，走路都喜欢摸自己头发的人是相当自恋的人，也证明这个人对自己的外貌充满信心，相信通过自己的动作可以吸引到他人的注意和好感。

第二十章

职场的察言观色：领导信号

领导的城府很深

人说“伴君如伴虎”。这句话在古代常用来形容皇帝与大臣之间的相处模式，是说陪伴君王就像陪伴老虎一样，君威难测，随时都可能有杀身之祸。这充分说明了掌权的大人物心思难猜，喜怒无常。

在现代，用这句话来形容职场中的上下级关系依然合适。领导之所以令人敬畏，不只是因为他的职位比你高，而是因为其本身给人的印象就是城府很深的，好像总是在计划着什么的样子。对方好像总是在打你的主意，你的一言一行都在对方的掌控之中。

举个例子，当你进领导办公室汇报工作时，领导总用一种考量的眼光看你，给你一种无形的压迫感，于是你紧张起来，生怕说错或做错什么惹领导不高兴，战战兢兢地讲完了之后，领导说了一句意味深长、让你猜不出用意的话……你是不是快要崩溃了？领导这到底是什么意思？行还是不行啊？每当这个时候，你是不是都会觉得领导的城府太深了？

其实领导确实是在思考，却不一定是在要心机，看起来城府很深其实只是在仔细思考。身为领导一定要想得比一般职员多很多，要想到很多方面力求全面，以更好地完成工作指标，否则会出现很多意料之外的问题，到时再应对便会手忙脚乱。

职员们看到领导每件事都想得如此之多时，就会觉得他城府很深、心机很重，其实这只是领导工作的一部分，并不需要特别在意。

领导的眼神

都说眼睛是心灵的窗户，我们在与人交往的时候，看着对方的眼睛是为了表示尊重。但是在职场上，很少有人能特别大方而淡定地看着领导的眼睛。并不是领导的这扇“窗户”有多可怕，只是人们对于比自己职位高的人的一种几乎是条件反射的身体反应。就好像平凡的你被邀请去一幢富丽堂皇的别墅做客，你在看到别墅的外表的那一刻便产生了一种“我哪里都不如别墅主人”的想法，于是进到别墅里面也会变得小心翼翼，最起码会谨慎很多。同理，领导的职位比你高，这是他已有的外在光环，所以你首先就知道“他是领导，比我位高权重”，所以你在面对他的时候，会很自然地用略低微的姿态，这代表对领导地位的肯定和对领导的尊重。

然而，眼睛里所能传达的信息是其他面部表情与肢体语言所不能比的。相对而言，面部表情与肢体语言都是很好控制的，甚至连最能直接反映心情的语音语调都可以进行伪装，但眼神不行。眼睛是与心连在一起的，心里怎么想的，眼睛会先于大脑的反应而抢先将情绪表达出来。所以尽管我们对于领导有崇敬、有畏惧，也应该及时地注意领导的眼神变化。及时了解领导的情绪，有助于在与领导交流的过程中，发现自己所处的情势，采取相对合适的方式表达自己的想法。

领导的偶像

演艺圈、金融圈、文学圈，不论身处哪一个圈子，都有可能成为别人的偶像。

偶像的力量是不可忽视的。如果恰好你的领导有一位非常崇拜的偶像，你一定要好好了解一下这位偶像的背景，也要分析一下他是在哪些方面吸引了你的领导。

崇拜偶像就像暗恋一个人。喜欢他，便想要变成他。他吸引你的，一定是你所不具备的特性，也许在性格方面，也许是丰富的人生阅历，也许是经历磨炼出来的处事手腕。总之他的身上一定有你想要为之奋斗然后达到的目标。

领导也是普通人，喜欢一个人的理由也不会特殊到哪里去，所以你可以对比一下你的领导与他的偶像，看看他们的共同点在哪里，差异又在哪里。当你对领导的偶像有了很深刻的认识时，你甚至会发现你的领导正在慢慢地变成他的偶像那样的人，小到说话方式，大到为人处世。因为喜欢他，便想要变成他。这样你就可以预知领导在面对一些问题时会采取的态度，然后调整自己的工作状况，以更好地融入团队之中。

从另一方面说，了解领导的偶像也会对你本身有积极的影响。你可以看看领导的偶像能不能成为你的榜样，进而变成学习他的优点、完善自我。当你的领导发现你拥有和自己的偶像相同的特质时，他会对你多加一些关注的，这无形之中就为自己争取到了更多的机会。

领导中意的服饰品牌

每个品牌都有它自己的故事以及自己的风格。特别是那些享誉全球的著名设计师设计的作品，每一件都承载了他们的思想与情感。看懂了一件衣服就像看懂了设计师的那一段故事，那一段感情。

领导的经济能力一定不是普通职员可比的，然而这不是说他们就一定喜欢买那些被普通人称为“奢侈品”的大品牌。每个人喜欢一个品牌，都有一定的原因。正装、休闲装、混搭风、英伦风、严肃的、浮夸的……各种各样的穿衣风格、搭配元素，一条领带或者一条手链，都能塑造出不同的气质。从这些日常穿着中便可以察觉到领导是哪一种性格或者类型的人。比如，男性领导总是被要求穿正装打领带，而领带正是最能体现一个男人的个性的配饰。如果领导穿的西装并不是很死板的款型，领带也偏向亮色，这说明领导心态年轻，或许本身就是活泼的性格。

另一个不可忽视的理由，便是每个品牌背后蕴含的意义。当人有了一定的社会地位的时候，便会有意识地寻找与自己身份相符的相关物品，这样才能将自己完美的样子呈现给身边的人让大家都知道，印象分是人们对另一个人做出评价时的重要影响因素。所以从领导呈现出来的自我的样子，我们可以看出领导的某些喜好，这样有利于我们在职场中与领导更好地相处，而不至于踩到雷区而不自知。

领导的笑容

在你还是小孩子的时候，有没有经历过喜欢的大人对你笑一下你便开心一整天的事？在企业中，领导处在受人尊崇敬爱的地位。在新进职员的眼中，自己就像一个小孩子，而领导就是那位自己喜欢的大人。每个新人都会希望受到领导的喜欢与赏识，如果领导对他们笑一下，那真是给了他们莫大的信心与鼓励。他们会因此信心倍增，更加努力认真地完成工作任务，这就增加了工作效率与工作质量，对团队是很有利的。

但是很遗憾，企业中很少有领导会经常露出那种如沐春风的笑容。他们似乎有一个非官方的共识，便是要严肃，不能笑。就算我们从很远的地方就向领导露出了灿烂的笑容，在从身边经过的时候，他也许只会以一个轻轻的点头回应你，更有甚者只是看你一眼就走过去了。如果遇到这种情况，请你在郁闷之后打起精神告诉自己，要继续努力，直到领导对你露出欣慰的微笑。

如果遇到的是一个经常笑的领导，也一定不要放松警惕，因为领导们的笑，意义绝没有那么简单。在职场上混迹多年的他们,笑容早已被练成了自己真实情绪的保护色。他们开心时在笑，生气时在笑，难过时在笑，什么时候都会笑。但是你要学会的，是从这些看似相同的笑容中，找到领导真实的情绪。比如领导在笑时双颊肌肉及眼角自然提起，眼睛微微眯起，这说明他是真的高兴；而嘴角上提但面部肌肉及眼角都没有明显的动作时，说明领导在“皮笑肉不笑”，这时你要好好想想，再看一下领导的眼色，你会更清楚领导在想什么。

领导拍拍你的肩膀

美国的心理学硕士邓肯说过：1 ～ 2 米是人与人之间的安全距离。除非是特别熟悉亲近的人或者非常信赖的人，否则无论是说话还是其他交往，越过这个距离都会让人产生不安全感。

不熟的同级的人之间尚会保持这 1 ～ 2 米的距离，更何况是领导与下属之间。如果不是特别必要，领导是不会主动和下属发生肢体接触的。不过我们经常能看到领导拍拍下属肩膀的动作。“被领导拍肩膀”这件事似乎已经成了一个是否被领导赏识的关键性标志。的确，当你工作做得很好，领导很满意，他会选择拍拍你的肩膀以示鼓励。这种亲近的行为，便是肯定了你的存在，肯定了你的成绩。他就是在对你说：“要继续努力，你还有很大的提升空间，我看好你。”但是如果不是因为你的出色表现，而是领导碰巧看到你，拍了一下你的肩膀，就是另一番含义了。这只是他的一时兴起，选择了这个方式和你打招呼而已。还有一种拍肩膀表达的是与之前完全相反的意思，那就是从正面或者上面拍。这个动作充分显示了领导在面对你时的高傲感，这是他对于你的不屑与看不上，向你显示权力的同时也发出了挑衅的信号。

领导常用的手势

人与人之间的交流不只是语言，还有很多非语言方式，例如肢体动作——主要表现为手势。人们在说话的时候，总是习惯配合很多手上的动作来进一步解释说明自己话语中的意思。讲话中的手势，应该都是真实感情的自然表露，不矫揉造作，这样才会起到让语言更有说服力的作用。注意到这些细节，有助于理解领导言语中的意思。

当然最为人们熟知的是，伸出一个大拇指，其他手指回握，这代表夸奖与肯定；一只手或两只手平摊，掌心向下从上向下轻轻压几下，这代表和缓、稳定、安静，如果你正在说话，那最好闭上嘴巴认真看着领导；抬起手，掌心向你，这代表暂停和停止，如果你正在做汇报，也请停下吧；经常用食指指向对方（这个动作的本身是很不礼貌的），这代表这类领导有赤裸裸的优越感与争强好斗的心态；在演讲时总是伸出一根食指指天，这代表这类领导对自己有很强的自信心，也有很明确的奋斗目标；手掌伸平掌心向下，斜劈出去，这代表做事果断和坚决……

而有一些特殊情况，例如领导在打电话或者有旁人在场不方便与你讲话时，会对

你打出一些手势，告诉你该做什么、怎么做，这时就需要你及时读懂领导的暗语，正确地做出反应。如果出了错，这就是你自己的问题了，所以就算是为了自己也要好好观察领导的手势。

领导在打电话

一般情况下，领导在打电话时的语音语调与面部表情还是会透露出很多当时的情绪信息的。

如果你想知道领导给你打电话时话语里究竟包含了什么情绪，这就需要你平常对领导多多观察。如果领导的面部表情没有变化，那么就听他语气里有没有情绪波动、语速有没有变快或者变缓、音调较平常有没有更高亢或者更低沉；如果声音平淡无奇，那就观察他的面部表情有没有改变、眼神有没有变化、身体有没有下意识地做出某些动作等。时间久了你总能总结出一套经验。

通过领导打电话时的用词方式与态度，也能判断出领导是在给哪类人打电话。给家里人打电话会温馨一点，语气平缓，态度积极，带着商量或撒娇的口气；给他的上司打电话会更恭敬，用语相对书面化，条理清晰；给下属打电话也许有显示权力的口吻在里面……

多多观察领导在打电话时的习惯反应与习惯用语，可以让你更加了解你的领导是个怎么样的人。情绪经常有波动变化，说明是外显型领导，容易把情绪显示出来；面部没有什么表情但眼神经常浮动，声音较平常更加低沉，说明是很有城府的领导，不外露，心机重……像这样观察总结下来，你还会惧怕领导捉摸不定的情绪吗？

领导的领导来了

“欺软怕硬”这个词你们一定听说过，它的释义是欺负软弱的，害怕强硬的。那么借代到职场上，来形容那种对他的领导一种态度、对他的下属又是一种态度的领导，是再合适不过的了。

领导的领导就是那个硬——职位硬、权力硬、资本硬。在对方眼里，领导也就相当于一个小职员，所以他要小心翼翼地陪着、哄着，力求在他的领导面前留下一个好印象。可是他忘了他所有的这种阿谀奉承的行为全部被他的下属看在眼里，这是一件多么悲哀的事啊！身为一个领导，居然让自己手底下的人看到自己这么卑微的行为！然而“欺软怕硬”这个行为并不会因为受到别人鄙视就能改过来，因为鄙视他的人正是他眼中的“软”——职位低、权力小、资本少。在他看来，这种“软”根本就没资格鄙视他，他只会超级不屑地说一句“他懂什么”，然后心安理得地继续欺软怕硬。

这样的领导一般都有自私自利、骄傲自大的毛病，认为自己做的一定是对的，领导应该给予奖赏一般。但是我们都明白，真正明理的高层最瞧不起的也恰恰是这种人。一个不能善待下属的领导绝不是一个好领导，他无法带领整个团队继续走下去。

什么样的领导才是高层想看到的呢？那一定是正派的、有担当的、责任心强的、能善待员工的、以工作为重的。高层们想看到的是一个有潜力有能力去撑起一片天的左膀右臂，而不是只会溜须拍马做表面功夫其实一点实事都无法完成的“面子工程”。

从领导对其上司的态度，你们一定能看出他是否是一个正派的人、一个可以信任并追随的人。

领导的个人性格

一个人的性格的形成，与其先天基因有关，与其后天影响也密不可分。一个人的家庭环境、成长环境都决定了这个人性格形成的方向。当一个人性格基本形成时，那么他在生活、工作上的处事方式都会带上他的个人色彩。如果这个人的社会地位够高，他还会进而影响到他所接触到的人的处事方式。

“什么样的将带什么样的兵。”这句话完美诠释了一个领导对于其工作团队的影响力。一个好的领导，一个得人心的领导，是有能力并且有资本让与其共事的人追随其脚步，团结一致的。随和的领导带领的一定是一个温馨的环境，大家互帮互助其乐融融，会有小摩擦，但不会有钩心斗角；严肃的领导会使得整个办公室的气氛相对紧张一些，这是他们对于工作严谨认真的工作方式所致，神经高度紧张可以使办公室的整体效率提高，但也要注意不能紧张过度，会使职员们的心理压力过大，造成不好的影响；激进的领导所带领的团队也许是最上进的，他们会有比较大的野心，不满足于现状，而致力于追求更高层次的完美，这对于提高个人能力无疑是很有帮助的，但这相应地也会埋下内部暗潮涌动的因子，好的方向是良性竞争，但走歪了便成了恶性的双面行为——人前相亲相爱，人后恶意中伤。

在职场中，为了自保——或者说为了更好地适应环境，职员们应该先了解一下领导的性格、他平常所习惯的处事方式，以免冒犯领导或者遇到问题时找不到好的解决方法。抓住领导性格里面的重点，便能让自己在未来的工作中减少很多麻烦。

领导的禁区

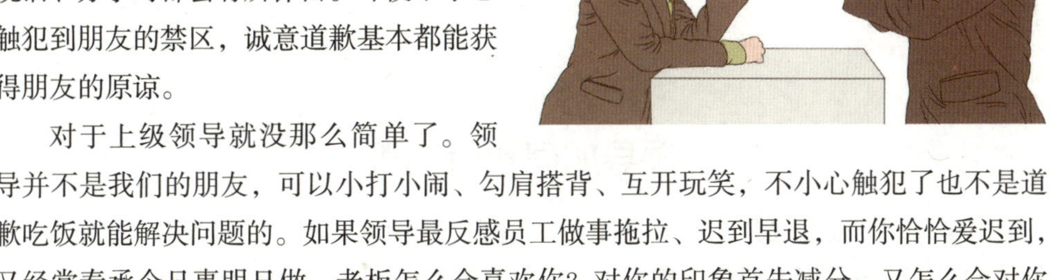

人与人之间的交流，都有禁区。对于自己的朋友，大家在相处中已经慢慢熟悉，这个人的底线在哪，禁区是什么，往往在说话、办事时都会有所保留。即便不小心触犯到朋友的禁区，诚意道歉基本都能获得朋友的原谅。

对于上级领导就没那么简单了。领导并不是我们的朋友，可以小打小闹、勾肩搭背、互开玩笑，不小心触犯了也不是道歉吃饭就能解决问题的。如果领导最反感员工做事拖拉、迟到早退，而你恰恰爱迟到，又经常奉承今日事明日做，老板怎么会喜欢你？对你的印象首先减分，又怎么会对你另眼相看？而与你恰恰相反，从不迟到早退、工作效率高、做事兢兢业业的员工，想要得到上级的赏识就比你容易多了。

总会有人在感叹，奈何千里马混于世，伯乐何在？机遇是其一，但更重要的还在于你是不是真正的千里马，符合伯乐的要求。你若能熟识领导的禁区而投其所好，怎能不让领导眼前一亮？识得领导的禁区，在适者生存的基础上才有可能脱颖而出。

领导的工作习惯透出心理

一滴露珠可以反射整个太阳的光辉，一件小事可以看出一个人的修养，一个人的工作习惯可以透出这个人的心理。

一份文件牵涉到 N 个人的工作，领导习惯今日事今日毕，带动一个团队做事的习惯，也是倾向于高效率的好习惯。如果一份文件本该领导上午开会说明，员工再开始工作，一旦领导没安排好或者工作习惯就是拖拉，该工作就顺势延后，负责该项目

的员工也没办法进行接下来的程序。从一个项目的效率到几个项目的效率再到N个项目的效率，从而影响到公司的效率、口碑，直接结果就是公司经济效益，这即是所谓的“蝴蝶效应”。一个领导的工作习惯和员工和部门和公司息息相关。

通常，从领导的工作习惯可以分析领导的心理。领导经常视察说明什么？监督工作为主，防止员工开小差其次。掌握领导视察习惯一方面方便员工在领导面前表现，另一方面又提高了工作效率。如果一个领导开会习惯让大家主动讲一下对这个项目的了解和解决问题的观点，然后大家再进行研讨，这样的工作习惯就带动了员工的积极性，并在一定程度上给了员工表现的机会。

领导的工作习惯带动整个部门、整个组织的工作运行。学会从领导的工作习惯看事，你也好办事。

领导如何看待加班

工作有轻重缓急之分，不可能每天都能把一项工作完美地告一段落，第二天再开始新的一项任务，所以偶尔加班是工作需要，也是保证工作效率的需要。作为一个领导，合理地看待加班是很有必要的。虽然加班都有补贴，但并不是每个人都愿意放弃休息时间争取那点少得可怜的加班费，要知道恋人的约会、孩子的呼唤远远比这个更有吸引力。领导是如何看待加班本身，又是如何对待员工对加班的不满呢？

领导对于加班有三种情况：一是领导自己加班（在工作量小的情况下），把员工未完成的工作告一段落，减少人力财力的损失，提高该项目的工作效率，也给大家一个体贴员工的好印象。经常加班的领导大家下意识地会认为这是一个对工作极度负责，事业心强的领导。二是工作需要，在员工需要加班，领导没有必要留下的情况下，却选择留下陪大家一起加班，适时地对员工进行小犒劳，增加领导对员工的体贴感。第三种情况也是存在最多的情况，员工加班，没有领导，怨声载道。在此种情况下，领导很成功地树立了一个“领导形象”，把领导和员工的界线划分得相当清楚，员工负责工作，领导负责安排工作，员工就是给领导干活的。

领导的左膀右臂

所以判断一个人成功与否，也可以从他的左膀右臂得到启发。

一个领导身边总会有几个红人。若是一个人面对领导阿谀奉承，对待工作插科打诨，面对员工又是狐假虎威、狗仗人势，这样一个人却深得领导的心怎能不让人气愤？这样的领导一是极度缺乏自信，需要人来时时刻刻抬举才有自豪感，二是奸佞不分看人不准，如果带领的团队凝聚力和能力不强，早晚会关门大吉；若是队伍强壮，迟早会有人取领导而代之。若是这位红人拥有说服性的办事能力和工作实力，是否就能说明领导教导有方呢？也不尽然。有的人在公司里、在部门里一直受领导表彰，奖金不断，但让人困惑的是职位迟迟得不到晋升。那是说明他遇到一个精明却没有浑厚实力的领导。若是一个人为人处世很成功，工作勤勤恳恳但政绩一般，却得到领导的重用，这样的领导善用人才，能够做到人尽其才，不以能力区分高低，这个领导本身必定是能力强、人品好的。

物以类聚，人以群分，朋友在一起既可以是志同道合，也可能是灯红酒绿。认识领导可以看他最亲近的手下。